FELLER-ODERMANN

DAS GANZE DER KAUFMÄNNISCHEN ARITHMETIK

LEHR- UND ÜBUNGSBUCH

NEUBEARBEITET VON

DR. BRUNO KÄMPFE UND DIPL. HDL. DR. PAUL PRATER

OBERSTUDIENRAT I. R., PROF. AN DER HANDELSHOCHSCHULE ZU LEIPZIG

STUDIENRAT AN DER ÖFFENTLICHEN HÖHEREN HANDELSLEHRANSTALT ZU LEIPZIG

II. TEIL

DREIUNDZWANZIGSTE AUFLAGE

1928

Springer Fachmedien Wiesbaden GmbH

BEST.-NR. 6047

ISBN 978-3-663-15607-9   ISBN 978-3-663-16181-3 (eBook)
DOI 10.1007/978-3-663-16181-3

Softcover reprint of the hardcover 23rd edition 1928

Vorwort zur 22. Auflage.

Die für die Neubearbeitung des I. Teils maßgebenden, im Vorwort zur 25. Auflage des I. Teils entwickelten Richtlinien haben uns auch bei der Umarbeitung des II. Teils den Weg gewiesen.

Die veränderte Gestaltung des Wertpapier- und Devisenmarktes machte einen völligen Neuaufbau der Effekten- und der Devisenrechnung notwendig. Die Beschaffung der dafür erforderlichen sachlichen Unterlagen — zum Teil aus dem Auslande — und ihre Verarbeitung hat freilich einen weit größeren Zeitaufwand beansprucht, als im voraus anzunehmen war. Da andrerseits Schulen und Studierende auf möglichst baldiges Erscheinen drängten, entschlossen wir uns, im Einvernehmen mit dem Verlage, den II. Teil vorübergehend in zwei Hälften herauszugeben, deren Vereinigung zu einem Bande später erfolgen sollte.

Bei der Bearbeitung dieser vorgesehenen zweiten Hälfte, deren Stoffgebiete ja mit Ausnahme der Kalkulationen außerhalb des Lehrplans unserer kaufmännischen Berufs-, Handels- und höheren Handelsschulen liegen, nahm indes die Erwägung feste Form an, es möchte aus wirtschaftlichen Gründen im Interesse unserer Schüler geratener sein, die Kalkulationen der ersten Hälfte noch anzufügen und diese als selbständigen II. Teil herauszugeben.

Der weitaus größte Teil unserer Schülerschaft wird dadurch der Notwendigkeit enthoben, sich den III. Teil zu beschaffen, welcher sich mit der eingehenden Darstellung der Arbitrage, der Börsengeschäfte sowie der Preisnotierungen und Handelsgebräuche der Welthandelsartikel vorzugsweise an die Lehrer des kaufmännischen Rechnens, die Studierenden der Wirtschaftswissenschaften und die Schüler der Oberklassen der Wirtschaftsoberschule wendet.

Um jedoch dem Lehrer in dem berechtigten Wunsche, auch die Schüler der Handels- und höheren Handelsschulen wenigstens in das Wesen der Arbitrage einzuführen, einige Unterstützung zu bieten, fügten wir als

a*

Ergänzung der Abschnitte VIII bis XI im II. Teile eine Reihe einfacherer Übungsaufgaben aus dem Gebiete der Arbitrage an.

Die Edelmetall- und die Münzrechnung sind unter Berücksichtigung der verminderten Bedeutung des von ihnen behandelten Gegenstandes erheblich gekürzt worden. Zu einer noch weitergehenden Kürzung konnten wir uns im Hinblick auf die sich in der Entwicklung befindende Wirtschaftsoberschule und unter Berücksichtigung der Tatsache, daß auch dieser Teil von Studierenden der Wirtschaftswissenschaften zu Rate gezogen wird, nicht entschließen.

Die Verweisung der veränderlichen Kurse und Gebührensätze aus den einzelnen Stoffgebieten in eine leicht auswechselbare Beilage bedarf keiner weiteren Begründung. Für Hausaufgaben dürften im allgemeinen die darin gegebenen Kurse mit Vorteil zu verwenden sein, während im Unterrichte selbst die Bevorzugung der jeweiligen Tageskurse auf Grund des Handelsteils einer Zeitung angezeigt erscheint.

Der Anhang enthält Aufgaben aus dem Buchhandel, die, wie wir annehmen, auch außerhalb der Buchhandelsstadt Leipzig Beachtung finden werden, sowie die im I. Teil ausgeschiedenen Gewinnverteilungsrechnungen der Handelsgesellschaften und Schadenverrechnungen in der Seeversicherung.

Die mit * bezeichneten Aufgaben und Aufgabengruppen des vorliegenden Lehrbuches sind in der „Aufgabensammlung" (vgl. das Vorwort zum I. Teile) nicht enthalten.

Wir hoffen, daß die Umarbeitung des II. Teils die gleiche Zustimmung finden möge wie die Neubearbeitung des I. Teils, und nehmen Anregungen zur Vervollkommnung des Buches stets dankbar entgegen.

Leipzig, Januar 1927.   **Dr. Kämpfe. Dr. Prater.**

Vorwort zur 23. Auflage.

Auch die Neubearbeitung des II. Teils hat in Fachkreisen lebhafte Anerkennung gefunden. Der Plan des Buches durfte infolgedessen unverändert bleiben. Im einzelnen mußte jedoch die vorliegende Auflage wiederum manchen Neuerscheinungen des Wirtschaftslebens, besonders des Effektenverkehrs, Rechnung tragen: An Stelle der Papiermark-Anleihen des Reichs ist die Anleihe-Ablösungsschuld mit und ohne Auslosungsrecht getreten (vgl. S. 6); eine neue Obligationsform, die mit dem Rechte auf Aktienoption ausgestattete Industrie-Anleihe, wurde berücksichtigt (vgl. S. 36); der Abschnitt über die Berechnung der Effekten an Auslandsplätzen ist auf den neuesten Stand gebracht worden; und in Anpassung an die gegenwärtige Kursgestaltung und die geltenden Gebührensätze mußte auch die Beilage eine wesentliche Änderung erfahren.

Auf mehrfache Anregungen aus der Handelsschulpraxis haben wir ferner eine größere Reihe von Übungsaufgaben zur allgemeinen Wiederholung neu aufgenommen (vgl. S. 201), sowie die Anzahl der in die Arbitrage einführenden Aufgaben erhöht.

Die ausführlich gehaltenen Lösungen sind auch im Buchhandel zu haben.

Leipzig, im Januar 1928. **Dr. Kämpfe. Dr. Prater.**

Inhalt.

Inhalt   VII

VIII. Effektenrechnung.

Einführung.

A. Arten der Wertpapiere.

Man teilt die Wertpapiere (Effekten) in zwei Hauptgruppen ein:

1. **Zinspapiere** (Obligationen, Schuldverschreibungen, Anleihescheine): der Eigentümer ist Gläubiger des Ausstellers und hat als solcher Anspruch auf feste Zinsen. Diese werden — in der Regel halbjährlich — durch Zinsscheine (Coupons) erhoben. — Je nach dem Aussteller (Schuldner) der Zinspapiere unterscheidet man:

a) Schuldverschreibungen von Staaten (Fonds im engeren Sinne: Staatspapiere, Staatsanleihen, Rentenanleihen). Bei den Staatsanleihen hat man die feste (fundierte) Schuld von der zeitlich begrenzten, schwebenden, zu unterscheiden; diese dient nur zur Deckung eines vorübergehenden Geldbedarfs und wird gewöhnlich durch sogenannte Schatzanweisungen (Schatzscheine) dargestellt, die entweder verzinslich oder unverzinslich sind.

Unter den festen Staatsschulden hatten die konsolidierten Anleihen (Konsols), d. s. die aus mehreren älteren zu einer einheitlichen Schuld zusammengezogenen Anleihen, besondere Bedeutung.

b) Provinzial-, Kreis- und Stadt- (Kommunal-) Anleihen.

c) Landschaftliche Pfandbriefe, d. h. Darlehnsbriefe, welche landwirtschaftliche Verbände (Landschaften) an ihre Mitglieder auf Grund ihrer Hypothekenforderungen geben. Neuerdings sind auch stadtschaftliche Pfandbriefe (Berlin) auf den Markt gekommen.

d) Pfandbriefe von Hypothekenbanken und Bodenkreditanstalten, auf Grundlage der von ihnen erworbenen hypothekarischen Forderungen ausgegeben.

e) Rentenbriefe (Landrentenbriefe, Grundentlastungsobligationen), unter staatlicher Garantie ausgegeben von Rentenbanken zur Ablösung bäuerlicher Reallasten.

f) Schuldverschreibungen von Eisenbahn-Gesellschaften (Prioritätsobligationen, Prioritäten)[1].

g) Obligationen anderer Körperschaften, Aktiengesellschaften usw.

---

[1] Weil ihre Inhaber ein Vorrecht (eine Priorität) auf Zinsenbezug vor den Aktionären besitzen.

Als besondere Form der Anleihen sind noch zu erwähnen

h) die Prämien- oder Lotterieanleihen (Lose), das sind rückzahlbare Anleihen, deren Zinsen ganz oder teilweise zu Gewinnen (Prämien) verwendet werden, die nach Auslosung der Stücke zur Auszahlung kommen (unverzinsliche und verzinsliche Prämienanl.).[1]

2. Dividendenpapiere (Anteilscheine an gewerblichen Unternehmungen): der Eigentümer ist Mitunternehmer und hat als solcher Anspruch auf einen Teil des Reingewinns (Dividende). Dazu gehören drei Gruppen:

a) Aktien sind Urkunden über die Geschäftsanteile einer Aktiengesellschaft. Neben den gewöhnlichen Aktien (den Stammaktien) haben manche Gesellschaften Vorzugsaktien (Prioritätsaktien) ausgegeben. Das ihnen anhaftende Vorrecht bezieht sich auf die Gewinn- und Vermögensverteilung oder auch auf die Ausübung eines mehrfachen Stimmrechts in der Generalversammlung. Nach der Art des Geschäftsbetriebs unterscheidet man: Bank-, Versicherungs-, Schiffahrts-, Industrieaktien usw. Die Höhe der Dividende und ihr Fälligkeitstag wird von der Generalversammlung bestimmt.

b) Genußscheine können von Aktiengesellschaften aus verschiedenen Anlässen ausgegeben werden (vgl. Beigel-Prater, Buchführung und Bilanzen der Handelsgesellschaften II. Teil S. 135). Beispielsweise werden zuweilen den Inhabern getilgter (ausgeloster) Aktien als Entschädigung Genußscheine ausgehändigt. Genußscheine gewähren kein Stimmrecht, berechtigen aber zum Bezug von Dividende, die entweder geringer ist als die Aktiendividende oder ihr gleichkommt.

c) Kuxe sind die Geschäftsanteile einer Gewerkschaft (Bergwerksgesellschaft). Sie lauten nicht auf einen Geldbetrag, sondern auf einen Bruchteil ($^1/_{100}$, $^1/_{1000}$ usw.) des Bergwerks. Sie verkörpern das Recht auf einen Teil des Reingewinns (Ausbeute), verpflichten aber nötigenfalls auch zu Zuzahlungen (Zubuße).

Der weitaus größte Teil der Wertpapiere sind Inhaberpapiere, deren Eigentumsübertragung durch Einigung und formfreie Hingabe erfolgt. Einige sind Namenspapiere, z. B. alle Kuxe, die Reichsbankanteile und die nicht voll eingezahlten Versicherungsaktien; ihre Eigentumsübertragung bedarf einer schriftlichen Beurkundung.

---

1) Das Gesetz über Prämienpapiere vom 8. Juli 1871 gestattet in Deutschland die Emission solcher Anleihen nur auf Grund eines Reichsgesetzes, und zwar auch nur dem Reiche und den Bundesstaaten (Ländern), ferner den Börsenhandel nur mit solchen in- und ausländischen Prämienpapieren, die bis zum 15. Juli 1871 zur Abstempelung und Versteuerung eingereicht waren. Die Zahl der noch umlaufenden Prämienpapiere ist gering; für den heutigen Börsenhandel sind sie nahezu bedeutungslos.

Über die Deutsche Ablösungsschuld mit Auslosungsrechten vgl. S. 6.

B. Der Nennwert der Wertpapiere.

Der den Effekten aufgedruckte Wert heißt ihr Nennwert (Nominalwert). Drei Fälle sind zu unterscheiden:

1. Die Papiere lauten auf einen Geldbetrag. Das ist der Fall bei der
übergroßen Mehrzahl der Zinspapiere und bei allen Aktien. Der Nennwert kann in deutscher oder ausländischer Währung ausgedrückt
sein. Bei den auf deutsche Währung lautenden Papieren sind Reichs-
mark- und Papiermarkeffekten zu unterscheiden.

Im Aktienwesen ist die Umstellung des Nennwertes von Papiermark auf
Reichsmark (bis auf sehr wenige Ausnahmen) beendet. Als Ergebnis ist eine
bemerkenswerte Vielgestaltigkeit der Stückelung festzustellen: Es gibt heute
Stammaktien über 20, 50 und 100 $\mathcal{RM}$ sowie deren Vielfache; als Übergangs-
erscheinung kommen außerdem sog. Anteilscheine über 5 und 10 $\mathcal{RM}$ vor, und
für die in der Inflationszeit geschaffenen Vorzugsaktien (Mehrstimmenaktien)
ist, da diese höchstens mit ihrem Goldeinzahlungswerte bilanziert werden
durften, eine Umstellung bis herab auf 1 $\mathcal{RM}$ gestattet worden.

Lange wird indes diese Vielgestaltigkeit nicht dauern. Der vom Börsenhandel
erstrebten Vereinfachung und Vereinheitlichung der Aktienstückelung wird
durch zwei Regierungsmaßnahmen Rechnung getragen: Erstens müssen neu-
auszugebende Aktien (seit 1. 1. 24) auf 100 $\mathcal{RM}$ oder ein Vielfaches davon lauten
(Ausnahme HGB. § 180), und zweitens sind bis 31. 12. 29 nicht nur die vorhandenen Aktien über 40, 50, 60 und 80 $\mathcal{RM}$ in Aktien von 100 $\mathcal{RM}$ oder einem
Vielfachen davon umzutauschen, sondern es müssen auch die ungeraden Nenn-
werte von mehr als 100 $\mathcal{RM}$ (120 $\mathcal{RM}$, 150 $\mathcal{RM}$ usw.) umgetauscht werden
(7. Verordnung zum Goldbilanzgesetz vom 7. 7. 27). Von den Kleinaktien werden
also nur die bereits vorhandenen 20 $\mathcal{RM}$-Aktien bis auf weiteres bestehen bleiben.

Auch auf dem Gebiete der Zinspapiere haben die Reichsmarkanleihen heute
das Übergewicht. Die alten Papiermarkanleihen des Reichs und der Länder
sind durch das Anleihe-Ablösungsgesetz vom 16. 7. 25 auf Reichsmark umgestellt werden (vgl. S. 6); aufgewertet und umgestellt sind auch die meisten
der alten Industrieanleihen (vgl. S. 38 unter 2b), soweit sie nicht überhaupt
bereits zurückgezahlt worden sind; schließlich ist seit 1924 eine stattliche
Reihe neuer Reichsmarkanleihen ausgegeben worden.

Die an deutschen Börsen gehandelten Wertpapiere in ausländischer
Währung sind zwar der Zahl nach gegenüber 1914 stark zurückgegangen,
sind aber im Börsenverkehr noch immer von beachtlicher Bedeutung.

2. Die Papiere lauten auf eine Gütermenge. Hierher gehört eine Anzahl deutscher Zinspapiere, die durchweg aus der Inflationszeit stam-
men und die man als Sachwertanleihen bezeichnet. Ihr Nennwert gibt eine gewisse Gütermenge an, z. B. eine bestimmte Anzahl
Gramm Feingold, Zentner Roggen, Festmeter Holz, Doppelzentner
Kali usw. Rückzahlung und Zinsvergütung richten sich in ihrer Höhe
nach dem jeweiligen Preise der betreffenden Güterart (vgl. S. 39 u. 43).

Zu dieser Gruppe muß man auch die nach der Stabilisierung unserer
Währung ausgegebenen Goldmark-Pfandbriefe und -Anleihen

rechnen, deren Nennwert auf Goldmark ($= {}^1/_{2790}$ kg Gold) gestellt ist. Da indes heute 1 Goldmark $=$ 1 Reichsmark ist, sind sie in rechnerischer Hinsicht den Reichsmarkanleihen gleichzustellen (vgl. S. 39).

3. Die Papiere lauten auf einen Bruchteil eines Unternehmens. Das ist nur bei den Kuxen der Fall (s. S. 2).

C. Der Kurs der Wertpapiere.

Die Wertpapiere sind Gegenstand des Handels, ihr Markt ist die Börse. Im freien Aufeinanderwirken von Angebot und Nachfrage bilden sich dort Tagespreise, die als Kurse bezeichnet und im amtlichen Kursblatte täglich veröffentlicht werden. Der wesentliche Inhalt des Kursblattes ist aus der Beilage am Schlusse dieses Buches zu ersehen. Um die Kurszahlen richtig deuten zu können, muß man folgende drei Fälle auseinanderhalten:

1. Die Kurse sind Prozentkurse. Sie geben an, wie teuer 100 Einheiten des Nennwertes sind. ($\mathscr{RM}$ für 100 $\mathscr{RM}$, Frs. für 100 Frs. usw.)

Ausnahme: Der Kurs der Deutschen Anleihe-Ablösungsschuld mit Auslosungsrechten gibt den Preis für 100 $\mathscr{RM}$ des Auslosungswertes, also des fünffachen Nennwertes, an (vgl. S. 6).

2. Die Kurse sind Stückkurse. Die Notierung gibt also den Preis für 1 Stück des betreffenden Wertpapiers an. Hierher gehören die Aktien der Versicherungsanstalten, die meisten Genußscheine, alle Kuxe, die sächsischen Stein- und Braunkohlenaktien (Leipziger Börse) sowie einige ausländische Aktien (Österr. u. Ung. Bank- und Eisenbahnaktien).

3. Die Kurse verstehen sich für Sachwerteinheiten, z. B. für 1 Gramm Feingold, 1 Tonne Kohle, 1 Festmeter Holz, 1 Kilowattstunde elektrischen Strom usw. Diese Notierungsweise kommt nur für die reinen Sachwertanleihen in Betracht.

Die Prozentkurse bilden den Regelfall; die unter 2. und 3. genannten Kurse stellen Ausnahmen dar, die im Kursblatt durch besondere Zeichen kenntlich gemacht sind.

Die neben den Kursen befindlichen Abkürzungen kennzeichnen die Marktlage an dem betreffenden Tage. Es bedeutet:

bz = bezahlt: zu dem angegebenen Kurse sind tatsächlich Geschäfte abgeschlossen worden.

G = Geld: Nachfrage war vorhanden (Käufer), aber Abschlüsse kamen nicht zustande.

B = Brief (P = Papier): das Papier wurde angeboten, Abschlüsse wurden nicht getätigt.

bz G = bezahlt Geld: es wurden Geschäfte abgeschlossen, die Nachfrage konnte nicht voll befriedigt werden.

bz B = bezahlt Brief: es wurden Geschäfte abgeschlossen, doch blieb das Angebot teilweise unbefriedigt.

et bz = etwas bezahlt: der Umfang der abgeschlossenen Geschäfte war gering.

x(r) = repartiert: die einzelnen Aufträge konnten nur teilweise ausgeführt werden.

Nach der Art der Kursfeststellung unterscheidet man Einheitskurse und fortlaufende Notierungen (variable Kurse). Grundsätzlich wird an jedem Börsentage für jedes Papier ein Kurs notiert, zu dem alle in dem betreffenden Papiere abgeschlossenen Geschäfte abzurechnen sind; daher die Bezeichnung „Einheitskurs". Über seine Feststellung vgl. S. 48. Neben dem Einheitskurse gibt es an den größeren deutschen Börsen für eine Reihe von Papieren[1] im Großverkehr „fortlaufende Notierungen", die, auf Grund wirklich getätigter Einzelabschlüsse zustandegekommen, die Schwankungen im Börsenverkehr eines Tages widerspiegeln. — Abschlüsse zu fortlaufenden Notierungen können nur in bestimmten, an den einzelnen Börsenplätzen verschieden hoch bemessenen Mengen getätigt werden. (Vgl. Beilage S. 3).

Erster Abschnitt.

Die Effektenrechnung an deutschen Plätzen.

A. Effektenkäufe und -verkäufe.

1. Berechnung des Kurswertes.

a) Der Kurs ist ein Prozentkurs.

Regel: 1% des Nennwertes × Kurs = Kurswert.

α) Wertpapiere in deutscher Währung.

Beispiele.

 1. $\mathscr{M}$ 125 000.— Deutsche Schutzgebietsanleihe zu 11,5 = $\mathscr{RM}$ 14 375.—

 2. G.-M. 1800.— 5% Gold-Pfandbriefe der Leipz. Hyp.-Bk. zu 91,25 = $\mathscr{RM}$ 1642.50.

 3. $\mathscr{RM}$ 2500.— Dt. Ablösungsschuld ohne Auslosungsrechte zu 16,1 = $\mathscr{RM}$ 402.50.

 4. $\mathscr{RM}$ 12 500.— Rückzahlungswert ⎱ Dt. Anleiheauslosungsscheine

  $\mathscr{RM}$ 2 500.— Nennwert ⎰ einschl. $\frac{1}{5}$ Ablösungsschuld[2]

 zu 59,5 (vom Rückzahlungswerte) = $\mathscr{RM}$ 7437.50.

---

1) Papiere, die in den Börsenterminhandel eingeführt werden (vgl. Teil III), scheiden im variablen Verkehr aus.

2) In dieser Form sind die Aufträge in diesem Papiere zu erteilen.

Anm. Nach dem Anleihe-Ablösungsgesetze vom 16. 7. 25 wurden die Papiermarkanleihen des Reiches und der Länder mit $2\frac{1}{2}$ % (Sparprämienanleihe mit $1\frac{2}{3}$ %) aufgewertet und in Anleiheablösungsschuld umgetauscht; auf 1000 Papiermark kamen also 25 $\mathscr{R}\mathscr{M}$ Ablösungsschuld. Damit muß sich der Neubesitz begnügen. Dem Altbesitze (Stichtag 1. 7. 20) dagegen wurde ein Anspruch auf ein Auslosungsrecht in Höhe des Nennbetrags der ihm zustehenden Ablösungsschuld zuerkannt. Dem Altbesitzer von 1000 $\mathscr{M}$ Kriegsanleihe z. B. wurde also ein Schein über 25 $\mathscr{R}\mathscr{M}$ Auslosungsrecht (Nennwert) ausgehändigt. Die Auslosungsrechte werden binnen 30 Jahren (ab 1926) auf dem Wege der Auslosung getilgt. Ein gezogenes Auslosungsrecht wird durch Zahlung des fünffachen Nennbetrags (zuzügl. $4\frac{1}{2}$ % jährlicher einfacher Zinsen seit 1. 1. 26 ÷ 10 % Kapitalertragsteuer) eingelöst.

Es ist also wohl zu unterscheiden zwischen dem Nennwerte der Auslosungsscheine (= $2\frac{1}{2}$ % Papiermark-Anleihe) und ihrem Auslosungsbetrage (= 5fachem Nennwerte). Vom 15. 2. 27 bis 31. 7. 27 wurde das Papier in Prozenten des Nennwertes notiert (ca. 300 %), seit 1. 8. 27 versteht sich der Kurs für 100 $\mathscr{R}\mathscr{M}$ des Auslosungswertes.

Übungsaufgaben § 61.

Die Kurse (Einheitskurse) sind der Beilage zu entnehmen.

Berechne den Kurswert von:

1. a) $\mathscr{R}\mathscr{M}$ 1500.— 10% Anleihe d. Riebeck-Brauerei Leipzig 1926.

   b) „   3600.— 7% Harpener Bergbau-Anleihe 1924.

   c) G.-M. 4700.— 8% Goldmark-Pfandbr. der Dtsch. Hypoth.-Bk.

   d) „   2800.— 10% Goldmark-Pfandbr. d. Gothaer Grundkreditbk.

2. a) $\mathscr{R}\mathscr{M}$ 1600.— Aktien des Norddeutschen Lloyd.

   b) „   2100.— Aktien der Hamburg-Amerika-Paketfahrt A.-G.

   c) „   2400.— Aktien der Leipz. Baumwollspinnerei.

   d) „   8640.— Bautzener Tuch-Aktien.

3. a) $\mathscr{M}$ 115000.— Deutsche Schutzgebietsanleihe.

   b) „ 75000.— $3\frac{1}{2}$ % Hamburger Staatsrente.

   c) „ 140000.— 5% Leipz. Stadtanl. 1916.

   d) „ 45000.— $3\frac{1}{2}$ % Pfdbr. der Bayr. Hyp.- u. Wechselbank.

4. a) $\mathscr{R}\mathscr{M}$ 1850.— Dt. Ablösungsschuld ohne Auslosungsrecht (Neubes.)

   b) $\dfrac{\mathscr{R}\mathscr{M}\ 9250.—\ \text{Rückzahlungswert}}{\mathscr{R}\mathscr{M}\ 1850.—\ \text{Nennwert}}$ } Dt. Anleihe-Auslosungsscheine einschl. $\frac{1}{5}$ Ablösungsschuld.

β) Wertpapiere in ausländischer Währung.

Bei Wertpapieren, die auf die deutsche und auf eine ausländische Währung lauten, wird der Berechnung die deutsche Währung zugrunde gelegt. (Vgl. Beispiel 4 Seite 14.)

Lauten Wertpapiere nur auf ausländische Währung, so ist ihr Nennwert zunächst in deutsche Währung umzurechnen; das trifft auch zu für deutsche Papiere in Auslandswährung (Dollar-Anleihen).

Dabei sind folgende feste Umrechnungssätze anzuwenden:

1 Fr. (£, Pes., Leu) . = $\mathscr{RM}$ —.80	1 Kr. (skand.) . . = $\mathscr{RM}$ 1.12½
1 £ . . . . = „ 20.40	1 Peso Gold . . . = „ 4.—
1 fl. ö. Gold . . . . . = „ 2.—	1 Peso mexik. . . = „ 2.10
1 fl. ö. W. . . . . . = „ 1.70	1 Peso argent. Pap. = „ 1.75
1 K ö., ung., tsch.. . = „ —.85	1 Dollar . . . . . = „ 4.20
1 hfl. . . . . = „ 1.70	7 fl. süddeutsch. . = „ 12.—
1 alter Goldrubel . . = „ 3.20	1 Mark Banko . . = „ 1.50
1 Rbl. (alt. Kreditrbl.) = „ 2.16	1 Taler . . . . . = „ 3.—
1 Zloty . . . . = „ —.80	1 Shanghai Taël . = „ 2.50
1 Danziger Gulden. . = „ —.80	1 Yen . . . . . . = „ 2.10

Beispiele.

1. $\dfrac{\text{öfl. }30000.—}{\mathscr{RM}\ 60000.—}$ 5% Öst.-Ung. Staatsb. Anl. (Gold) zu 8,25 $\mathscr{RM}$ 4950.—.

2. $\dfrac{\$\ 1500.—}{\mathscr{RM}\ 6300.—}$ 6% Dtsch. wertbest. Anl. 1923[1]) zu 91,75 . $\mathscr{RM}$ 5780.25.

Übungsaufgaben § 61 (Fortsetzung).

Berechne den Kurswert von:

5. a) Frs. 17500.— 4% Türk. unifiz. Anleihe.

   b) fl. 8500.— 4% Österr. Gold-Rente.

   c) $ 960.— Dtsch. wertbest. Anleihe (1—5 $)[1])

   d) G 1200.— 8% Danziger Hyp.-Pfandbriefe.

   e) £ 500.—.— 5% Tehuantepec Eisenbahn-Bonds.

6. a) 15 Stck. Aktien der Westsizil. Eisenb.-Ges. (1 Stck. = 500 £).

   b) 25 Stck. Aktien der Schles. Bergwerks-Ges. (1 Stck. = 100 Zloty).

   c) 30 Stck. Aktien der Pennsylvania Eisenb.-Ges. (1 Stck. = 50 $).

   d) 12 Aktien d. Luxembg. Prinz Heinrich-Eisenb.-Ges. (je 500 Frs.).

   e) 8 Stck. Aktien d. Amsterd.-Rotterd. Eisenb.-Ges. (1 Stck. = 500 hfl.).

---

1) 1923 wurden zwei 6% $-Anleihen ausgegeben: die eine in Stücken von 1—1000 $, Z. T. 1. 12., rückz. 1932; die andere in Stücken von 1—1000 $, Z. T. 1. 9., rückz. 1935; die Stücke von 1—5 $ wurden ohne Zinsscheine ausgegeben, ihre Rückzahlung erfolgt 1935 mit 70% Aufgeld.

b) Der Kurs ist ein Stückkurs.

Aus dem Wesen des Stückkurses (vgl. S. 4) ergibt sich die

Regel: Stückzahl × Kurs = Kurswert.

Beispiele.

 1. 5 Stck. Akt. d. Aach.-Münch. Feuer-Vers. zu 202,50 = $\mathscr{RM}$ 1012.50.

   (1 Stck. = $\mathscr{RM}$ 300.—; 30 % Einzahlung.)

 2. 125 Stck. Österr. Kredit-Bank-Aktien zu 41 = $\mathscr{RM}$ 5125.—.

   (1 Stck. = 50 S.)

Übungsaufgaben § 61 (Fortsetzung).

Berechne den Kurswert folgender Papiere:

7. a) 20 Stck. Aachener Rückversicherungs-Ges.-Aktien.

   (1 Stck. = $\mathscr{RM}$ 200.—, 25 % Einz.)

 b) 8 Stck. Aktien der Leipz. Feuer-Vers.-Ges. (Ser. A.).

   (1 Stck. = $\mathscr{RM}$ 100.—; volle Einz.)

 c) 15 Stck. Türkenlose.

 d) 25 Stck. Oelsnitzer Kuxe (volle).

 e) 125 Stck. Wiener Bankvereins-Aktien. (1 Stck. = 20 S.)

 f) 12 Stck. Genußscheine der Stettiner Chamotte A.-G.

c) Der Kurs versteht sich für eine Sachwerteinheit.

Regel: Nennwert (= Anzahl der dem Papiere aufgedruckten Sachwert-
einheiten) × Kurs = Kurswert.

Beispiel.

 425 g 5 % Feingold-Pfdbr. d. Ldw.-Creditv. Sachs. zu 1,74 = $\mathscr{RM}$ 739.50.

Übungsaufgaben § 61 (Schluß).

8. a) 350 Zentner 5 % Anhalter Roggenwertanleihe.

 b) 150 Tonnen 5 % Zwickauer Steinkohlenwertanleihe.

 c) 850 Gramm 5 % Feingold-Anleihe der Leipz. Hypoth.-Bank.

 d) 1200 Doppelzentner 5 % Preuß. Kaliwertanleihe.

2. Berechnung der Stückzinsen und des ausmachenden Betrags.

Zu jedem zinstragenden Wertpapiere gehört ein Zinsscheinbogen, der
bei der Ausgabe in der Regel aus 20 Zinsscheinen und dem Erneuerungs-
scheine (Talon) besteht. Jedem Zinsscheine ist ein Zinsbetrag und dessen
Fälligkeitstag (Zinstermin) aufgedruckt. Die im Kursblatt angewandte

Abkürzung Z. T. 1/1. 7. bedeutet also: die Zinsen werden am 1. Januar und 1. Juli (für das am 31. Dezember bzw. 30. Juni zu Ende gegangene Halbjahr) gezahlt. Wenn nun aber — um bei diesem Beispiele zu bleiben — das Wertpapier etwa am 20. April verkauft wird, wie erfolgt dann die Auseinandersetzung wegen der Zinsen zwischen Käufer und Verkäufer? Zwei Fälle sind zu unterscheiden:

a) Der laufende Zins ist im Kurse enthalten. In diesem Falle erübrigt sich eine besondere Zinsrechnung am Verkaufstage. Der Verkäufer, der doch die Zinsen vom 1. 1. bis 20. 4. zu beanspruchen hat, erhält diese im erhöhten Kurswerte am Verkaufstage mitvergütet. So liegt die Sache bei den Sachwert-Anleihen, den ausländischen Schuldverschreibungen, den alten Papiermark-Anleihen und den an ihre Stelle getretenen Aufwertungsanleihen (sowie allen Aktien).

b) Der laufende Zins ist im Kurse nicht enthalten. Die betreffenden Papiere tragen im Kursblatte den Vermerk: mit Zinsberechnung. Dazu gehören die Goldmark-Anleihen (Pfandbriefe), die neuen Reichsmark-Schuldverschreibungen und die 6% Deutsche wertbeständige Dollar-Anleihe (Stücke: 10—1000 $). Bei diesen Papieren macht sich eine besondere Zinsrechnung am Verkaufstage nötig. Den Zinsanspruch des Verkäufers und Käufers veranschaulicht folgende einfache Skizze:

1. 1.   Verkäufer-Anteil   20. 4. Käufer-Ant. 30. 6.

Da eine Teilung des Zinsscheines nicht in Frage kommt, sind zwei Möglichkeiten gegeben:

α) Der laufende Zinsschein wird dem Käufer mit übergeben. Das ist nach Börsenbrauch der Regelfall. Der Käufer hat alsdann dem Verkäufer außer dem Kurswerte noch die Zinsen (Stückzinsen) vom 1. 1. bis 20. 4. (einschließlich, also für 110 Tage) zu vergüten.

Merke: Kurswert + Zinsen = ausmachender Betrag.

β) Der laufende Zinsschein wird vom Verkäufer zurückbehalten. Das ist im allgemeinen nur zulässig, wenn der Verkauf innerhalb der letzten 14 Tage vor dem nächsten Zinstermine stattfindet. Es ist ohne weiteres ersichtlich, daß in diesem Falle der Käuferanteil (Zinsen vom Kauftage bis zum nächsten Zinstermine) vom Kurswerte abzusetzen ist. Für diesen Ausnahmefall gilt also der Satz:

Kurswert ÷ Zinsen = ausmachender Betrag.

Beachte: Die Stückzinsen sind stets vom Nennwerte zu berechnen (denn dieser — nicht der veränderliche Kurswert — ist vom Schuldner zu verzinsen) und um 10% Kapitalertragsteuer zu kürzen.[1]) (Vgl. Beispiele.)

Bei allen Papieren, bei denen Stückzinsen nicht berechnet werden, ist der Kurswert zugleich der ausmachende Betrag.

Beispiele.

1. Gehandelt am 20. April: G 3600.— 8% Danz. Hyp.-Pfandbriefe; Z. T. 1/1. 7.

Berlin, 20. April 19..

D. G 3600.—

$\overline{\text{ℛℳ 2880.—}}$ 8% Danz. Hyp.-Pfdbr. zu 92,75 . . . ℛℳ 2671.20

$+$ Zinsen[2]) 110/8% . . . „ 70.40

ℛℳ 2741.60

2. Gehandelt am 21. Dez.: ℛℳ 4500.— $7\frac{1}{2}$% Anleihe der Rhein. Stahlwerke; Z. T. 1/1. 7., ohne laufenden Zinsschein.

Berlin, 21. Dez. 19..

ℛℳ 4500.— $7\frac{1}{2}$% Anl. d. Rh. Stahlwerke zu 79,25 . ℛℳ 3566.25

$\div \begin{cases} \text{Zinsen } 9/7\frac{1}{2}\% \text{ . . ℛℳ 8.44} \\ \div 10\% \text{ Kap.-Ertr.-St. „ —.84} \end{cases}$ „ 7.60

ℛℳ 3558.65

Übungsaufgaben. § 62.

Berechne den ausmachenden Betrag folgender Effektengeschäfte:

1. G.-M. 7500.— 5% Goldmark-Pfandbriefe der Frankfurter Hypotheken-Bank. Z. T. 1/4. 10. Abschlußtag des Geschäfts 14. Nov.

2. G.-M. 5400.— 10% Gothaer Grundkredit-Pfandbriefe.

Z. T. 1/1. 7. Abschlußtag 2. Juni.

3. ℛℳ 6000.— $6\frac{1}{2}$% Kölner Stadtanleihe von 1926.

Z. T. 1. 4. (also Jahreszinsschein!). Abschlußtag 1. Dez.

4. ℛℳ 2500.— 7% Harpener Bergbau-Anleihe von 1924.

Z. T. 1/1. 7. Abschlußtag 24. Juni (ohne lauf. Zinsschein).

---

1) Bei ausländischen Papieren kommt die Kapitalertragsteuer grundsätzlich nicht zur Anwendung; von deutschen Papieren sind z. Zt. die 6% Deutsche wertbeständige Dollar-Anleihe und die Reichsbankanteile, soweit ihre Eigentümer Ausländer sind, davon befreit. Außerdem ist in neuerer Zeit eine Reihe im Auslande untergebrachter deutscher Anleihen von der Kapitalertragsteuer befreit worden. Höchstwahrscheinlich wird sie in Kürze für alle festverzinslichen Werte fallen.

2) Keine Kapitalertragsteuer, da Auslandspapier.

5. \$ 500.— 6% Deutsche wertbeständige Anleihe von 1923.

Z. T. 1. 12. Abschlußtag 6. Juli (frei von Kap.-Ertr.-St.).

6. G 4500.— 8% Danziger Hypotheken-Pfandbriefe.

Z. T. 1/1. 7. Abschlußtag 1. Sept.

7. G.-M. 3600.— 5% Gold-Pfandbriefe der Leipziger Hyp.-Bank. Em. II.

Z. T. 1/4. 10. Abschlußtag 3. Jan.

8. $\mathscr{R}\mathcal{M}$ 16000.— $7\frac{1}{2}$% Rheinische Stahlwerk-Anleihe.

Z. T. 1/1. 7. Abschlußtag 22. Juni (ohne lauf. Zinssch.).

9. \$ 3000.— 6% Deutsche wertbeständige Anleihe von 1923.

Z. T. 1. 12. Abschlußtag 21. Nov. (ohne l. Zinssch., vgl. Aufg. 5).

10. Die Braunschweigische Staatsbank legte im Februar 1926 eine 8% Gold-Kommunal-Anleihe zu 90, frei von Spesen, zur Zeichnung auf. Z. T. 1/4. 10; Fälligkeit des 1. Zinsscheins: 1. 10. 26. Für Zahlungen vor dem 1. 4. 26 wurden dem Käufer Zinsen vergütet, für Zahlungen nach dem 1. 4. 26 Zinsen belastet.

    a) Wieviel $\mathscr{R}\mathcal{M}$ zahlte F. am 10. März für G.-M. 2400.— Anleihe? (8% Zinsen; keine Kap.-Ertr.-St.)

    b) Wie hoch belief sich die Zahlung des G. am 25. April für G.-M. 3500.— Anleihe? (10% Kap.-Ertr.-St.)

11. H. hatte 1915—18 im ganzen 22000 $\mathcal{M}$ Kriegsanleihe gezeichnet.

    a) Welchen Nennwert ergaben die ihm zugeteilten Auslosungsrechte?

    b) Welchen Betrag erhielt er am 31. Dez. 1926 für seine (am 1. 12. 26 gezogenen) Auslosungsscheine ausgezahlt? (Vgl. S. 6 Anm.)

12. In der 2. Ziehung der Auslosungsrechte (am 1. Oktober 1927) wurden unter anderen die Nummern des K. gezogen, der Altbesitzer von 7500 $\mathcal{M}$ 4% Deutscher Reichsanleihe gewesen war. Wieviel $\mathscr{R}\mathcal{M}$ erhielt er am 31. 12. 27 ausgezahlt?

13. L. hatte 1923 $\mathcal{M}$ 80 000 Kriegsanleihe und $\mathcal{M}$ 30 000 Spar-Prämien-anleihe von 1919 gekauft.

    a) Wieviel $\mathscr{R}\mathcal{M}$ Anleihe-Ablösungsscheld erhielt er darauf im ganzen zuerkannt? (Neubesitz!)

    b) Wieviel $\mathscr{R}\mathcal{M}$ brachte deren Verkauf zum Kurse 12,375?

3. Berechnung der Spesen und des Endbetrags.

Der Abschluß von Effektengeschäften ist mit Spesen verknüpft. Diese verteuern den Einkauf und müssen demnach beim Effektenkaufe dem ausmachenden Betrage zugeschlagen werden. Sie vermindern dagegen den Reinerlös des Verkaufs und sind mithin beim Effektenverkaufe vom ausmachenden Betrage abzuziehen. Im einzelnen handelt es sich um folgende Unkosten:

a) Provision. Sie wird von der Bank beansprucht, die als Kommissionär an der Börse die ihr erteilten Ein- oder Verkaufsaufträge ausführt. (Über Selbsteintrittsrecht vgl. HGB. § 400.) Ihre Höhe ist aus der Beilage zu ersehen. Ist der Auftraggeber eine Bank, so beträgt die Gebühr nur die Hälfte der Kundenprovision.

b) Maklergebühr (Courtage). Sie ist an den Makler zu zahlen, der zwischen Käufer und Verkäufer an der Börse vermittelt und über jedes abgeschlossene Geschäft eine Schlußnote auszustellen verpflichtet ist. Die Gebührensätze sind aus der Beilage ersichtlich.

c) Börsenumsatzsteuer. Sie bildet eine Einnahme des Reiches und wird von den Banken entweder durch Aufkleben von Stempelmarken auf die Schlußnote oder durch Überweisungen an die Finanzämter (Abrechnungsverfahren) entrichtet. Der Berechnungsweise dieser Stempelsteuer sei folgendes einfache Schaubild vorangestellt.

$$\text{Kf.} \xrightarrow[\substack{^1/_1 \\ \text{Kunden-St.}}]{} \text{Bk.} \xrightarrow[\substack{^1/_2 \\ \text{Händler-St.}}]{\overset{\text{Börse}}{\boxed{}}} ^1/_2 \ \text{Bk.} \xleftarrow[\substack{^1/_1 \\ \text{Kunden-St.}}]{} \text{Vkf.}$$

Erklärung. Käufer und Verkäufer geben die Aufträge ihrer Bank, die sie an die Börse weiterleitet.

Bei Ermittlung der Börsensteuer sind also zwei verschiedene Stempel zu unterscheiden:

α) Händlerstempel. Er kommt zur Anwendung für das an der Börse abgeschlossene Geschäft zwischen der verkaufenden und der kaufenden Bank. Jede Partei zahlt die Hälfte („Börsenhälfte").

Tätigt die Bank das Geschäft für eigene Rechnung, so geht dieser halbe Stempel zu ihren Lasten; handelt sie als Kommissionär, so belastet sie den Kunden dafür.

β) Kundenstempel. Außer dem halben Händlerstempel muß der Kunde aber noch den ganzen (höheren) Kundenstempel tragen, der auf dem zwischen ihm und der Bank geschlossenen Geschäfte ruht. („Tarifmäßiger Stempel".)

Der in den folgenden Beispielen und Übungsaufgaben gebrauchte Ausdruck „1½fache Steuer" will also sagen, daß der ganze Kundenstempel und der halbe Händlerstempel zu berechnen sind. Über die Höhe gibt die Beilage Aufschluß. Die rechnerische Durchführung wird in den folgenden Beispielen gezeigt.

a) Zinspapiere.

Beispiele.

1. Kauf: Berlin, 28. Aug. 19..

G.-M. 6300.— 8% Berliner Stadtschafts-Goldmark-Pfandbriefe
Z. T. 1/4. 10. zu 98,75 . . . . ℛℳ 6221.25
+ Zinsen 148/8% ℛℳ 207.20
÷ 10% Kap.-Ertr.-St. „ 20.72 „ 186.48

ℛℳ 6407.73

+ { Prov. 0,25% . . . . ℛℳ 16.02
Makl.Geb. ¾% . . . „ 4.73
Steuer[1]) . . . . „ 4.75 „ 25.50

ℛℳ 6433.23

2. Verkauf: Berlin, 17. Juli 19..

75 Stck. Oldenburger 40 Taler-Lose zu 0,80 . . . . . = ℛℳ 60.—

÷ { Prov. 0,4% (Mindestbetr.) . ℛℳ 1.—
Maklergeb. 10 ℛpf je Stück[2]) „ 7.50
Steuer (frei) . . . . „ — „ 8.50

ℛℳ 51.50

3. Kauf: Leipzig, 19. Nov. 19..

ℛℳ 8750.— Rückzahlungswert } Dt. Anleiheauslosungsscheine
ℛℳ 1750.— Nennwert einschl. ⅕ Ablösungsschuld
zu 58,5 . . . . ℛℳ 5118.75

+ { Prov. 0,25% . . . . ℛℳ 12.80
Maklergeb. 0,5⁰/₀₀ . . „ 4.38
Steuer (2. Gruppe) . . „ 2.65 „ 19.83

ℛℳ 5138.58

Anm. Maklergebühr vom Rückzahlungswerte.

1) Kundenstempel = 6 ℛpf f. je 100 ℛℳ = 63 · 6 ℛpf = ℛℳ 3.78,
aufger. ℛℳ 3.80
½ Händlerstempel = 1½ ℛpf f. je 100 ℛℳ = 63 · 1½ ℛpf = „ 0.95

ℛℳ 4.75

2) Für deutsche Lospapiere beträgt die Maklergeb. 10 ℛpf je Stück.

4. Verkauf: Berlin, 5. März 19..

M 8160.— $4\frac{1}{2}\%$ Budapester Stadtanl.[1]) zu $36\frac{1}{8}\%$ = RM 2947.80

,,   10125.— 4% Ungarische Goldrente[2]) zu 12,50 . .   ,,   1265.65

G   3500.— 8% Danziger Hyp. Pfandbriefe; 1/1. 7.

RM 2800.—   zu 92,25 . . . . RM 2583.—

+ Zs. 65/8 %   . . . . . . ,,   40.45   ,,   2623.45

                                         RM 6836.90

$\div$ $\begin{cases} \text{Prov. } 0{,}4\% \; \ldots \ldots = \mathit{RM}\; 27.35 \\ \text{Maklergeb.}[3]) \; \ldots \ldots = \quad ,, \quad 7.47 \\ \text{Steuer}[3]) \; \ldots \ldots = \quad ,, \quad 8.65 \end{cases}$,,   43.47

                                         RM 6793.43

Übungsaufgaben. § 63.

Stelle für folgende Geschäfte die Abrechnung auf (Kurse und Spesensätze sind der Beilage zu entnehmen):

1. Kauf am 20. Mai für Rechnung eines Kunden ($1\frac{1}{2}$fache Steuer):

    a) RM 20000.— Rückzahlungswert $\left.\vphantom{\begin{matrix}a\\b\end{matrix}}\right\}$ Dt. Anleiheauslosungsscheine

          RM 4000.— Nennwert   einschl. $\frac{1}{5}$ Ablösungsschuld,

      zum 1. Kurs (variabel); Steuergruppe 2.

    b) RM 4000.— Dt. Ablösungsschuld ohne Auslösungsrechte, zum letzten Kurse (variabel); steuerfrei.

2. Verkauf am 4. Juni für Rechnung eines Kunden:

    a) M 80000.— 5% Leipziger Stadtanleihe 1916;

    b) ,, 75000.— $3\frac{1}{2}\%$ Hamburger Staatsrente.

3. Verkauf am 24. März für Rechnung eines Kunden (3. Steuergruppe):

    a) G.-M. 1200.— 8% Gothaer Grundkredit-Pfandbriefe;

    b) ,,   500.— 5% Frankf. Hyp.-Bk.-Pfdbr. (ohne lauf. Zinssch.).

4. Kauf am 13. April für Rechnung eines Kunden (4. Steuergruppe):

    a) RM 2600.— 7% Harpener Bergbau-Anleihe 1924;

    b) ,,   4400.— 10% Riebeck-Brauerei-Anleihe 1926.

---

1) Nennwerte: 480 K = **408** M = 504 Frs., daher deutscher Betrag.
2) Nennwerte: 100 fl. Gold = **202.50** M = 250 Frs., daher deutscher Betrag.
3) Die Maklergebühr beträgt für die Goldrente $1\frac{1}{2}{}^{0}/_{00}$, für die beiden andern Papiere $1{}^{0}/_{00}$; die Steuer ist von jedem Papier einzeln zu berechnen: RM 3.75 + 1.65 + 3 = 8.65.

5. Verkauf am 3. Jan. für Rechnung eines Kunden:

  a) G.-M. 500.— 8% Braunschw. Kommunal-Anleihe.

  b) G.-M. 2500.— 7% Thür. Staatsanleihe.

  c) $\mathcal{RM}$ 3700.— 5% Anleihe des Deutschen Reichs 1927.

Anm.: Der Zinsfuß ist für die Zeit vom 1. 8. 27 bis 31. 7. 34 auf 6% erhöht.

6. Kauf am 17. Mai für Rechnung eines Kunden:

  a) 250 Zentner 5% Anhalter Roggenwertanleihe (2. St.-Gr.);

  b) 650 Gramm 5% Leipziger Hyp.-Bank Feingoldanleihe (3. St.-Gr.).

7. Kauf am 7. Sept. für Rechnung eines Kunden:

  a) $\mathcal{M}$ 40500.— 4% Rumänische Anleihe 1910.

      (Nennwert der Stücke: 500 Frs. = 405 $\mathcal{M}$);

  b) $\mathcal{M}$ 20400.— 4% Türkische Administr. Anleihe 1903.

      (Nennwert: 20 £ = 504 Frs. = 408 $\mathcal{M}$.)

8. Kauf am 20. Febr. für Rechnung eines Kunden:

  a) $ 650.— 6% Deutsche wertbest. Anleihe von 1923, fäll. 1932.

      (Stückzinsen, frei von Kap.-Ertr.-St.; 2. Steuergruppe);

  b) $ 75. — Deutsche wertbest. Anleihe (1—5 $), fäll. 1935.

      (ohne Zinsen; 1. Steuergruppe!)

9. Verkauf am 14. Nov. für Rechnung eines Kunden:

  a) K 125000.— 4% Österr. Kronenrente;

  b) fl. 35000.— 4%   ,,   Goldrente;

  c) fl. 75000.— $4\frac{1}{5}$% ,,   Silberrente.

10. Verkauf am 27. Okt. für Rechnung eines Kunden:

  a) Peso 6200.— 5% Mexikanische Tamaulipas;

  b) £ 600.—.— 5% Tehuantepec Nat. Eisenbahn-Bonds;

  c) Frs. 12000.— $3\frac{1}{2}$% Ägypt. privil. Anleihe.

11. Kauf am 4. Dez. für Rechnung eines Kunden:

  a) 150 Stck. $2\frac{1}{2}$% Raab-Grazer Prämien-Anl. (Lose);

      (1 Stck. = 150 fl. ö. W.; steuerfrei);

  b) 20 Stck. Türkische 400 Frs.-Lose (Türkenlose); steuerfrei.

12. Kauf am 26. Juni für eigene Rechnung ($\frac{1}{2}$ Händlerstempel):

  G.-M. 3200.— 10% Goldmark-Pfdbr. der Preuß. Central-Boden-kredit-Anstalt (ohne lauf. Zinsschein); 3. Steuergruppe.

13. Verkauf am 18. Jan. für eigene Rechnung:

  $\mathcal{RM}$ 1800.— $7\frac{1}{2}$% Rheinische Stahlwerke-Anleihe 1925.

14. Verkauf am 29. August für eigene Rechnung:

  $\mathcal{M}$ 18500.— $3\frac{1}{2}$% Bayr. Hyp.- und Wechselbank-Pfandbriefe.

15. Kauf am 13. Febr. für eigene Rechnung:

75 t 5% Zwickauer Steinkohlen-Anleihe (Stadtanleihe).

In den folgenden Aufgaben sind mehrere Geschäfte in einer Abrechnung zu vereinigen.

16. Verkauf am 27. März für Rechnung eines Kunden:

RM 16500.— Rückzahlungswert der Dt. Ablösungsanleihe mit Auslosungsrechten; davon 10000 RM zum 2. Kurs (variabel) und 6500 RM zum Einheitskurs. (Die Steuer ist für beide Posten gesondert zu berechnen, deshalb geben die Banken in solchen Fällen häufig zwei getrennte Abrechnungen.)

17. Verkauf am 19. April für Rechnung eines Kunden:

60 Stck. Türkenlose, davon 50 Stck. zum 1. Kurs und den Rest zum Einheitskurs. (Steuerfrei.)

18. Kauf am 4. Mai für Rechnung eines Kunden:

G.-M. 600.— 8% Pfandbriefe der Gothaer Hypotheken-Bank.

„ 1200.— 5% Pfandbriefe der Frankf. Hyp.-Bank. Em. 2.

„ 1400.— 10% Pfandbr. der Preuß. Central-Bodenkreditanstalt.

19. Kauf am 21. Dezember für eigene Rechnung:

RM 9000.— 8% Berliner Gold-Stadtschaftsbriefe (Steuergr. 3).

„ 1800.— 7% Harpener Bergbau-Anleihe (ohne 1. Zinssch.).
(Steuergruppe 4.)

20. Die Leipziger Bierbrauerei Riebeck & Co., A.-G. legte im Dezember 1925 eine 10% Reichsmark-Anleihe zu 97%, unter Verrechnung von Stückzinsen, zuzügl. Börsenumsatzsteuer zur Zeichnung auf. Z. T. 1/4. 10; erster Zinsschein fällig 1. 10. 26.

a) A. übernahm RM 2500.— Anleihe und bezahlte sie am 12. April; welchen Betrag hatte er zu zahlen? (Einfacher Kundenstempel für St.-Gr. 4; keine weiteren Spesen.)

b) Wieviel RM hatte B. für RM 6000.— Anleihe am 21. Febr. zu bezahlen? (10% Zinsen; keine Kap.-Ertr.-St.)

21. Verkauf am 3. Febr. für Rechnung eines Londoner Kunden:

£ 1200.—.— 6% Hamburgische Staatsanleihe von 1923.

$ 4500.— 5% Bremer Dollar-Anleihe von 1923/4.
(Beide ohne Zinsrechnung; Steuer = $\frac{1}{2}$ Kundenstempel + Börsenhälfte, Steuergruppe 2).

22. Kauf am 19. Juli für Rechnung einer Wiener Bank:

K 400000.— 4% Österreichische Kronen-Rente,

fl. 300000.— 4% Ungarische Goldrente.
(Steuer wie in Aufg. 21, halber Provisionssatz).

b) Dividenden-Papiere.

Die Kurse fast aller Aktien und einiger Genußscheine sind Prozent-kurse. Nur die Versicherungsaktien, die sächsischen Kohlenaktien, die Aktien von in Liquidation befindlichen Gesellschaften, einige ausländische Aktien (österreichische Bank- und Eisenbahnaktien) sowie die Kuxe und einige Genußscheine werden je Stück notiert. Die Ermittlung des Kurswertes aller dieser Papiere ist bekannt. Da die zu erwartende anteilige Dividende dem Kurse zuwächst, findet eine Berechnung von Zinsen nicht statt. (Vor dem 1. 1. 1913 wurden in Deutschland auch bei den Aktien 4% Börsenzinsen berechnet.)

Die Abtrennung des Dividendenscheins wird stets erst nach Abhaltung der die Dividende festsetzenden Generalversammlung vorgenommen; es erfolgt daher der Handel ausschließlich des vorjährigen Dividendenscheins a) bei inländischen Aktien vom 2. Börsentage nach der Generalversammlung ab, b) bei ausländischen Aktien erst von dem Tage ab, an welchem die Dividende zur Auszahlung gelangt.

Für die Berechnung der Spesen gelten die gleichen Grundsätze, die bei den Zinspapieren entwickelt und geübt worden sind. Bei Namenspapieren (Reichsbankanteilen, Versicherungsaktien, Kuxen) entstehen durch die notwendige Namensumschreibung besondere Gebühren, die entweder vom Käufer allein (Reichsbankanteile) oder von beiden Parteien gleichmäßig getragen werden.

Beispiel.

Kauf von 5 Stck. Aktien der Leipziger Feuerversicherungs-A.-G. Serie A (zu je $\mathcal{RM}$ 100.—, voll eingezahlt), 10 Stck. desgl. Serie B (zu je $\mathcal{RM}$ 100.—, 25% Einzahlung) und 10 Stck. desgl. Serie C (zu je $\mathcal{RM}$ 200.— 25% Einzahlung) für Rechnung eines Kunden am 13. Febr.

Kauf: Leipzig, den 13. Febr. 19..

5 Stck. = $\mathcal{RM}$ 500.— Aktien der Leipziger Feuerversich.-A.-G.
     Serie A zu 112,65 . . . . $\mathcal{RM}$ 563.25
10 Stck. = $\mathcal{RM}$ 1000.— desgl. Serie B zu 22,75 . . . . „ 227.50
10 Stck. = $\mathcal{RM}$ 2000.— desgl. Serie C zu 44,5 . . . . „ 445.—

                                      $\mathcal{RM}$ 1235.75

       Prov. 0,4% . . . . = $\mathcal{RM}$ 4.94
       Maklergeb.[1]) . . . . = „ 1.85
       Steuer[2]) . . . . . = „ 2.80
       Übertragungsgeb. . = „ 3.50 $\mathcal{RM}$ 13.09

                                     $\mathcal{RM}$ 1248.84

---

1) Die Maklergebühr beträgt bei den Versicherungsaktien $1\frac{1}{2}\,^o/_{oo}$.
2) Von jedem Posten einzeln, also: 1.15 + 0.65 + 1.— = $\mathcal{RM}$ 2.80.

Übungsaufgaben § 64.

1. Verkauf am 3. Jan. für Rechnung eines Kunden ($1\frac{1}{2}$ fache Steuer):

 a) $\mathscr{RM}$ 1800.— Aktien der Deutschen Bank.

 b) „ 2400.— Aktien der Darmstädter und National-Bank.

2. Kauf am 18. Febr. für Rechnung eines Kunden:

 a) $\mathscr{RM}$ 2700.— Aktien der Daimler-Motoren-A.-G.

 b) „ 4500.— Aktien der Wanderer-Werke.

3. Kauf am 22. März für Rechnung eines Kunden:

 a) $\mathscr{RM}$ 2800.— Aktien des Norddeutschen Lloyd.

 b) „ 3300.— Aktien der Hambg.-Amerika-Paketfahrt-A.-G.

4. Verkauf am 16. April für eigene Rechnung ($\frac{1}{2}$ Händlerstempel):

 a) $\mathscr{RM}$ 16000.— Aktien der Maschinenfabrik Schubert & Salzer, zum letzten Kurse (variabel)

 b) $\mathscr{RM}$ 36000.— Reichsbankanteile, zum 2. Kurse (variabel).

5. Verkauf am 7. Mai für Rechnung eines Kunden:

 a) 50 Stck. Aktien der Pennsylvania-Eisenbahn-Ges. (je 50 $),

 b) 25 Stck. Aktien der Westsizil. Eisenb.-Ges. (je 500 £).

6. Kauf am 25. Juni für eigene Rechnung:

 a) 15 Stck. Aktien der Luxb. Prinz-Heinrich-Eisenb.-Ges. (je 500 Frs.),

 b) 25 Stck. Aktien der Schles. Bergwerks-A.-G. (je 100 Zloty),

 c) G 13500.— Aktien der Danziger Privatbank.

7. Kauf am 9. Juli für Rechnung eines Kunden:

 a) 12 Stck. Aktien der Allianz-Versicherungs-A.-G.
   (1 Stck. = $\mathscr{RM}$ 300.—; 25 % Einz.)

 b) 20 Stck. Aktien der Frankfurter Allg. Versicherungs-A.-G.
   1 Stck. = $\mathscr{RM}$ 80.—; 25 % Einz.)

8. Verkauf am 18. August für eigene Rechnung:

 a) Aktien des Wiener Bankvereins, und zwar:

250 Stck. zu je 20 S und 150 Stck. zu 100 S.

 b) Aktien der Ungarischen Kreditbank, und zwar:

175 Stck. zu je 50 Pengö und 60 Stck. zu 250 Pengö.

Anm. Die Aktien dieser beiden Banken lauten auf verschiedene Nennwerte, ihr Kurs dagegen versteht sich für 1 Stck. zu 20 S bzw. zu 50 Pengö.

Die folgenden Aufgaben sind in einer Rechnung darzustellen.

9. Verkauf am 14. September für Rechnung eines Kunden:

    15 Stck. Genußscheine der Stettiner Chamotte-A.-G. (Stückkurs);

    20 Stck. Genußscheine (je 200 $\mathcal{RM}$) der Ilse-Bergbau-A.-G. (Prozentk.);

    $\mathcal{RM}$ 800.— Aktien der Ilse-Bergbau-A.-G.

10. Kauf am 29. Oktober für Rechnung eines Kunden:

    40 Stck. Ölsnitzer Kuxe (volle) und

    5 Stck. Zwickau-Oberhohndorfer Steinkohlen-Aktien (je 1000 $\mathcal{RM}$).

11. Verkauf am 10. Nov. für Rechnung eines Kunden:

    12 Stck. Reichsbankanteile zu je $\mathcal{RM}$ 1000.—, zum 1. Kurs (variabel);

    15 Stck. desgl. zu je $\mathcal{RM}$ 100.—, zum Einheitskurse.

12. Kauf am 16. Dezember für Rechnung eines Kunden:

    $\mathcal{RM}$ 3600.— Aktien der Busch Waggonfabrik A.-G.; davon $\mathcal{RM}$ 3000.— zum 2. Kurs (variabel) und den Rest zum Einheitskurse. Post- und Fernsprechgeb. $\mathcal{RM}$ 1.50.

13. Kauf am 3. Febr. für eigene Rechnung:

    $\mathcal{RM}$ 7500.— Reichsbankanteile; davon $\mathcal{RM}$ 6000.— zum 2. Kurse (variabel), den Rest zum Einheitskurse. Übertragungsgebühr $\mathcal{RM}$ 6.—.

14. Verkauf für eigene Rechnung:

    $\mathcal{RM}$ 22500.— Aktien der J. G. Farbenindustrie und

    „ 15000.—   „   „ Vereinigten Glanzstoffwerke.

Zusatz. Berechnung nicht voll eingezahlter Aktien (Interimsaktien).

Es kommen hier nur solche Aktien in Betracht, die, obwohl nicht voll eingezahlt, in Prozenten notiert werden, also nicht die ebenfalls meist nur teilweise eingezahlten Versicherungsaktien (Stückkurse!). Nachdem das letzte dieser Papiere im deutschen Börsenverkehr, die Aktien der Banque impériale ottomane (Ottomanischen Bank), neuerdings auch je Stück notiert wird, hat die folgende Darstellung z. Zt. nur geschichtliches Interesse.

Beispiel.

Verkauf von 20 Stck. Aktien der Ottomanischen Bank (voller Nennwert 500 Frs., Einzahlung 50 %) zu 85.

Verkauf:

Frs. 10000.— 20 Stck. der Ottomanischen Bank zu 85 . . $\mathcal{RM}$ 6800.—
______

$\mathcal{RM}$ 8000.—

      ÷ 50 % fehlende Einzahlung . . . .   „ 4000.—
                                           $\mathcal{RM}$ 2800.—

       ⎧ Prov. 0,6 % . . . . . = $\mathcal{RM}$ 16.80
    ÷ ⎨ Maklergeb. 1 °/₀₀ . . . = „ 2.80
       ⎩ Steuer (35 $\mathcal{Rpf}$) . . . . = „ 9.80   „ 29.40

    (Frühere Spesensätze.) $\mathcal{RM}$ 2770.60

Anm. Kurserklärung: Das Kurspari (100) bezieht sich auf die wirklich geleistete Einzahlung, das Kursagio oder -disagio (hier 15) auf den vollen Nennwert der Aktien. Multipliziert man daher den vollen Nennbetrag mit dem Kurse (oben: 80 · 85), so ist der entstandene Kurswert noch um den Nennwert der fehlenden Einzahlung (oben: $\mathcal{RM}$ 4000.—) zu groß.

Dieser Kurserklärung würde die folgende Berechnungsart noch besser entsprechen:

$$\begin{array}{lllll}
\text{Einzahlung} & . . . \mathcal{RM}\ 4000.— & . . . & \text{zu } 100 & . . . \mathcal{RM}\ 4000.— \\
\div \text{voller Nennwert} & . \quad „ \quad 8000.— & . . . & „ \quad 15 & . . . \quad „ \quad 1200.— \\
\end{array}$$

$$\mathcal{RM}\ 2800.—$$

Man subtrahiert also vom Nennwerte der geleisteten Einzahlung ($\mathcal{RM}$ 4000.—) den aus vollem Nennwerte und Kursdisagio ermittelten Kurswert ($\mathcal{RM}$ 1200.—). Daß man im Falle eines Kursagios zu addieren hat, bedarf keiner besonderen Erörterung.

Rechnerisch am einfachsten ist übrigens die folgende **dritte** Methode der Berechnung:

$$\mathcal{RM}\ 8000.— \text{ zu } (85 \div 50 =)\ 35 . . . . \mathcal{RM}\ 2800.—$$

Man vermindert also den Kurs um den Prozentsatz der fehlenden Einzahlung (oben 50%) und berechnet mit dem Reste und dem vollen Nennbetrage den Kurswert. — In der Praxis wendete man fast ausschließlich die erste Berechnungsmethode an.

Heutige Berechnungsweise:

Frs. 10000.— 20 Stck. Aktien der Ottomanischen Bank

zu 140 (je Stck.) = $\mathcal{RM}$ 2800.

Spesen nach den geltenden Sätzen.

4. Berechnung der zu kaufenden Effektenmenge (des Nennwertes).

Beispiel.

Eine Erbschaft von $\mathcal{RM}$ 32570.— soll in mündelsicheren Papieren angelegt werden. Man beauftragt am 28. Mai eine Bank, 6% Deutsche wertbeständige Anleihe zu kaufen.

Stückelung: 10—1000 $ (fällig 1. 12. 1932); Z. T. 1. 12.; Kurs 92,25.

a) Wieviel $ Anleihe können gekauft werden?

b) Wie lautet die Abrechnung der Bank?

a) Man berechnet zunächst den Preis für ein kleinstes Stück, also für 10 $:

$$\begin{array}{lll}
\$\ 10.— & & \\
\hline
\mathcal{RM}\ 42.— \text{ zu } 92,25 . . . . & \mathcal{RM} & 38.75 \\
+ \text{ Zins. } 178/6\% . . . . & „ & 1.25 \\
\hline
& \mathcal{RM} & 40.— \\
+ \text{ Prov. } 0,25\% . . . . & „ & —.10 \\
\text{Maklergebühr } \tfrac{3}{4}°/_{00} . . . . & „ & —.03 \\
\hline
& \mathcal{RM} & 40.13 \\
\end{array}$$

Anzulegender Betrag. . . . . RM 32 570.—

÷ Steuer[1]) . . . . „   16.40

RM 32 553.60

Anzahl der Stücke zu 10 \$ = 32 553,6 : 40,13 = 811,2; es können also 8110 \$ gekauft werden.

Leipzig, 28. Mai 19. .

b)   \$ 8110.—

RM 34 062.— 6 % Wertbeständige. Anleihe zu 92,25 . RM 31 422.20

+ Zinsen 178/6 % . . . „   1010.50

RM 32 432.70

$+\begin{cases} \text{Prov. 0,25 \%} \ldots \ldots \ldots = \mathit{RM}\ 81.08 \\ \text{Makl.-Geb. } \frac{3}{4}\,^0/_{00} \ldots \ldots = \text{ „ } \ 25.55 \\ \text{Steuer} \ldots \ldots \ldots = \text{ „ } \ 15.75 \end{cases}$ „   122.38

RM 32 555.12

Ihre Einzahlung . . . . RM 32 570.—

Saldo zu Ihren Gunsten . . . . RM 14.88

Übungsaufgaben. § 65.

1. Eine Erbschaft von RM 17 750.— soll in 5 % Leipziger Hypothekenbank-Goldmark-Pfandbriefen angelegt werden. Der Kauf findet am 14. Mai durch eine Bank statt.

a) Wieviel Goldmark Nennwert kann man kaufen? (Kleinste Stücke 100 G.-M.)

b) Wie groß ist der verbleibende Überschuß?

2. Eine Dresdner Bank schafft für einen Kunden am 3. Dez. für RM 11 360.— $3\frac{1}{2}$ % Stockholmer Pfandbriefe an. (Kl. Stücke 100 Kr.) Wieviel Kronen Nennwert kann sie kaufen und welcher Überschuß verbleibt?

3. A. will eine Schuld von RM 9525.— mit dem Verkaufserlös aus Zwickauer Steinkohlenwert-Anleihe abdecken. Wieviel Tonnen Nennwert muß er durch seine Bank verkaufen lassen, und wie groß ist der verbleibende Überschuß? (Kleinste Stücke $\frac{1}{2}$ Tonne.)

4. Wieviel Stück Aktien der Aachener Rückversicherungs-A.-G. (RM 300.—, 30 % Einz.) muß B. durch seine Bank verkaufen, um aus dem Erlöse eine Schuld von RM 3884.50 begleichen zu können? Welcher Überschuß verbleibt?

---

1) Da die Steuer für das einzelne Stück nur ungenau zu ermitteln ist, wurde sie auf den Gesamtbetrag berechnet und von ihm abgesetzt.

5. C. in Zwickau will $\mathcal{RM}$ 25000.— in Wertpapieren anlegen. Er beauftragt seine Bank, Reichsbankanteile im Nennwerte von $\mathcal{RM}$ 12500.— zu kaufen und den Rest in 6% Deutscher wertbeständiger Anleihe (fäll. 1932) anzulegen. Wieviel Dollar Nennwert erhält er, und welcher Überschuß verbleibt ihm? (Kl. Stücke 10$; Übertragungsgebühr auf die Reichsbankanteile $\mathcal{RM}$ 8.50; Kauftag 6. Januar.)

6. D. in Plauen läßt am 8. August durch seine Bank verkaufen:

fl. 12000.— 4% Oesterreichische Goldrente,

K 90000.— 4%   ,,   Kronenrente und

25 Stck. Türkenlose. Für den Reinertrag soll sie 5% Tehuantepec National-Eisenbahn-Bonds anschaffen.

a) Wieviel $\mathcal{RM}$ ergeben die Verkäufe?

b) Wieviel Pfund Sterling Eisenbahn-Bonds (1 Stück = 100 £) erhält er, und wie groß ist der Überschuß?

Anm. Es werden zwei gesonderte Rechnungen aufgestellt. Provision, Maklergebühr und $1\frac{1}{2}$ fache Steuer sind sowohl auf die Verkäufe als auch auf den Einkauf zu berechnen.

7. Eine Hamburger Bank verkauft am 26. Oktober für Rechnung eines Kunden $\mathcal{RM}$ 2500.— Dt. Ablösungsanleihe (Neubesitz) und $\mathcal{RM}$ 75000.— $3\frac{1}{2}$% Hamburger Staatsrente. Für den Reinertrag schafft sie 8% Danziger Hypotheken-Bank-Pfandbriefe an. (1 Stck. = 100 G.) Stelle die beiden Abrechnungen auf!

8. Eine Leipziger Bank verkauft am 3. März für Rechnung eines Kunden 120 Stck. Ölsnitzer Kuxe und legt den Reinerlös in Aktien der Deutschen Bank an (Kl. Stücke 100 $\mathcal{RM}$). Stelle beide Rechnungen auf!

9. Für Rechnung eines Kunden verkauft eine Bank in Chemnitz am 16. November:

35 Stck. Aktien der Pennsylvania-Eisenbahn-Gesellschaft und
60 Stck. Aktien der Westsizilianischen Eisenbahn-Gesellschaft.
Für den Reinertrag kauft sie am gleichen Tage 10% Reichsmarkanleihe der Riebeck-Brauerei in Leipzig (mit Optionsrecht; vgl. S. 36). Kl. Stck. 100 $\mathcal{RM}$. Wie stellen sich beide Abrechnungen?

10. Berlin erhält von einem Kunden $\mathcal{RM}$ 2200.— 5% (6%; vgl. S. 15, Aufg. 5 c, Anm.) Dt. Reichsanleihe von 1927 zum bestmöglichen Verkauf und einen Wechsel über $\mathcal{RM}$ 1460.—, fäll. 12. Juli zur Diskontierung (Diskont 7%, Provision $\frac{1}{8}$% je angef. Mon.). Als Gegenwert kauft er auftragsgemäß 50 Stck. Aktien des Wiener Bankvereins (zu 20$) und für den Rest Raab-Grazer Lose. (1 Stck. = 150 fl. ö. W.) Wieviel Stück Lose kann es kaufen? Wie gestaltet sich die Abrechnung? Abrechnungstag 28. Mai. (Die Lose sind steuerfrei.)

B. Das Effekten-Lombardgeschäft.

Ist der Geldbedarf des Eigentümers gewisser Wertpapiere nur ein vorübergehender, so wird er diese nicht verkaufen, sondern sie einer Bank als Pfand für ein ihm zu gewährendes Darlehen überlassen. Man bezeichnet diesen Zweig des Bankgeschäfts als Lombardgeschäft. Es wird sowohl von Privatbanken als auch von der Reichsbank gepflegt. Unter den beleihbaren Gegenständen stehen die Wertpapiere obenan, weshalb wir die Lombardrechnung an dieser Stelle kurz behandeln.

Die von der Reichsbank für den Lombardverkehr aufgestellten Grundsätze gelten im wesentlichen auch für die Privatbanken; es sind, soweit die rechnerische Seite in Betracht kommt, die folgenden:

a) Unterpfänder. Lombarddarlehen werden gewährt gegen Verpfändung von:

α) Gold und Silber;

β) Wertpapieren, soweit sie in dem „Verzeichnis der bei der Reichsbank beleihbaren Wertpapiere" enthalten sind; zur Zeit gehören dazu nur Gold-Pfand- und Gold-Rentenbriefe (Privatbanken beleihen auch Aktien und Reichsmark-Industrieobligationen);

γ) Wechseln, die den Anforderungen entsprechen, die an zu diskontierende Wechsel gestellt werden;

δ) im Inlande lagernden Kaufmannswaren (Getreide, Ölsaat, Baumwolle, Metalle, Kaffee, Zucker, Spiritus usw.).

Die Beleihungssätze sind bei den Reichsbankanstalten zu erfragen. (Wertpapiere z. Zt. bis 75% des Kurswertes.)

b) Darlehen. Mindestbetrag 100 $\mathscr{RM}$; Höchstzeit drei Monate. Entnahmen und Rückzahlungen müssen durch 100 teilbar sein.

Das Darlehen kann täglich zurückgezahlt und täglich (ohne Kündigungsfrist) zurückgefordert werden.

Sinkt der Kurs verpfändeter Wertpapiere und Wechsel um 5%, so ist binnen drei Tagen entweder für Verstärkung des Unterpfandes oder für ausreichende Darlehensrückzahlung Sorge zu tragen.

c) Verzinsung. Der Zinsfuß wird öffentlich bekanntgegeben (1 bis 2% über Reichsbankdiskontsatz).

Der Zinsberechnung wird die Zahl der wirklichen Kalendertage zugrunde gelegt. (Privatbanken meist Monat = 30 Tage.) Auf jeden Pfandschein sind mindestens 5 $\mathscr{RM}$ Zinsen zu zahlen. Die Zinsen sind alle drei Monate und möglichst vor dem Schlusse der Kalendervierteljahre zu entrichten. Für den Darlehensbestand am letzten Werktage des Kalendervierteljahrs und für die am ersten Werktage des Kalendervierteljahrs entnommenen Darlehensbeträge wird ein Zinszuschlag für zehn Tage berechnet, wenn der Darlehensbestand an einem dieser beiden Tage 30000 $\mathscr{RM}$ überschreitet.

1. Berechnung des Darlehens und der Rückzahlung.

Beispiele.

1. Kaufmann A. in Gera verpfändet bei der dortigen Reichsbankstelle
am 12. Dez. G.-M. 20 000.— 10% Goldpfandbriefe der Braunschwei-
gisch-Hannoverschen Hypothekenbank, Kurs 102,5, und ferner
G.-M. 27 500.— 8% Goldpfandbriefe der Deutschen Hypotheken-
bank, Kurs 91,75; Beleihungssatz 75%.

a) Welches Darlehen erhält er? (Auf volle 100 $\mathcal{RM}$ abrunden.)

b) Auf wieviel $\mathcal{RM}$ beläuft sich die Rückzahlung an Kapital und
Zinsen am 2. März, wenn der Lombardzinsfuß bis 20. Februar 9%
und dann 8% beträgt?

a) G.-M. 20 000.— zu 102,5 . . . . = $\mathcal{RM}$ 20 500.—

    „ 27 500.— zu 91,75 . . . . = „ 25 231.25

                                      $\mathcal{RM}$ 45 731.25

                     beliehen zu 75% = „ 34 298.44

Also beträgt das Darlehen . . . . = $\mathcal{RM}$ **34 200.—**

b) Darlehen, entnommen am 12. Dez. . . . . = $\mathcal{RM}$ 34 200.—

Zinsen 80/9% (Mon. genau + 10 Tage Zuschlag) = „ 684.—

   „ 10/8% . . . . = „ 76.—

Rückzahlung am 2. März . . . . = $\mathcal{RM}$ 34 960.—

2. Kaufmann B. in Dresden verpfändete am 28. Juli bei einer Privatbank 15 Stck. Aktien der Baltimore-Ohio-Eisenbahngesellschaft
(1 Stck. = 100 $), Kurs 88, Beleihungssatz 50%, und 50 Stck. Aktien
der Diskonto-Gesellschaft (1 Stck. = 100 $\mathcal{RM}$), Kurs 168,75; Beleihungssatz 60%.

a) Berechne das größtmögliche Darlehen!

b) Wie hoch stellt sich die Rückzahlung am 3. Sept. unter Einschluß
von 9% Zinsen, $\frac{1}{6}$% Provision je angefangenen Zeitmonat und
$\mathcal{RM}$ 2.50 sonstigen Spesen?

a) $ 1500.—

               zu 88 = $\mathcal{RM}$ 5544.—; davon 50% = $\mathcal{RM}$ 2772.—

  $\mathcal{RM}$ 6300.—

$\mathcal{RM}$ 5000.— zu 168,75 = $\mathcal{RM}$ 8437.50;

                        davon 60% = „ 5062.50

                                   $\mathcal{RM}$ 7834.50

Also beträgt das Darlehen . . . . $\mathcal{RM}$ **7800.—**

b) Darlehen vom 28. Juli . . . . = $\mathscr{RM}$ 7800.—

Zinsen 35/9% (Mon. = 30 Tage) . . . . = „ 68.25

Prov.[1]) $\frac{1}{5}$% je angef. Zeitmonat (= $\frac{2}{5}$%) . . . = „ 31.20

Spesen . . . . = „ 2.50

Rückzahlung am 3. Sept. . . . . = $\mathscr{RM}$ 7901.95

3. Gegen Verpfändung von Wertpapieren wurden bei der Reichsbankstelle zu Chemnitz entliehen am 29. Mai $\mathscr{RM}$ 18600.—, dazu am 5. Juni $\mathscr{RM}$ 12000.—, zurückgezahlt am 2. Juli $\mathscr{RM}$ 9600.—; der Rest wurde zurückgezahlt am 15. Juli. Wieviel Zinsen sind bei einem Lombardzinsfuße von $8\frac{1}{2}$% zu entrichten?

Zinsberechnung vom 29. Mai ab:

Beiträge	Zinsen bis	Tage	Zinszahlen	%	Zinsen
$\mathscr{RM}$ 18600.—	Juni 5.	7	1302		
+ „ 12000.—					
$\mathscr{RM}$ 30600.—	Juli 2.	$\begin{cases}27\\10^2)\end{cases}$	11322		
÷ „ 9600.—					
$\mathscr{RM}$ 21000.—	„ 15.	13	2730		
			15354	$8\frac{1}{2}$	$\mathscr{RM}$ 362.53

2. Berechnung des Pfandes für ein bestimmtes Darlehen.

Beispiele.

1. A. beabsichtigt, gegen Verpfändung von Harpener Bergbau-Aktien ein Darlehen von $\mathscr{RM}$ 20000.— aufzunehmen. Wieviel Stück (je $\mathscr{RM}$ 600.—) muß er als Pfand geben bei einem Kurse von 118, 5 und einem Beleihungssatze von $66\frac{2}{3}$%?

Darlehen auf 1 Stck.: $6 \cdot 118{,}5 = \mathscr{RM}$ 711.—; davon $66\frac{2}{3}$% $= \mathscr{RM}$ 474.—. 474 in 20000 = 42,2. Er hat also **43 Stck.** Aktien zu verpfänden. (Stets aufrunden; warum?)

2. A. zahlt nach vier Wochen von dem erhaltenen Darlehen von $\mathscr{RM}$ 20000.— (vgl. Beisp. 1) $\mathscr{RM}$ 12500.— zurück; wieviel Stück Aktien kann er zurückfordern, wenn der Kurs auf 106 gefallen und der Beleihungssatz auf 60% zurückgesetzt worden ist?

Nach der Rückzahlung beträgt das zu deckende Darlehen noch $\mathscr{RM}$ 7500.—.

---

1) Lautete der Provisionssatz $\frac{1}{5}$% je Monat (nach genauer Zeit), so wäre zu rechnen: ($\frac{12}{5}$% =) 2,4% auf 35 Tage = $\mathscr{RM}$ 18.20. Vgl. die Provionsberechnung in der Diskontrechnung Teil I, Seite 186.

2) Zinszuschlag.

1 Aktie deckt 60% von $6 \cdot 106 = \mathit{RM}\ 381.60$ Darlehen;
381,6 in 7500 = 19,6.

Es müssen also 20 Aktien verpfändet bleiben und 23 Stck. können zurückgefordert werden.

Übungsaufgaben. § 66.

1. F. verpfändet am 5. Okt. bei der Reichsbank G.-M. 20000.— 6% Landwirtschaftliche Pfandbriefe; Kurs 84; Beleihungssatz 75%.

a) Welches Darlehen kann ihm gewährt werden?

b) Auf wieviel RM beläuft sich die Rückzahlung am 1. Dezember einschließlich der Zinsen zu 8%? (Mon. genau.)

2. G. übergibt seiner Bank am 26. Febr. 25 Stück Aktien der Sächsischen Bank zu je RM 300.—, Kurs 126, Beleihungssatz 70%, und 75 Stück Ölsnitzer Kuxe, Kurs 46, Beleihungssatz 55%.

a) Welches Darlehen erhält er? (Auf 100 abrunden!)

b) Wie hoch stellt sich die Rückzahlung am 9. Mai einschließlich $7\frac{1}{2}\%$ Zinsen und $\frac{1}{6}\%$ Provision (je angef. Monat)? (Monat 30 Tage.)

3. H. benötigt ein Darlehen von RM 32000.—, das er am 14. Sept. gegen Verpfändung von 10% Goldmark-Pfandbriefen der Sächs. Boden-Kreditanstalt von der Reichsbank erhält; kleinste Stücke = 100 G.-M., Kurs 112,5, Beleihungssatz 75%.

a) Wieviel Goldmark (Nennwert) muß er verpfänden? (Auf 100 aufrunden!)

b) Wieviel RM hat er am 20. Nov. zurückzuzahlen, wenn der Lombardzinsfuß bis 8. Okt. 8% und dann 7% beträgt? (Zinszuschlag!)

4. J. will sich von seiner Bank am 24. Nov. durch Verpfändung von 6% Deutscher Dollar-Anleihe — kleinste Stücke 10$, Kurs 94, Beleihungssatz 75% — ein Darlehen von RM 12500.— beschaffen.

a) Wieviel Dollar muß er verpfänden?

b) Wie groß ist die Rückzahlung am 15. Februar, wenn der Lombardzinsfuß bis 13. Januar 8% und dann $7\frac{1}{2}\%$ beträgt und an Provision $\frac{1}{6}\%$ je angef. Monat berechnet wird?

5. Um ein Darlehen von RM 20000. — aufzunehmen, verpfändet K. 13 Stück Aktien der Leipziger Credit-Bank (je 1000 RM, Kurs 109,5, Beleihungssatz 70%) und einen Posten 7% Thüringische Staatsanleihe (kleinste Stücke 100 G.-M., Kurs 91, Beleihungssatz 75%). Wieviel Goldmark der Thür. Staatsanleihe muß er als Pfand geben?

6. Gegen Verpfändung von G.-M. 17 500.— 8% Gold-Kommunal-Anleihe der Braunschweigischen Staatsbank, Kurs 98, Beleihungssatz 75%, und eines Postens Aktien der Hamburg-Amerika-Paketfahrt-A-G., je $\mathcal{RM}$ 300.—, Kurs 137,5, Beleihungssatz 70%, will L. ein Lombarddarlehen von $\mathcal{RM}$ 20 000.— aufnehmen. Wieviel Stück Aktien muß er verpfänden?

7. M. hat 60 Stück Aktien im Nennwerte von je $\mathcal{RM}$ 160.— zum Kurse 54,25 bei einem Beleihungssatze von 60% verpfändet. Wenige Wochen später ist der Kurs auf 37 gesunken. Der Darlehnsgläubiger ersucht deshalb um Minderung des Darlehens oder Ergänzung des Pfandes, wobei er den Beleihungssatz auf 50% herabsetzt.

a) Wie groß war das ursprüngliche Darlehen? **b)** Welcher Betrag ist nach dem Kurssturze sofort zurückzuzahlen? Oder **c)** wieviel Stück Aktien (des gleichen Unternehmens) sind noch zu verpfänden?

8. Gegen Verpfändung von G.-M. 18 500.— Braunschweig. Kommunal-Anleihe (Kurs 98,75, Beleihungssatz 70%) und eines Postens Wertbeständige Dollar-Anleihe (Kurs 93,5, Beleihungssatz 75%) erhält N. am 10. März ein Darlehen von $\mathcal{RM}$ 25 000.—. **a)** Wieviel Dollar Wertbeständige Anleihe (kleinste Stücke 10 $) mußte er verpfänden?

b) Am 28. März zahlt er $\mathcal{RM}$ 20 000.— Darlehen zurück und fordert die Rückgabe der Dollaranleihe sowie eines Teiles der Br. Kommunal-Anleihe. Wieviel G.-M. Nennwert ist ihm von letzterer zurückzugeben? (Kl. Stücke = 100 G.-M.) **c)** Am 21. April zahlt er den Darlehensrest sowie die Zinsen zu 8% und Prov. zu $\frac{1}{8}$% je Mon. (nach genauer Zeit) seit 10. März; wie groß ist diese Zahlung?

9. N. verpfändet am 29. April 20 Stück Bankaktien (je $\mathcal{RM}$ 1000.—, Kurs 120, Beleihungssatz 70%) und 40 Stück Industrieaktien (je $\mathcal{RM}$ 600.—, Kurs 112,5 Beleihungssatz 60%). Er zahlt am 14. Mai $\mathcal{RM}$ 20 000.— zurück und fordert die Herausgabe sämtlicher Bankaktien sowie eines Teiles der Industrieaktien. Am 28. Mai zahlt er den Darlehensrest einschließlich Zinsen und Provision.

a) Welches Darlehen hat er am 29. April erhalten?
b) Wieviel Stück Industrieaktien sind ihm am 14. Mai zurückzugeben?
c) Auf wieviel $\mathcal{RM}$ beläuft sich die Zahlung am 28. Mai, wenn der Zinsfuß bis 8. Mai 8%, dann 7% beträgt und an Provision $\frac{1}{8}$% je Monat (nach genauer Zeit) gerechnet wird?

10. (Zur Wiederholung der Staffel-Kontokorrentrechnung.) O. verpfändet am 5. Oktober 19.. bei seiner Bank Wertpapiere und entnimmt als Darlehen $\mathcal{RM}$ 12 500.—; er zahlt zurück am 21. Oktober $\mathcal{RM}$ 6000.—, entleiht am 28. Okt. RM 4000.—, ferner am 3. Nov. RM 8400.—, ferner am 27. Nov. RM 10000.—, zahlt am 5. Dez. zurück RM 18000.—. entnimmt am 10. Dez. RM 10000.—, zahlt am 18. Dez. RM 8500.— und am 23. Dez. den Rest einschließlich Zinsen und Kosten zurück. Wie groß ist diese Rückzahlung, wenn der Lombardzinsfuß bis 28. Okt. 9%, bis 20. Nov. 8%, sodann 7% beträgt und an Provision $\frac{1}{6}$% je Monat (nach genauer Zeit) berechnet wird?

Zur Vervollständigung dieses Abschnittes mögen noch einige Aufgaben aus dem Waren- und Wechsellombardgeschäft folgen.

11. In Hamburg werden am 25. Juni verpfändet: 250 Säcke Santos-Kaffee, geschätzt auf RM 8800.—, und 150 Kisten Sultan-Rosinen, geschätzt auf RM 1400.—.

a) Wie groß ist das hierauf zu gewährende Darlehen bei einem Beleihungssatze von 70% für Kaffee und 65% für Rosinen? **b)** Wieviel Zinsen und Kosten laufen bis zum 16. Aug. auf, wenn der Lombardzinsfuß bis 8. Juli 9%, später 8% beträgt, ferner $\frac{1}{6}$% Provision je Monat und endlich RM 18.50 weitere Spesen berechnet werden?

12. Die Reichsbankstelle zu Tilsit beleiht am 23. August 1250 dz Roggen, geschätzt auf RM 140.— für 1000 kg, zu 60% des Taxwertes. Am 6. September werden von dem Darlehen RM 7200.— zurückgezahlt.

a) Wie groß war das am 23. August entnommene Darlehen? **b)** Wieviel dz Roggen (auf Zehner nach unten abgerundet) können am 6. Sept. freigegeben werden? **c)** Wieviel beträgt die Rückzahlung am 5. Okt. einschl. $7\frac{1}{2}$% Lombardzinsen, 1⁰/₀₀ (vom Gesamttaxwerte) Abschätzungs- und 1% Beaufsichtigungsgebühren (letztere nach Verhältnis der Zinsen)?

13. Die Reichsbank gewährt einer Privatbank am 13. Aug. ein Darlehen gegen Verpfändung von RM 348000.— in Wechseln.

a) Wie groß ist das Darlehen bei Berücksichtigung von 5% Wertabschlag (Beleihungssatz also 95%). **b)** Wieviel beträgt die Rückzahlung am 20. Sept. einschließlich $7\frac{1}{2}$% Lombardzinsen?

14. Am 16. Sept. verpfändet P. bei einer Privatbank einen Posten Wechsel zum Beleihungssatze von 90%. Das erhaltene Darlehen zahlt er am 4. Nov. nebst Zinsen zu 8% und Provision zu $\frac{1}{6}$% je Monat (nach genauer Zeit) zusammen mit RM 56544.— zurück.

a) Wie groß war das Darlehen? **b)** Auf welchen Gesamtbetrag lauteten die Wechsel?

C. Einige Sonderfälle der Wertpapierrechnung.

1. Das Bezugsrecht auf neue Aktien.

a) Das Bezugsrecht haftet an Aktien.

α) Berechnung des Parikurses von Bezugsrechten.

Bei Ausgabe neuer (junger) Aktien wird den Besitzern alter Aktien meist das Recht auf deren Bezug zu einem bestimmten Kurse und nach einem festen Stücke- oder Wertverhältnis (z. B. 5 : 3, d. h. auf je 5 alte Aktien 3 neue) eingeräumt. Macht der Inhaber von dem Rechte des Bezuges keinen oder nur teilweisen Gebrauch, oder bleiben ihm infolge des besonderen Wertverhältnisses nicht auszunutzende Stücke (sog. „Spitzen") übrig, so überläßt er diese Aktien zur Ausübung des Bezugsrechts einem anderen, d. h. er verkauft das Bezugsrecht; andererseits kann er aber auch Bezugsrechte hinzukaufen, um auf Grund derselben neue Aktien zu beziehen. Der An- und Verkauf von Bezugsrechten ist Gegenstand des Börsenhandels. Der Preis (Kurs) des Bezugsrechts wird in Prozenten des Nennwertes festgesetzt und in der Regel an drei aufeinanderfolgenden Börsentagen notiert.

Die Berechnung des inneren Wertes des Bezugsrechts, seines Parikurses, gestaltet sich wie folgt:

Beispiel 1.

„Die ordentliche Generalversammlung der Paradiesbettenfabrik M. Steiner Sohn A.-G., Gunnersdorf b. Frankenberg, vom 12. März 1926 hat beschlossen, das Grundkapital von 1150000 $\mathcal{RM}$ um nom. 350000 $\mathcal{RM}$ auf 1500000 $\mathcal{RM}$ durch Ausgabe von nom. 350000 $\mathcal{RM}$ neuen, auf den Inhaber lautenden Stammaktien über je 100 $\mathcal{RM}$ und 1000 $\mathcal{RM}$ mit voller Dividendenberechtigung für das laufende Geschäftsjahr 1926 zu erhöhen.

Die neuen Aktien sind den alten Aktionären derart anzubieten, daß auf 1000 $\mathcal{RM}$ Nennwert alte Aktien 200 $\mathcal{RM}$ Nennwert junge Stammaktien zum Kurse von 105 %, spesenfrei, bezogen werden können."

Das dem Bezugsrecht zugrundeliegende Wertverhältnis ist 5:1[1]); der Börsenkurs der alten Aktien betrug 139,5. Folgende Durchschnittsrechnung führt zur Ermittlung des Bezugsrechtspreises:

$$
\begin{array}{lll}
500\ \mathcal{RM}\ \text{alte\quad Aktien zu } 139{,}5 & = \mathcal{RM}\ 697.50 \\
100\ \text{,,\quad junge\quad ,,\quad ,, } 105 & = \text{,,\quad } 105.- \\
\hline
600\ \mathcal{RM}\ \text{künftiger Aktienbesitz} & = \mathcal{RM}\ 802.50 \\
100\ \text{,,\qquad ,,\qquad\qquad ,,} & = \text{,,\quad } 133.75 \\
\text{Parikurs des Bezugsrechts} & = 139{,}5 \div 133{,}75 = \mathbf{5{,}75\,\%}.
\end{array}
$$

---

1) Die Bezugsbedingungen hätten auch lauten können: Auf je 500 $\mathcal{RM}$ alte Aktien kann eine junge Aktie über 100 $\mathcal{RM}$ bezogen werden. Nur weil die alten Aktien dieser Gesellschaft auf 200 $\mathcal{RM}$ und 40 $\mathcal{RM}$ lauten, der Nennwert von 500 $\mathcal{RM}$ also nicht darstellbar ist, wurde die obige Ausdrucksweise gewählt.

Oder:

$$\begin{aligned}
\text{Kurs der alten Aktien} &= 139{,}5\,\% \\
\text{„ „ jungen „} &= 105\ \ \%
\end{aligned}$$

$$\text{Mehrwert der alten Aktien} = 34{,}5\,\%.$$

Auf 600 $\mathscr{RM}$ künftigen Aktienbesitzes kommt ein Mehrwert von 34,5%, auf 100 $\mathscr{RM}$ also 34,5% : 6 = **5,75%**.

Der zweite Weg führt zu folgender Formel:

$$\text{Parikurs des Bezugsrechts} = \frac{\text{K} - \text{k}}{\text{q} + 1}$$

Dabei bedeutet K den Kurs der alten, k den Kurs der jungen Aktien und q den Wert des Stückeverhältnisses. — Wende die Formel auf obiges Beispiel an!

Beispiel 2.

Börsenkurs der alten Aktien 145, Ausgabekurs der jungen Aktien 110; Wertverhältnis 5:2 (d. h. auf je 500 $\mathscr{RM}$ alte können 200 $\mathscr{RM}$ junge Aktien bezogen werden).

$$\text{Preis des Bezugsrechts} = \frac{145 \div 110}{2\tfrac{1}{2} + 1} = \frac{35}{3\tfrac{1}{2}} = 10\,\%.$$

Sind die jungen Aktien hinsichtlich des Dividendenbezugs oder infolge besonderer Zinsen- und Kostenzuschläge ungünstiger gestellt als die alten, so hat man sie den letzteren zunächst dadurch gleichwertig zu machen, daß man ihren Kurs um den ihnen erwachsenden prozentualen Nachteil erhöht[1]). Im übrigen bleibt die angegebene Formel anwendbar. In der Praxis kommen hauptsächlich folgende Fälle vor:

1. Die jungen Aktien sind im laufenden Geschäftsjahre nur zu einem Teile des vollen Satzes dividendenberechtigt. Z. B.: Divid.-Anrecht nur $\tfrac{1}{4}$, Wertverhältnis (q) = 4 : 1, Bezugskurs (k) 180, Kurs der alten Aktien (K) 225, voraussichtliche Divid. 12%. Den jungen Aktien entgehen $\tfrac{3}{4}$ der Dividende, also $\tfrac{3}{4} \cdot 12 = 9\%$, somit ist 180 um 9 zu erhöhen, und es ist das

$$\text{Bez.-Recht} = (225 \div 189) : 5 = 7{,}2\,\%.$$

2. Das Anrecht auf Dividende beginnt erst nach einiger Zeit, z. B. am Anfang des nächsten Geschäftsjahres. Dann sind die jungen Aktien um die volle Jahresdividende ungünstiger gestellt, es ist daher (bei Benutzung der Zahlen des Beispiels unter 1)

$$\text{Bez.-Recht} = (225 \div 192) : 5 = 6{,}6\,\%.$$

[Würden die jungen Aktien erst im übernächsten Jahre dividendenberechtigt, ergäbe sich (225 ÷ 204) : 5 = 4,2%.]

3. Die jungen Aktien erhalten vom Zeitpunkt ihrer Ausgabe bis zum Ende des laufenden Jahres nur feste Abschlagszinsen. Erfolgt im vor. Beisp. die Neuausgabe Ende August (Gesch.-J. v. 1. Jan.; feste Zsn. 5%), dann entgeht den jungen Aktien die volle Dividende bis Ende August, also 12% auf 8 Monate, d. i. 8%, sowie die Teildividende auf 4 Monate zu (12 ÷ 5 =) 7% $= 2\tfrac{1}{3}\%$; also

$$\text{Bez. Recht} = (225 \div 190\tfrac{1}{3}) : 5 = 6{,}93\,\%.$$

---

1) Von einem Zinsausgleich der zu verschiedenen Zeiten fälligen Teilposten darf man dabei absehen.

4. Die jungen Aktien sind zwar in gleicher Weise dividendenberechtigt, doch sind bei ihrem Bezuge Stückzinsen bzw. Geldzinsen vom Beginne des Geschäftsjahres bis zum Bezugstage sowie ein Kostenbetrag (für Stempel und Spesen) zu entrichten (in Beisp. 1 etwa 6% Stückzinsen und $\mathcal{RM}$ 8.60 Kostenbetrag je Stck. zu 100 $\mathcal{RM}$). Die jungen Aktien, ausgegeben Anfang Juni, tragen an Sonderkosten die Zinsen zu 6% auf 5 Monate = 2,5% und ferner $\mathcal{RM}$ 8.60 je 100 $\mathcal{RM}$, d. i. 8,6%, daher:

$$\text{Bez.-Recht} = (225 \div 191{,}1) : 5 = 6{,}78\%.$$

Der 4. Fall ist leicht mit einem der früheren zu verbinden.
Hängt etwa zur Bezugszeit am Kurse der alten Aktien noch die vorjährige Dividende, so ist diese entweder vom Kurse der alten Aktien ab- oder zum Kurse der neuen Aktien zuzuschlagen.

β) **Der An- und Verkauf von Bezugsrechten an der Börse.**

Auch der Kurs eines Bezugsrechts unterliegt dem Einflusse von Angebot und Nachfrage und steht daher bald über, bald (und zwar meist) unter dem Parikurse. Die Berechnung des Kurswertes und der mit dem An- und Verkaufe von Bezugsrechten verbundenen Unkosten erfolgt nach denselben Grundsätzen wie bei den Wertpapieren.

Beispiele.

1. A. beabsichtigt, $\mathcal{RM}$ 5000.— junge Aktien der Paradiesbettenfabrik Steiner & Sohn (vgl. Beisp. 1, S. 29) zu erwerben, und beauftragt seine Bank, die dazu nötigen Bezugsrechte auf $\mathcal{RM}$ 25000.— zu kaufen. Kurs 5,6%. Nach Erledigung des Auftrags erteilt ihm die Bank folgende Abrechnung:

S o l l

Kauf: Bezugsrechte a/$\mathcal{RM}$ 25000.— zu 5,6% . = $\mathcal{RM}$ 1400.—

$+\begin{cases} \text{Prov. 0,4\% } \ldots \ldots = \mathcal{RM}\ 5.60 \\ \text{Maklergeb. 1}^0/_{00} \ldots = \text{ „ } 1.40 \\ \text{Steuer (1}\tfrac{1}{2}\text{fach) } \ldots = \text{ „ } 2.65 \end{cases}$ „ 9.65

$\mathcal{RM}$ 1409.65

2. B. besitzt $\mathcal{RM}$ 22600.— alte Aktien der gleichen Gesellschaft (vgl. Beispiel 1). Da er nur $\mathcal{RM}$ 3000.— junge Aktien beziehen will, wozu er nur Bezugsrechte für $\mathcal{RM}$ 15000.— benötigt, läßt er durch seine Bank das Bezugsrecht a/$\mathcal{RM}$ 7600.— verkaufen. Kurs 5,65%. Er erhält folgende Abrechnung darüber:

H a b e n

Verkauf: Bezugsrecht a/$\mathcal{RM}$ 7600.— zu 5,65% . = $\mathcal{RM}$ 429.40

$\div\begin{cases} \text{Prov. 0,4\% } \ldots \ldots = \mathcal{RM}\ 1.72 \\ \text{Maklergeb. 1}^0/_{00} \ldots = \text{ „ } -.43 \\ \text{Steuer } \ldots \ldots = \text{ „ } 1.- \end{cases}$ „ 3.15

$\mathcal{RM}$ 426.25

γ) Die Ausübung des Bezugsrechts.

Man übt das Bezugsrecht aus, indem man auf Grund desselben junge Aktien bezieht. Da dieses Geschäft ohne Börsenvermittlung abgewickelt wird, fällt bei seiner Wertberechnung die Maklergebühr fort, und die Steuer beschränkt sich auf den Kundenstempel.

Beispiel.

Nach Ausgabe der jungen Aktien (vgl. obiges Beispiel 1) erhält A. folgende Abrechnung von seiner Bank:

$$\underline{\text{S o l l}}$$

Kauf: $\mathscr{RM}$ 5000.— junge Aktien Steiner & Sohn
zu 105% . . . . = $\mathscr{RM}$ 5250.—
$+\begin{cases}\text{Prov. } 0{,}4\% \dots \dots = \mathscr{RM}\ 21.— \\ \text{Steuer (15 } \mathscr{Rpf} \cdot 53) \dots = \ \text{,,} \quad 8.—\end{cases}$,,   29.—

$$\mathscr{RM}\ 5279.—$$

Wie teuer stellt sich also der Erwerb von 5000 $\mathscr{RM}$ jungen Aktien insgesamt? (Vgl. Beispiel β 1 und γ.)

Die bisherigen Ausführungen über das Bezugsrecht legen die Frage nahe: Wie soll sich der Eigentümer alter Aktien einer Neuausgabe gegenüber verhalten, wenn er seinen Besitzstand nicht verändern will? Wir legen der Beantwortung dieser Frage folgendes Beispiel zugrunde: Die X‑Bank erhöht ihr Aktienkapital von 5 Mill. auf 8 Mill. $\mathscr{RM}$ und bietet den alten Aktionären die neuen Aktien zu 150 in der Weise an, daß auf je 5000 $\mathscr{RM}$ alte Aktien 3000 $\mathscr{RM}$ neue kommen (also ein Wertverhältnis 5 : 3); Börsenkurs der alten Aktien ist 166.

$$\text{Parikurs des Bezugsrechts} = \frac{166 \div 150}{1\tfrac{2}{3} + 1} = \frac{16}{2\tfrac{2}{3}} = 6\%.$$

C. besitzt 24000 $\mathscr{RM}$ alte Aktien und will seinen Besitzstand beibehalten. Ist es für ihn vorteilhafter, 1. sämtliche Bezugsrechte zu verkaufen oder 2. (z. B.) $\mathscr{RM}$ 15000.— alte Aktien zu verkaufen und den Abgang durch Bezug neuer Aktien zu ergänzen?

a) Der Kurs der Bezugsrechte steht pari (6%).

```
1.  Verkauft: Bezugsr. a/ RM 24000.— zu 6% . . . . . . . . . . . . . . . = RM 1440.—
     Verkauft: Alte Akt.    „  15000.— „ 166 . . . . . .      = RM 24900.—
2.   Gekauft:  Bezugsr. a/  „  16000.— „ 6% = RM    960.—
     Bezogen:  Jg. Aktien   „  15000.— „ 150 =  „  22500.—        „  23400.— = „ 1440.—
```

Anm. zu 2. Er verkauft 15000 $\mathscr{RM}$ alte Aktien, hat also diesen Abgang durch den Bezug von gleichviel neuen zu ergänzen. Der Bezug von 15000 $\mathscr{RM}$ neuen Aktien erfordert $15000 \cdot 5 : 3 = 25000$ $\mathscr{RM}$ alte Aktien; da nach Verkauf jener 15000 $\mathscr{RM}$ nur noch 9000 $\mathscr{RM}$ übrigbleiben, sind auf (25000 $\div$ 9000 =) 16000 $\mathscr{RM}$ Bezugsrechte zuzukaufen.

Ergebnis. Wenn der Kurs des Bezugsrechts pari steht, ist es für den Eigentümer alter Aktien gleichgültig, ob er sämtliche Bezugsrechte verkauft oder ob er alte Aktien veräußert und soviel Bezugsrechte erwirbt, daß er durch den Bezug junger Aktien seinen früheren Besitz wiederherstellt. Der Gewinn ist — von Spesen abgesehen — der gleiche.

b) Der Kurs des Bezugsrechts beträgt 5%.

```
1.  Verkauft: Bezugsr. a/ℛℳ 24000.— zu 5% . . . . . . . . . . . . . . . = ℛℳ 1200.—
   ⎧Verkauft: Alte Akt.     „  15000.—  „ 166 . . . . . . . = ℛℳ 24900 —
2. ⎨Gekauft:  Bezugsr. a/  „  16000 —   „ 5% = ℛℳ   800 —
   ⎩Bezogen:  Neuaktien     „  15000.—  „ 150 =  „  22500.—    „  23300.— = „  1600.—
                                                         Mehrertrag bei 2 = ℛℳ   400.—
```

Der Mehrertrag würde noch höher (nämlich = ℛℳ 640.—) gewesen sein, wenn man sämtliche alte Aktien verkauft hätte.

Ergebnis. Steht der Kurs des Bezugsrechts unter pari, so ist es vorteilhafter, die alten Aktien zu verkaufen und auf Grund gekaufter Bezugsrechte junge Aktien zu beziehen.

c) Der Kurs des Bezugsrechts beträgt 7%.

```
1.  Verkauft: Bezugsr. a/ℛℳ 24000.— zu 7% . . . . . . . . . . . . . = ℛℳ 1680.—
   ⎧Verkauft: Alte Aktien  „  15000.—  „ 166 . . . . . . . = ℛℳ 24900.—
2. ⎨Gekauft:  Bezugsr. a/  „  16000.—  „ 7% = ℛℳ  1120.—
   ⎩Bezogen:  J. Aktien    „  15000.—  „ 150 =  „  22500.—    „  23620.— = „  1280.—
                                                         Mehrertrag bei 1 = ℛℳ   400.—
```

Hätte man sämtliche alte Aktien verkauft, so wäre auch hier der Mehrertrag bei 1. ℛℳ 640.— gewesen.

Ergebnis: Steht der Kurs des Bezugsrechts über pari, so ist es vorteilhafter, das Bezugsrecht zu verkaufen und vom Bezuge junger Aktien abzusehen.

d) Wieviel alte Aktien müßte man verkaufen und also zur Wiederherstellung des bisherigen Besitzstandes auch neue beziehen, um immer den gleichen Ertrag zu haben, welches auch der Kurs für das Bezugsrecht sein mag?
Man verkauft 9000 ℛℳ Aktien, so daß der Rest 15000 ℛℳ gerade zum Bezuge von 9000 ℛℳ neuer Aktien, d. h. zur Ergänzung des alten Besitzes, ausreicht. Es ergibt sich:

$$\text{Verkauft: } 9000 \ ℛℳ \text{ alte Aktien zu } 166 = ℛℳ \ 14940.—$$
$$\text{Bezogen: } 9000 \ \text{„ neue „ „ } 150 = \ \text{„ } 13500.—$$
$$\text{Ertrag . . . } ℛℳ \ 1440.— \ (\text{wie bei a)}).$$

Der Kurs des Bezugsrechts kommt in der Berechnung gar nicht vor, er ist somit ganz ohne Einfluß auf die Höhe des Ertrages.

Allgemein findet man in diesem Falle den zu verkaufenden Betrag, wenn man den alten Bestand durch das um 1 vermehrte Wertverhältnis $(q+1)$ dividiert. Im Beispiel ist $q = 1\frac{2}{3}$, $q+1 = 2\frac{2}{3}$ und $24000 : 2\frac{2}{3} = 9000 \ ℛℳ$.

Übungsaufgaben. § 67.

1. Berechne den Parikurs für das Bezugsrecht unter folgenden Bedingungen:

a) Kurs der alten Aktien 167,5, Kurs der jungen Aktien 142; Bezugsverhältnis 5:2.

b) Kurs der alten Aktien 211,6, Kurs der jungen Aktien 100; Bezugsverhältnis 10:3.

c) Kurs der alten Aktien 139,5, Kurs der jungen Aktien 112; Kapitalerhöhung von 2,4 Mill. ℛℳ auf 3,3 Mill. ℛℳ.

d) Bezugsverhältnis 4 : 1, Bezugspreis 180; die jungen Aktien sind im laufenden Jahre nur zu $\frac{1}{4}$ dividendenberechtigt; voraussichtliche Dividende 16 %; Kurs der alten Aktien 252.

***e)** Kapitalerhöhung Anfang April von 1 750 000 *ℛℳ* um 500 000 *ℛℳ*, Bezug zu 144 + 6 % Geldzsn. v. 1. Jan., + Pauschale für Stempel und Spesen *ℛℳ* 69.50 je Stck. (zu 1000 *ℛℳ*), junge Akt. voll dividendenberechtigt, Kurs der alten Aktien 202.50.

***f)** Bezug im Verhältnis 3 : 2 zu 105, Dividendenberechtigung erst vom nächsten Jahre ab, vorjähr. Dividende $7\frac{1}{2}$ %, Kurs der alten Aktien 135.

***g)** Auf fünf alte Aktien (zu 120 *ℛℳ*) eine neue (zu 100 *ℛℳ*) zu 138; Ausgabe Anfang Juli; junge Aktien erhalten für den Rest des laufenden Jahres (bis 31. Dez.) 5 % feste Zinsen; Dividende voraussichtlich $10\frac{1}{2}$ %; Kurs der alten Aktien 192.

***h)** Bezugsverhältnis 7 : 3, Kurs 135. Junge Aktien vom 1. Juli (statt 1. Jan.) dividendenberechtigt; alte Aktien 198.50 einschließlich vorjähriger Dividende (= 16 %), voraussichtliche Dividende 14 %.

2. Stelle die Abrechnung auf über:

a) den Einkauf von Bezugsrechten auf 5400 *ℛℳ* Aktien der Leipziger Baumwollspinnerei zu 6,25 %;

b) den Verkauf von Bezugsrechten auf 6500 *ℛℳ* der Prestowerke, Chemnitz, zu 4,15 %. (Sätze für Provision, Maklergeb. und $1\frac{1}{2}$ fache Steuer lt. Beilage.)

3. Unter Ausübung des Bezugsrechts bezieht D. 8000 *ℛℳ* junge Aktien der Rockstroh-Werke (Dresden) zu 107,5. Wie lautet die Abrechnung seiner Bank darüber? (Keine Maklergebühr, einfacher Kundenstempel.

4. Die Zwickauer Kammgarnspinnerei bietet ihren Aktionären junge Aktien im Verhältnis von 4:1 zu 115 an. Kurs der alten Aktien 152,5. E. besitzt 15 000 *ℛℳ* alte Aktien und wünscht unter Hinzukauf der ihm fehlenden Bezugsrechte sechs junge Aktien (zu je 1000 *ℛℳ*) zu erwerben.

a) Wie lautet die Rechnung seiner Bank über den Ankauf der Bezugsrechte, wenn diese pari notiert wurden?

b) Wie lautet die Rechnung über den Bezug der jungen Aktien? (Spesensätze lt. Beilage; bei b) keine Maklergeb. und einfache Steuer.)

5. Eine Aktiengesellsch. erhöhte ihr Kapital von 700 000 auf 1,2 Mill. *ℛℳ* und bot die sämtlichen jungen Aktien (zu 1000 *ℛℳ*) den Besitzern von alten Aktien (zu 500 *ℛℳ*) zum Bezuge zu 208,5 an. Ein Besitzer von 160 Stck. alten Aktien entschloß sich zum Bezuge von 20 Stck.

neuen Aktien und zur Abgabe der von ihm nicht benutzten Bezugsrechte. Wie lauteten die beiden Abrechnungen seiner Bank, wenn
das Bezugsrecht zu $3\frac{1}{4}\%$ notiert wurde? (Spesen vgl. Aufg. 4.)

***6.** Die Deutsche Gasglühlicht (Auer-)A.-G. gibt 3300 junge Aktien aus,
die in vollem Umfange dividendenberechtigt sein sollen. Es kann auf
zwei alte Stammaktien eine junge gratis bezogen werden.

a) Wie stellt sich der Parikurs des Bezugsrechts bei einem Kurse
der alten Aktien von 707.—?

b) Auf welchen Wert wird nach Ausgabe der neuen Aktien der Kurs
der alten Aktien heruntergehen? (Durchschnittskurs!)

***7.** Die Orenstein u. Koppel A.-G. erhöhte ihr Kapital von 36 auf
45 Mill. $\mathscr{M}$ durch Ausgabe von 9000 neuen, für das laufende Geschäftsjahr zur Hälfte dividendenberechtigten Aktien zu 155%,
voll zahlbar am 15. Juli. Wie stellte sich das Bezugsrecht beim
Kurse der alten Aktien 174.— und bei 14% (vorjähriger) Dividende?

***8.** Eine Aktiengesellschaft bietet Neuaktien im Verhältnis von 2 : 1
zum Kurse von 160%, für 1927 zur Hälfte dividendenberechtigt,
derart an, daß beim Bezuge (23. Juli 1927) 25% des Nennwerts und
das ganze Aufgeld von 60%, sowie die Schlußscheinsteuer bar zu
entrichten sind. Weitere je 25% sollen am 1. Aug., 15. Sept. u. 1. Nov.
bezahlt werden. Frühere Vollzahlung soll zulässig sein unter Abzug von Zinsen zum Bankdiskont (6%, auf den Nennwert 2500 $\mathscr{RM}$;
vom Zahlungstage bis zu den genannten Terminen). A. übt sein Bezugsrecht auf 20000 $\mathscr{RM}$ alte Aktien unter Vollzahlung am 23. Juli aus.
Wieviel hat er zu zahlen?

***9.** Die Westfälischen Stahlwerke erhöhten ihr Aktienkap. von 7 Mill. auf
10 Mill. $\mathscr{M}$ und boten den Aktionären den Bezug der neuen Aktien
zu 106.— an. Kurs der alten Aktien war 126.—. Ein Eigentümer von
24000 $\mathscr{M}$ alten Aktien, der seinen Besitz unverändert beibehalten
wollte, untersucht bei einem Kurse des Bezugsrechts von **a)** 5%,
b) 7%, in welchem Falle ihm ein größerer Ertrag erwächst, wenn er
1. alle Bezugsrechte verkauft oder 2. sämtliche Aktien verkauft und
durch Einkauf entsprechender Bezugsrechte neue Aktien bezieht, oder
3. $\mathscr{M}$ 9000.— alte Aktien verkauft, und unter Hinzukauf entsprechender Bezugsrechte durch Bezug neuer Aktien den alten Besitzstand
wiederherstellt. Für wieviel $\mathscr{M}$ Aktien müßte er verkaufen, um un-
abhängig vom Preise des Bezugsrechts immer den gleichen Ertrag zu
haben, und wie groß ist dieser? Bei welchem Kurse des Bezugsrechts
würde jede Operation den gleichen Ertrag liefern?

***10.** Eine Aktiengesellschaft muß zur Sanierung schreiten. Nach Beschluß der Generalversammlung soll das Aktienkapital von $1\frac{1}{2}$ Mill. *ℛℳ* durch Zusammenlegung der Aktien im Verhältnis 5 : 1 auf 300000 *ℛℳ* herabgesetzt, den Aktionären aber freigestellt werden, die Zusammenlegung dadurch zu umgehen, daß sie auf ihre Aktien 80 % des Nennwertes — und zwar 30 % bis 5. Sept., 30 % bis 5. Okt., 20 % bis 5. Dez., jeweils zuzügl. 4 % Zsn. vom 1. Juli ab — bar entrichten unter 5 % Zinsvergütung bei vorzeitiger Zahlung. A. besitzt 8000 *ℛℳ* solcher Aktien; er reicht 5000 *ℛℳ* davon zur Zusammenlegung ein und leistet auf die restlichen 3000 *ℛℳ* die gesamte Zuzahlung am 30. Aug.

a) Wieviel betrug die letztere? (Erst + 4 % Zsn. vom 1. Juli [einschl.] bis 5. Sept. usw., dann ÷ 5 % Geldzsn. vom 30. Aug. bis 5. Sept. usf.).

b) Bei welchem Kurse kann er den verbleibenden Aktienbesitz (4000 *ℛℳ*) ohne Verlust veräußern, wenn er den ursprünglichen Besitz von 8000 *ℛℳ* zu 24 % (einschl. Spesen) erworben hat?

b) Das Bezugsrecht haftet an Obligationen.

Unter dem Einflusse der nach der Stabilisierung der deutschen Währung einsetzenden Geldknappheit sind auf dem deutschen Efffektenmarkte zwei neue Formen von Industrieanleihen erschienen: der Convertible Bond und der Obligationsbond. Der Convertible-Bond schließt das Recht ein, in eine Aktie derselben Unternehmung umgewandelt zu werden, wobei er als Anleihe untergeht. Es handelt sich also hier nicht um ein Bezugsrecht, sondern um ein Umwandlungsrecht.

Beispiele.

> 7% Anleihe der Harpener Bergbau A.-G.: Umtauschzeit 1.—15. Dez. 1929, Umtauschverhältnis 1:1.

> $7^{1}/_{2}$% Anleihe der Rheinischen Stahlwerke A.-G.: Umtauschzeit 1. 10. 29 bis 31. 12. 29, Umtauschverhältnis 1300:1000.

> 8% Anleihe der Basalt A.-G.: Umtauschzeit bis 31. 12. 29, Umtauschverhältnis 1:1.

Mit dem Obligationsbond dagegen ist eine Option verbunden, ein Bezugsrecht auf Aktien, bei dessen Ausübung die Anleihe als solche bestehen bleibt. (Vgl. das folgende Beispiel und die Übungsaufgaben.)

Beispiel.

Die 7% Hypothekarschuldverschreibungen der Vereinigten Stahlwerke A.-G. von 1926 (Serie B) schließen eine Aktienoption derart ein, daß bis 31. 12. 29 auf je 3000 *ℛℳ* Bonds eine Aktie von 1000 *ℛℳ* zum festen Kurse von 125% bezogen werden kann. Ende Juni 1927 lautete der Börsenkurs der Aktien auf 143%, die Anleihe mit Optionsrecht (Vollstücke) wurde zu 104,25, ohne Optionsrecht (Leerstücke) zu 96,25 gehandelt.

a) Wieviel Prozent betrug der Optionswert (Bezugsrechtswert)?

b) War eine Option bei den angegebenen Kursen lohnend?

a) Bezugsrecht einer Aktie von 1000 $\mathscr{R\!M}$ zu 125%. . . $\mathscr{R\!M}$ 1250.—
Verkaufswert dieser Aktie zu 143% . . . . „ 1430.—

Gewinn auf 3000 $\mathscr{R\!M}$ Anleihe . . . . $\mathscr{R\!M}$ 180.—
„ „ 100 „ „ . . . . „ 6.—

Theoretischer Optionswert (Pariwert) = **6%.**

Einfacher: (143% ÷ 125%):3 = 6%.

b) Kurswert von 3000 $\mathscr{R\!M}$ Anleihe-Vollstücke zu 104,25 $\mathscr{R\!M}$ 3127.50
„ „ 3000 „ „ -Leerstücke zu 96,25 „ 2887.50

Optionsverlust an der Anleihe . . . . $\mathscr{R\!M}$ 240.—
Optionsgewinn an der Aktie (siehe oben) . . . . . . „ 180.—

Reinverlust $\mathscr{R\!M}$ 60.—

Einfacher: Optionsverlust = 104,25 ÷ 96,25 = 8%
Optionsgewinn (siehe a) . . . . = 6%

Reinverlust . . . . = 2%.

Verlust auf 3000 $\mathscr{R\!M}$ Nennwert = $\mathscr{R\!M}$ 60.—

Die Option war also nicht lohnend.

Anm. Es läßt sich leicht ableiten: Ist die Spanne zwischen den Kursen für Voll- und Leerstücke gleich dem theoretischen Optionswerte, so ergibt eine Option weder Gewinn noch Verlust; ist die Kursspanne größer, so ergibt sich Verlust, ist sie kleiner, so bringt die Option Gewinn.

Übungsaufgaben. § 67a.

1. Die Riebeck-Brauerei A.-G. in Leipzig hat 1926 eine 10% Anleihe mit Optionsrecht ausgegeben. Je 600 $\mathscr{R\!M}$ Anleihe berechtigen bis 31. 12. 28 zum Bezuge einer Aktie von 200 $\mathscr{R\!M}$ zum Parikurse. Untersuche auf Grund nachstehender Kurse, wieviel Prozent der Optionswert beträgt, und ob eine Option lohnend ist (dabei ist der Gewinn oder Verlust in Prozenten und in $\mathscr{R\!M}$ für 1000 $\mathscr{R\!M}$ zu beziehenden Aktienwert anzugeben):

a) Tageskurs der Aktien 158,5, der Anleihe mit Optionsrecht 131,5, ohne Optionsrecht 114,5.

b) Aktienkurs 161, Anleihe mit Option 133, ohne Option 111,5.

c) Lege der Untersuchung die Tages-Börsenkurse zugrunde! (Kursblatt der Leipziger Börse.)

2. Mit der 7% Anleihe der Natronzellstoff A.-G. ist ein Optionsrecht derart verbunden, daß bis 31. 12. 29 auf je 3000 $\mathcal{RM}$ Obligationen 1000 $\mathcal{RM}$ Aktien zu 140% bezogen werden können. Die in Betracht kommenden Tageskurse lauten: Aktien 167,75, Anleihe mit Optionsrecht 109,5, ohne Optionsrecht 99.

a) Welchen theoretischen Wert (in Prozenten) hat das Optionsrecht?

b) Ist eine Option bei den angegebenen Kursen lohnend? (S. Aufg. 1.)

c) Bei welchem Kurse der Leerstücke (Anleihe ohne Option) hätte eine Option weder Verlust noch Gewinn gebracht? (Die beiden andern Kurse sollen beibehalten werden.)

d) Bei welchem Aktien-Tageskurse ergibt die Option weder Gewinn noch Verlust? (Die beiden Anleihekurse sind beizubehalten.)

e) Bei welchem Kurse der Vollstücke würde die Option $1\frac{3}{4}$% Gewinn ergeben? (Die sonstigen Kurse sind beizubehalten.)

3. Die Aktien der Vereinigten Stahlwerke werden an einem Tage zu 154,25 und die Anleihe mit Option zu 109.75, ohne Option zu 101,5 gehandelt. Auf je 3000 $\mathcal{RM}$ Anleihe kann eine Aktie von 1000 $\mathcal{RM}$ zu 125% bezogen werden. Beantworte danach die in Aufgabe 2 gestellten fünf Fragen!

2. Die Einlösung fälliger Zins- und Dividendenscheine.

Die Zins- und Dividendenbeträge der Wertpapiere sind abhängig von deren Nennwerte und dem der Berechnung zugrunde zu legenden Zinsfuße bzw. Dividendensatze. Vier Fälle sind zu unterscheiden:

a) Aus Reichsmark-Nennwerten ergeben sich ohne weiteres auch die Zinsen und Dividenden in Reichsmark.

Beispiel.

Berechne den halbjährlichen Zinsertrag von $\mathcal{RM}$ 6500.— 8% Anleihe der Stadt Altenburg.

$$\text{Zinsen} = \mathcal{RM} \; \frac{65 \cdot 8}{2} \; . \; . \; . \; . \; . \; . \; . \; . \; = \mathcal{RM} \quad 260.—$$

$$\div \; 10\% \; \text{Kap.-Ertr.-St.} \; . \; . \; . \; . \; . \; . \; = \quad „ \quad \underline{\quad 26.—}$$

$$= \mathcal{RM} \quad 234.—$$

b) Eine Verzinsung der Papiermark-Nennwerte findet nicht statt, wohl aber sind die Industrie-Anleihen dieser Art, soweit sie vor dem 1. 1. 1918 ausgegeben sind, mit ihrem zu 15% aufgewerteten (auf Reichsmark gestellten) Betrage zu verzinsen, und zwar für 1925 mit 2%, für 1926 u. 1927 mit 3%, und ab 1. 1. 1928 mit 5%. Die Jahreszinsen für 1926 ff. sind je am 1. Juli zahlbar.

Beispiel.

Berechne die Jahreszinsen für 1926 von P.-M. 15000.— $4\tfrac{1}{2}\%$ Anleihe des Norddeutschen Lloyd von 1908.

P.-M. 15000.—, aufgewertet zu 15% = $\mathscr{RM}$ 2250.—
Jahreszinsen von $\mathscr{RM}$ 2250.— zu 3% . = $\mathscr{RM}$ 67.50
÷ 10% Kap.-Ertr.-St. . . . . = „   6.75
= $\mathscr{RM}$ 60.75

c) Bei der Wertberechnung der Zins- und Dividendenscheine von Effekten in Auslandswährung macht sich, falls nicht ausdrücklich der Betrag in deutscher Währung benannt ist, eine Umrechnung in Reichsmark nötig. Sie erfolgt entweder zu einem (auf dem Papiere angegebenen) festen Satze oder in der Regel zum Tageskurse für Auszahlungen. Eine etwa auf dem Zinsscheine lastende Steuer ist dabei in Abzug zu bringen.

Beispiel.

Wieviel $\mathscr{RM}$ betrug der Zinserlös aus £ 250.—.— 6% Hamburger Staatsanleihe von 1923 am 1. Aug. 1927? (Z.-T. 1/2. 8., Berliner Briefkurs a/London am 31. 7. 27 = 20,426.)

Aus den Bedingungen: „Umrechnungskurs ist der Briefkurs der letzten dem Verfalltage vorhergehenden amtlichen Berliner Notierung für Auszahlung London."

Zinsen = $\dfrac{2,5 \cdot 6}{2}$ = 7,5 £ zu 20,426 . . = $\mathscr{RM}$ 153.20
÷ 10% Kap.-Ertr.-St. . . . . = „   15.32
$\mathscr{RM}$ 137.88

d) Die Zinsen aus den Sachwertanleihen stellen eine Gütermenge dar, deren Wert in Reichsmark umzurechnen ist. Der dieser Umrechnung zugrunde zu legende Preis richtet sich nach den vom Schuldner bei der Anleiheausgabe gestellten Bedingungen. Da letztere im einzelnen außerordentlich verschieden sind, müssen wir uns darauf beschränken, das Grundsätzliche an einigen typischen Beispielen zu zeigen.

α) Die Zinsscheine lauten auf Goldmark. Dafür gilt die Gleichung: 1 Goldmark = $\frac{1}{2790}$ kg = 0,35842 g Feingold oder auch (seltener): 1 Goldmark = $\frac{10}{42}$ \$ = 23,8095 cts. Nun beträgt einerseits der heutige Goldpreis auf Grund der Londoner Notierung (siehe β) etwa 1 $\mathscr{RM}$ für 0,35842 g fein, und andererseits ist auf Grund des Dollarkurses $\frac{10}{42}$ \$ auch = 1 $\mathscr{RM}$; deshalb werden die Zinsscheine einfach mit ihrem Nennbetrage (1 Goldmark = 1 $\mathscr{RM}$) abzügl. 10% Kapitalertragsteuer eingelöst. [Setze in Beisp. a) statt Reichsmark Goldmark!]

β) Die Zinsscheine lauten auf Gramm Feingold.

Beispiel.

Berechne den am 1. 11. 1927 fälligen halbjährigen Zinsertrag von 350 Gramm 10% Feingoldpfandbriefe des Erbländischen Ritterschaftlichen Kreditvereins in Sachsen.

Halbjahrszinsen $= \frac{35}{2} = 17,5$ g Feingold.

Für die Wertermittlung gilt folgende Bestimmung: „Geldwert nach dem amtlich (Reichswirtschaftsministerium) bekannt gegebenen Londoner Feingoldpreis, umgerechnet nach dem amtlichen Berliner Mittelkurs für Auszahlung London am Vortage der Berechnung. Berechnungstag ist der erste Tag des vorletzten Monats vor Fälligkeit der Leistung."

(Amtlicher Goldpreis auf Grund der Londoner Notierung $= 32,7777$ d für 1 g fein; Mittelkurs a/London am 31. 8. $= 20,393$.)

$$\text{Demnach kostete } 1 \text{ g Feingold} = \frac{32,7777 \cdot 20,393}{240} = \mathcal{R}\mathcal{M}\ 2,785$$

$$\text{mithin } 17,5 \text{ g Feingold} = 2,785 \cdot 17,5 \ . \ . \ = \mathcal{R}\mathcal{M}\ 48.74$$

$$\text{davon ab } 10\% \text{ Kap.-Ertr.-St.} \ . \ . \ . \ . \ . = \quad „ \quad 4.87$$

$$\text{Reiner Zinsertrag.} \ . \ . \ . \ . \ . \ . \ . \ . \ . \ . = \mathcal{R}\mathcal{M}\ 43.87$$

γ) Die Zinsscheine lauten auf eine andere Güterart.

Beispiel.

Auf wieviel $\mathcal{R}\mathcal{M}$ stellte sich der Zinsertrag für 150 Zentner der 5% Roggenanleihe des Freistaates Sachsen von 1923 am 1. Okt. 1927?

Bestimmungen. „Zinsen und Rückzahlungen richten sich nach dem Durchschnittspreise für Roggen an der Dresdner Börse vom 1. 10. bis 31. 1. (für Zahlung am 1. April) bzw. 1. 4. bis 31. 7. (für Zahlung am 1. Okt.)"

Als Durchschnittspreis für 1 Zentner Roggen vom 1. 4. bis 1. 7. 1927 ermittelte die Landwirtschaftskammer $\mathcal{R}\mathcal{M}$ 11.72.

$$\text{Zinsen} = \frac{1,5 \cdot 5}{2} = 3,75 \text{ Zentner Roggen zu je } \mathcal{R}\mathcal{M}\ 11.72 = \mathcal{R}\mathcal{M}\ 43.95$$

$$\div\ 10\% \text{ Kap.-Ertr.-St.} \ . \ . \ . \ . \ . \ . \ . \ . \ . \ . \ . = \quad „ \quad 4.40$$

$$= \mathcal{R}\mathcal{M}\ 39.55$$

Übungsaufgaben. § 68.

Für die folgenden Effekten-Nennwerte ist auf Grund der weiteren Angaben der Zins- bzw. Dividendenreinertrag zu berechnen. Soweit nichts anderes gesagt ist, handelt es sich um halbjährige Zins- und ganzjährige Dividendenscheine. Bei den nicht ausdrücklich als steuerfrei bezeichneten Papieren ist überall 10% Kapitalertragsteuer zu berücksichtigen.

1. a) RM 5600.— Aktien der Thür. Wollgarnspinnerei in Leipzig; 12%.

   b) RM 2880.— Aktien der Casseler Jute-Spinnerei u. Weberei; $16\frac{2}{3}$%.

   c) RM 1800.— Aktien der Sächs. Bronzewarenfabrik Dresden; $2\frac{1}{2}$%.

2. a) RM 8500.— $7\frac{1}{2}$% Anleihe der Rheinischen Stahlwerke.

   b) G.-M. 1300.— 7% Thüringische Staatsanleihe.

   c) G.-M. 18500.— 8% Pfandbriefe der Leipziger Hypotheken-Bank.

3. a) Pap.-M. 7500.— $4\frac{1}{2}$% Anleihe der Phönix-Bergbau-A.-G. (1907). Aufwertung 15%; Zinsen für 1928 3% (ganzjährig, fäll. 1. 7. 28).

   b) Pap.-M. 16500.— $4\frac{1}{2}$% Anleihe der Thür. Gasgesellschaft in Leipzig (1906). Aufwertung 15%; Zinsen für 1929 5% (ganzjährig, fäll. 1. 7. 29).

4. a) 250 Zentner 8% Weizenwertanleihe der Getreide-Kommission Düsseldorf. Umrechnungspreis RM 13.20 für 1 Zentner (Durchschnitt der Berliner Notierung Märkischen Weizen vom 15. 2. bis 1. 3. für Aprilzahlung, vom 15. 8. bis 31. 8. für Oktoberzahlung).

   b) 80 Festmeter 5% Holzwertanleihe der Stadt Göttingen. Umrechnungspreis RM 36.44 je Festmeter; ganzjährig (15. 5.).

   c) 13250 Kilowattstunden 5% Kilowattstunden-Anleihe des Gemeindeverbands Freital b. Dresden. Umrechnungspreis RM —.40 je Kilowattstunde.

   d) 650 Zentner 5% Roggenrentenbriefe der Danziger Hyp.-Bank.

Umrechnungspreis in Berlin RM 10.40 ⎫ je Zentner ⎰ (Serie C).
„   „ Danzig G   12.90 ⎭   ⎱ (Serie A).

   α) Berechne die Zinsen an beiden Plätzen! (Steuerfrei.)

   β) Auf Wunsch löst Berlin auch die Zinsscheine der Serie A zum Tageskurse ein; wieviel RM zahlt es im vorliegenden Falle beim Kurse von 80,90 aus?

5. a) 1350 Gramm Feingold der 5% Gold-Schuldverschreibung der Meininger Hypothekenbank. Amtl. Goldpreis auf Grund der Londoner Notierung 32,6835 d für 1 g fein (Stichtag für die Aprilzahlung 1. 3., für die Oktoberzahlung 1. 9.); Umrechnungskurs 20,405.

   b) 900 Gramm 10% Feingoldpfandbriefe des Erbländ. Ritterschaftl. Kreditvereins in Sachsen. Goldpreis 32,7142 d für 1 g fein; Umrechnungskurs 20,412.

   c) 650 Gramm 5% Gold-Kreditbriefe des Landwirtschaftl. Kreditvereins Sachsen. Goldpr. 32,765 d f. 1 g f.; Umrechnungskurs 20,421.

6. a) $ 1450.— 6% Deutsche wertbeständige Anleihe (fäll. 1. 12. 32). Umrechnungskurs 4.20. Ganzjährig (1. 12.); steuerfrei.

b) £ 700.—.— 6% Hamburgische Staatsanleihe von 1923. Die Einlösung der Zinsscheine erfolgt in Hamburg in $\mathscr{RM}$ (zum letzten Berliner Briefkurs a/London vor Fälligkeit), in London in £, in Neuyork in $ (zum Scheckkurs a/London). Berechne die halbjährigen Zinsen an den drei Plätzen! (Berliner Kurs 20,448; Neuyorker Kurs 4.86 $ = 1 £.)

c) Kr. 21000.— 6% Lübeckische Staatsanleihe von 1923. Zinszahlung in Lübeck in $\mathscr{RM}$, in Stockholm in Kr., in Helsingfors in Finnmark. Berechne die Halbjahrszinsen an den drei Plätzen! (Berliner Briefkurs a/Stockholm 112.58, Scheckkurs in Helsingfors a/Stockholm 10.60 Fm. = 1 Kr.)

3. Auszahlung gekündigter und ausgeloster Effekten.

Die Kapitalrückzahlung erfolgt je nach den Ausgabebestimmungen entweder zu pari oder mit einem Aufgeld (Agio). Für die Umrechnung ausländischer Sorten und die Preisberechnung von Sachwertanleihen gelten die im vorigen Abschnitt gezeigten Grundsätze. Mit dem Einlösungstage hört die Verzinsung des Papiers auf; es sind daher bei der sofort oder später erfolgenden Einlieferung der Effekten alle nach diesem Tage fällig werdenden und fällig gewesenen Zins- und Dividendenscheine mit abzuliefern; die etwa fehlenden werden vom Auszahlungsbetrage gekürzt.

Die Banken vermitteln die Auszahlung geloster oder gekündigter Effekten gegen eine geringe Vergütung und kaufen solche zur Rückzahlung aufgerufene Papiere auch vor dem Verfalltage unter entsprechendem Zinsabzug an.

Über die Auslosung der Deutschen Anleihe-Ablösungsschuld vgl. S. 6.

Beispiel.

Wie hoch stellt sich die Auszahlung von gelosten 150 £ 6% Anleihe der Johs. Girmes & Co. A.-G. zu 102% am 1. 7. 1929 einschließlich des am gleichen Tage fälligen Zinsscheins (ganzjährig) beim Umrechnungskurse 20,435 (letzter Briefkurs vor Fälligkeit)?

£ 150.—.— 6% Anleihe der Girmes & Co. A.-G. zu 102 = £ 153.—.—

+ 6% Zinsen f. 1 Jahr . . . . . £ 9.—.—

÷ 10% Kap.-Ertr.-St. . . . . . „ —.18.— = „ 8.2.—

£ 161.2.—

zu 20,435

= $\mathscr{RM}$ 3292.08

Übungsaufgaben. § 69.

In den folgenden Aufgaben ist die Rückzahlung auf geloste oder gekündigte Wertpapiere zu berechnen.

1. $ 500.— 5 % Goldanleihe der Rhein-Main-Donau-A.-G., fällig 1. 4. 28 zu pari. Umrechnungskurs 4,21; Bankprovision $\frac{1}{8}$%.

2. £ 250.—.— 6 % Hamburgische Staatsanleihe 1923, fällig 1. 8. 30 zu pari einschl. August-Zinsschein; Umrechnungskurs 20,432; 1⁰/₀₀ Provision (vom ausmachenden Betrage).

3. 800 Gramm Feingold 5 % Goldschuldverschreibungen der Meininger Hyp.-Bank. fällig 30. 6. 29; zuzügl. Zinsen seit 1. 4. 29. Amtlicher Goldpreis 32,7325 d für 1 g f.; Umrechnungskurs 20,42; Prov. $\frac{1}{8}$% (vom ausmachenden Betrage).

4. 350 Zentner 5 % Anhalter Roggenwertanleihe, fällig 1. 4. 27; der April-Zinsschein ist bereits abgetrennt, auch fehlt der folgende Oktober-Zinsschein. Berliner Durchschnittspreis (1.1. bis 28. 2.) $\mathcal{RM}$ 12.20 für 1 Zentner; Prov. 1⁰/₀₀ (vom Kurswerte).

5. A. verkauft am 18. Nov. 28. an seine Bank $ 600.— geloste 6 % Friedrich Krupp-Anleihe, rückzahlbar am 31. 12. 28 mit 5 % Aufgeld, einschließlich des am gleichen Tage fälligen Zinsscheins; Umrechnungskurs 4.20. Wieviel $\mathcal{RM}$ erhält A., wenn die Bank 8 % Zinsen (vom ausmachenden Betrage = Kurswert + Halbjahrszins ÷ Kap.-Ertr.-St.), $\frac{1}{8}$% Prov. und $\mathcal{RM}$ 1.20 Spesen rechnet?

6. Bei der im Herbste 1929 stattfindenden Auslosung der Dt. Ablösungsanleihe werden die Auslosungsrechte des B. im Nennwerte von $\mathcal{RM}$ 625.— gezogen. Welchen Betrag erhält er am 31. Dez. 29 ausgezahlt? (Vgl. S. 6.)

4. Die Rentabilität von Effekten.

Unter der Rentabilität der Wertpapiere versteht man ihren prozentualen Ertrag an tatsächlich aus ihnen erwachsenden Zinsen (Dividende) nach Maßgabe des für sie aufgewendeten Kapitals. Es ist also zu untersuchen, zu welchem Zinsfuße sich das in einem gewissen Papiere angelegte Geld verzinst. Anlagekapital und Ertrag sind die Pfeiler der Rentabilitätsberechnung. Daß für die Entscheidung über die Art einer Vermögensanlage nicht nur der Ertragsatz ausschlaggebend sein darf, sondern auch andere Gesichtspunkte, wie die Kreditwürdigkeit des Schuldners, die Form und Dauer der Anleihetilgung, die Höhe der Rückzahlung usw., zu berücksichtigen sind, soll nicht unerwähnt bleiben.

Beispiele.

Wie rentieren:

1. 5% Rhein-Main-Donau-A.-G.-Anleihe bei einem Kurse von 76,5?

a) Von Spesen abgesehen:

$$
\begin{aligned}
&\text{Anlagekapital für 100 G.-M.} \ldots \ldots \ldots = \mathscr{RM}\ 76.50 \\
&\text{Jährl. Ertrag} \ldots \ldots \ldots \mathscr{RM}\ 5.- \\
&\div\ 10\%\ \text{Kap.-Ertr.-St.} \ldots\ \text{,,}\ 0.50 = \text{,,}\quad 4.50 \\
\end{aligned}
$$

Rentabilität = 4,5:0,765 = 5,88%.

b) Unter Berücksichtigung der Spesen:

$$
\begin{aligned}
&\text{Anlagekapital für 100 G.-M.} \ldots \ldots \ldots = \mathscr{RM}\ 76.50 \\
&+\ \text{Prov. 0,25\%} \ldots \ldots \ldots \ldots = \text{,,}\quad 0.191 \\
&+\ \text{Maklergebühr } \tfrac{3}{4}\,^0/_{00} \ldots \ldots \ldots = \text{,,}\quad 0.075 \\
&+\ \text{Steuer} \ldots \ldots \ldots \ldots \text{etwa} \text{,,}\quad 0.075 \\
&\hspace{6cm} \mathscr{RM}\ 76.84
\end{aligned}
$$

Ertrag (wie bei a) $\mathscr{RM}$ 4.50.

Rentabilität = 4,5:0,7684 = 5,86%.

2. 6% Lübeckische Staatsanleihe v. 1923? Kurs am 31. 10. (Zinstermin) 81,5 (Berliner Briefkurs a/Stockholm 112,80.)

$$
\text{Anlagekapital} = \frac{\text{Kr. } 100.-}{\mathscr{RM}\ 112.50} \text{ zu } 81,5 \ldots = \mathscr{RM}\ 91.69
$$

$$
\text{Zinsen} = \text{Kr. } (6.- \div 0{,}60)\ 5.40 \text{ zu } 112.80 = \text{,,}\quad 6.091
$$

Rentabilität = 6,091:0,9169 = 6,64%.

Anm. Das Kapital ist zum festen Kurs (112.50), die Zinsen zum Tageskurs (112.80) umzurechnen. Von Spesen wurde abgesehen. — Da die Anleihe einschließlich Zinsen notiert wird, muß, falls der Rechnung nicht der Kurs des Zinstages zugrunde gelegt wird, zunächst der reine Kurswert ermittelt werden. Vgl. das folgende Beispiel.

3. Deutsche Bank-Aktien, gekauft am 15. Okt. zu 148.50, wenn man für das laufende Geschäftsjahr mit der gleichen Dividende wie im Vorjahre, nämlich 10%, rechnet?

$$
\begin{aligned}
&\text{Anlagekapital für } \mathscr{RM}\ 100.- \text{ Nennwert} = \mathscr{RM}\ 148.50 \\
&\div\ \text{Zins 285/10\%} \ldots \ldots \mathscr{RM}\ 7.92 \\
&\div\ \text{Kap.-Ertr.-St.} \ldots \ldots \text{,,}\ 0.79 = \text{,,}\quad 7.13 \\
&\hspace{6cm} = \mathscr{RM}\ 141.37
\end{aligned}
$$

$$
\begin{aligned}
&\text{Jahresertrag} \ldots \ldots \ldots = \mathscr{RM}\ 10.- \\
&\div\ 10\%\ \text{Steuer} \ldots \ldots \ldots = \text{,,}\quad 1.- \\
&\hspace{6cm} = \mathscr{RM}\quad 9.-
\end{aligned}
$$

Rentabilität = 900:141.37 = 6,37%.

Anm. Für solche Papiere, deren Kurs Zinsen oder Dividende einschließt (alle Aktienkurse!), ist zunächst durch Subtraktion der bis zum Rechnungstage aufgelaufenen Zinsen der **reine** Kurswert zu ermitteln. — Die Berechnung der Rentabilität von Aktien auf Grund zukünftiger, noch gar nicht feststehender Dividenden ist in den meisten Fällen unsicher und daher auch von nur geringem praktischen Wert.

4. Man kaufte am 31. März 1926 eine 8% $\mathcal{RM}$-Anleihe zu 92,5 (Z. T. 1/1. 7.); Ende Dezember 1929 wird sie auf 6% konvertiert und am 30. Juni 1932 nach erfolgter Auslosung zum Parikurse zurückgezahlt. Wie hoch hat sich alsdann (von Spesen und Zinseszinsen abgesehen) das Kapital verzinst?

$$
\begin{aligned}
&\text{Anlagekapital} = \mathcal{RM}\ 92.50. \\
&\text{Ertrag: } 8\%\ \text{Zinsen v. } 1.4.26 \text{ bis } 31.12.29 = \mathcal{RM}\ 30.— \\
&\phantom{\text{Ertrag: }} 6\%\ \phantom{\text{Zinsen}} \text{v. } 1.1.30 \text{ bis } 30.\ 6.32 = \ „\ 15.— \\
&\phantom{\text{Ertrag: 8\% Zinsen v. 1.4.26 bis 31.12.}} = \mathcal{RM}\ 45.— \\
&\div\ 10\%\ \text{Kap.-Ertr.-St.} \ \ldots\ = \ „\ \ \ 4.50 \\
&\phantom{\text{Ertrag: 8\% Zinsen v. 1.4.26 bis 31.12.}} = \mathcal{RM}\ 40.50 \\
&+\ \text{Kursgewinn} \ldots\ldots\ = \ „\ \ \ 7.50 \\
&\text{Ertrag in } 6\tfrac{1}{4}\ \text{Jahren} \ldots\ = \mathcal{RM}\ 48.— \\
&\phantom{\text{Ertrag in }} „\ „\ 1\ \text{Jahr} \ldots\ = \ „\ \ \ 7.68
\end{aligned}
$$

Rentabilität $= 768 : 92,5 = 8,303\%$.

Übungsaufgaben. § 70.

1. Im Februar 1926 wurden zur Zeichnung aufgelegt:
   a) 7% Thüringische Staatsanleihe zu 83;
   b) 8% Braunschweigische Gold-Kommunal-Anleihe zu 90.
   Berechne den Ertragsatz beider Papiere!

2. R. will einen größeren Kapitalbetrag in Gothaer Goldmark-Pfandbriefen anlegen. Welche wird er als bestverzinsliche auswählen, wenn notiert sind:
   a) die 5% zu 95,   **b)** die 6% zu 98,
   c) „ 8% „ 102,5   **d)** „ 10% „ 108?
   Frage. Wie kommt es, daß die hochverzinslichen Papiere verhältnismäßig niedrig stehen? Vgl. Aufg. 5 und Seite 46!

3. Ermittle den Ertragsatz für folgende drei Anleihen:
   a) 6% Hamburgische Pfund-Sterling-Anleihe; Kurs am 1. 2. = 82,25; Berliner Briefkurs a/London 20,448.
   b) 5% Bremer Dollar-Anleihe; Kurs am 15. 10. = 77,5; Berliner Kurs a/Neuyork 4,205.
   c) 6% Lübeckische (schwedische) Kronen-Anleihe; Kurs am 15. 7. 81,9; Berliner Briefkurs a/Stockholm 112.75.

4. S. hat am 1. Nov. 1925 6% Deutsche wertbest. ($-) Anleihe zu 91,5 gekauft; er behält sie bis zur Pari-Rückzahlung am 1. 12. 1932. Wie hat sich bis dahin (von Zinseszinsen und Spesen abgesehen) sein Kapital verzinst? (Keine Kapitalertragsteuer; 1 $ = $\mathcal{RM}$ 4.20.)

5. U. zeichnete und erhielt am 1. März 1926 7% Thüringische Staatsanleihe zu 83 frei von Spesen. Am 1. Sept. 1930 wird die Anleihe auf 5% konvertiert. Zu welchem Zinsfuße hat sich das Kapital des U. verzinst, wenn seine Stücke nach erfolgter Auslosung am 1. März 1936 zu pari zurückgezahlt werden?

6. Berechne die Rentabilität folgender Aktien (Geschäftsjahr 1. 1. bis 31. 12.):

a) Berliner Handelsgesellschaft: Kurs am 27. 9. = 152; mutmaßliche Dividende 12%.

b) Thode, Papierfabrik: Kurs am 10. 4. = 42,5; mutmaßliche Dividende 4%.

c) Vereinigte Glanzstoff: Kurs am 12. 10. = 238; mutmaßliche Dividende 15%.

Anm. Das Anlagekapital entspricht dem reinen Kurswerte (vgl. Beisp. 3).

7. T. kaufte am 30. April 1924 Industrieaktien zu 84,75, bezog für die Jahre 1924/26 7%, $9\frac{1}{2}$% und $8\frac{1}{2}$% Dividende und verkaufte die Papiere am 31. Mai 1927 zu 110,5. Wie hoch hat sich (von Zinseszinsen abgesehen) das Kapital verzinst, wenn beim Ankauf 0,6% Prov., $1^0/_{00}$ Maklergeb. sowie $\mathcal{RM}$ —.35 (für je 100 $\mathcal{RM}$) Steuer und beim Verkauf $\frac{1}{4}$% Prov., $1^0/_{00}$ Maklergeb. sowie $\mathcal{RM}$ —.15 Steuer berechnet wurden?

*5. Die Konvertierung (Konversion) von Anleihen.

Die Konversion einer Anleihe, d. h. die Abänderung — meist Herabsetzung — ihres Zinsfußes erfordert dann mannigfache Rechnungen, wenn besondere Umwandlungsbedingungen aufgestellt und etwa für die Zinsfußermäßigung Konvertierungsprämien in bar oder in neuen Anleihen gewährt werden.[1]

---

1) Die im Frühjahr 1927 durchgeführte Konvertierung 10 % Goldpfandbriefe preuß. Landschaften dagegen war ein einfacher Pari-Umtausch von 10 % gegen 7 % Papiere der gleichen Gattung ohne rechnerische Besonderheit. Da andere Konvertierungen in neuerer Zeit nicht erfolgt sind, bringen wir an dieser Stelle das Beispiel und die Übungsaufgaben aus der Vorkriegszeit.

Beispiel.

Die 4½% Ung. Staatseisenb.-Goldanl. wurde zur Parirückzahlung gekündigt, den Inhabern aber auch Konversion, nämlich Umtausch gegen 4% Kronenrente angeboten. Hierbei sollten je 100 fl. Gold einschl. Zinsschein f. 1. Aug. ff. mit $\mathcal{M}$ 203.35 plus Stückzinsen (100 fl. = $\mathcal{M}$ 202.50 gerechnet) in Zahlung genommen, dafür aber 4% Kronenrente (kleinste Stücke 100 K) zum Kurse 96.50 + Stückzinsen vom 1. Juni gegeben werden. Wie stellte sich daher die Abrechnung am 30. Juni bei Konversion von fl. 8000.— 4½% Anleihe?

Einreicher gab:

$$\begin{array}{l} \text{fl. 8000.—} \\ \hline \mathcal{M}\ 16\,200.— \end{array} \text{4½\% Anleihe zu } \mathcal{M}\ 203.35 \text{ für 100 fl.} = \mathcal{M}\ 16\,268.—$$

$$+ \text{ Zsn. zu 4½\% a/150 Tg.} = \ ,,\qquad 303.75$$

$$= \mathcal{M}\ 16\,571.75$$

Dagegen erhielt er:

$$\begin{array}{l} \text{K} \quad 20\,100.— \\ \hline \mathcal{M} \quad 17\,085.— \end{array} \text{4\% Ung. Kronenrente zu 96.50 } \mathcal{M}\ 16\,487.05$$

$$+ \text{ Zsn. 30/4\%} \ . \ . \ . \ . \ ,,\qquad 56.95$$

$$\mathcal{M}\ 16\,544.—$$

$$\text{dazu in bar} \ . \ . \ . \ . \ . \ ,,\qquad 27.75$$

$$\mathcal{M}\ 16\,571.75$$

Anm. Fester Umrechnungssatz bei der Goldanl. ist 100 fl. = $\mathcal{M}$ 202.50, daher ist für die Zinsberechnung als Markwert $\mathcal{M}$ 16 200.— zugrunde zu legen. Auf die Goldanl. (Z. T. 1. Febr./Aug.) sind Zinsen vom 1. Febr. bis 30. Juni (= 150 Tg.), auf die K-Rente (Z. T. 1. Juni/Dez.) solche vom 1. bis 30. Juni (= 30 Tg.) zu berechnen. Wert von je 100 K oder 85 $\mathcal{M}$ der Rente zu 96.50 = $\mathcal{M}$ 82.02, dazu 28 ₰ (Zsn. 30/4%), gibt zusammen $\mathcal{M}$ 82.30. Die Division mit 82.30 in 16 571,75 ergibt 201, d. h. K 20 100.— 4% K-Rente.

Übungsaufgaben. § 70 a.

***1.** Die 5% Österr. Nordwestbahn-Prior. Lit. B wurden zur Konvertierung auf 3½% aufgerufen, und zwar wurden für je 50 fl. der 5% Prioritäten K 118.— 3½% Prioritäten angeboten. Wie stellte sich eine Konversionsrechnung am 1. Juni über fl. ö. 12 800.— 5% Prioritäten mit Zinsschein, fäll. 1. Nov. 1905 ff., wenn die kleinsten Stücke der neuen Anleihe auf 200 K lauteten, ihre Zinstermine ebenfalls der 1. Mai/Nov. und daher Zinsen nicht zu berücksichtigen waren, und wenn die in Stücken nicht lieferbare Spitze zum Kurse der 3½% Obligationen (94.—), zuzüglich der Zinsen vom 1. Mai bis 1. Juni, zu verrechnen und der Kronenbetrag zu 85.— in Mark überzuführen war?

***2.** Die 5% Rumän. amort. Rente von 1881/88 wurde im Mai 1905 zur fakultativen Konvertierung auf 4% aufgerufen, und zwar unter Gewährung einer Konversionsprämie von $10\frac{1}{2}\%$, die in neuer 4% Rente mit Zinslauf vom 1. Okt. 1905, bezügl. einer etwa bleibenden Spitze aber in bar zum Kurse (der 4% Rente) 91.25 abzüglich der Zinsen zu 4% bis 30. Sept. (100 Lei = 81 ℳ gerechnet) ausgeglichen werden sollte.

a) Wieviel in neuer Rente (kleinste Stücke 500 Lei) und in Mark bar erhielt A. am 15. Mai als Prämie auf Lei 120000.— 5% Rente?

b) War die Annahme der Konvertierungsbedingungen gegenüber einem Verkaufe der alten Rente für A. gewinnbringend, wenn letztere am 15. Mai 101.50, die 4% konvert. Rente aber 92,375 notierte und der Ausgabekurs der neuen 4% Rente, sowie der Kurs für eine in Stücken nicht darstellbare Spitze 91.25 war?

Anm. zu b). Man berechne 1. den Ertrag aus dem Verkaufe der 5% Rente (+ Zsn. v. 1. April; 1 Leu = 0.80 ℳ); 2. den Wert der 4% konv. Rente (abzügl. Zinsen bis 30. Sept.; 1 Leu = 0.80 ℳ) + Wert der neuen Rente (abzügl. Zinsen bis 30. Sept.; 1 Leu = 0.81 ℳ) + Wert der Spitze (vgl. a) + Wert des Oktoberzinsscheins auf die 5% Rente (1 Leu = 0.81 ℳ) und vergleiche die beiden Ergebnisse miteinander. Von Spesen ist abzusehen.

6. Feststellung des Einheitskurses.

Einheitskurs und fortlaufende Notierung (variabler Kurs) sind ihrem Wesen nach bereits kurz erörtert (vgl. S. 5). Die Einheitskurse sind berechnete Mittelkurse; für ihre Feststellung sind nicht Einzelabschlüsse, sondern die Gesamtheit aller Kauf- und Verkaufangebote eines Tages maßgebend.[1]) Dabei ist die Unterscheidung zwischen Bestens- und begrenzten (limitierten) Aufträgen wichtig. Die Ermittlung des Einheitskurses durch den Makler geschieht unter Beobachtung folgender Grundsätze:

a) Der Einheitskurs ist so anzusetzen, daß er den größten Umsatz ermöglicht.

b) Bestensaufträge sind nach Möglichkeit in vollem Umfange zu erfüllen.

c) Über dem Einheitskurse liegende Kauflimite und unter ihm liegende Verkaufslimite sind wie Bestensaufträge zu behandeln. Ist volle Erfüllung nicht möglich, so tritt Repartierung ein.

d) Zum Einheitskurse limitierte Aufträge sollen wenigstens teilweise erfüllt werden.

---

1) Vgl. Schmidt, Die Effektenbörse und ihre Geschäfte. S. 75f.

Beispiel.

Dem Kursmakler sind am 7. April folgende Aufträge in Wanderer-Werke-Aktien gemeldet:

Käufe:	Verkäufe:
35 000 $\mathcal{RM}$ bestens (billigst)	60 000 $\mathcal{RM}$ nicht unter 237,5
40 000 ,, nicht über 240	75 000 ,, ,, ,, 238,5
75 000 ,, ,, ,, 239	70 000 ,, ,, ,, 240
50 000 ,, ,, ,, 237	

Welcher Einheitskurs ergibt sich daraus?

Durchführbar sind beim Kurse von

240	: Käufe	75,	Verkäufe	205,	also Umsatz	=	75 000 $\mathcal{RM}$
239	: ,,	150,	,,	135,	,, ,,	=	135 000 ,,
238,5	: ,,	150,	,,	135,	,, ,,	=	135 000 ,,
237,5	: ,,	150,	,,	60,	,, ,,	=	60 000 ,,
237	: ,,	200,	,,	0,	,, ,,	=	0 ,,

Nach Grundsatz a) kann der Kurs auf 238,5 oder 239 festgesetzt werden; bei 238,5 würden aber die Kaufaufträge zu 239 voll zu erfüllen sein (vgl. Grundsatz c), was nicht möglich ist (Repartierung). Der Makler wird deshalb den Kurs mit 239 bz.G. (vgl. S. 4) notieren. Dabei bleibt $\frac{1}{5}$ der Kaufaufträge zu 239 unerfüllt.

Übungsaufgaben. § 70 b.

1. Berechne den Einheitskurs für die Aktien der Leipziger Baumwollspinnerei auf Grund folgender Aufträge:

Käufe:	Verkäufe:
$\mathcal{RM}$ 80 000.— nicht über 260	$\mathcal{RM}$ 70 000.— nicht unter 256
,, 70 000.— ,, ,, 259	,, 90 000.— ,, ,, 259
,, 140 000.— ,, ,, 256	,, 120 000.— ,, ,, 260

2. Welcher Einheitskurs ergibt sich für folgende Aufträge in 5 % Rhein-Main-Donau-Anleihe?

Käufe:	Verkäufe:
G.-M. 80 000.— bestens	G.-M. 60 000.— bestens
,, 50 000.— nicht über 84,5	,, 30 000.— nicht unter 83,5
,, 40 000.— ,, ,, 84	,, 70 000.— ,, ,, 84
,, 90 000.— ,, ,, 83,8	,, 100 000.— ,, ,, 84,5

3. Ein Makler stellt die in 5% Deutscher Reichsanleihe von 1927 erhaltenen Aufträge wie folgt zusammen:

Käufe:	Verkäufe:
$\mathcal{RM}$ 14000.— bestens	$\mathcal{RM}$ 18000.— bestens
„ 16000.— nicht über 90	„ 12000.— nicht unter 88,5
„ 20000.— „ „ 88,5	„ 40000.— „ „ 87,5
„ 30000.— „ „ 87	

Wie stellt sich der Einheitskurs?

4. Für die Aktien der Zwickauer Maschinenfabrik werden folgende Aufträge zusammengestellt:

Käufe:	Verkäufe:
$\mathcal{RM}$ 25000.— bestens	$\mathcal{RM}$ 20000.— bestens
„ 30000.— nicht über 68	„ 35000.— nicht unter 65
„ 40000.— „ „ 66,5	„ 45000.— „ „ 68
	„ 10000.— „ „ 70

Man stelle den Einheitskurs fest.

Zweiter Abschnitt.

Die Berechnung der Effekten an Auslandsplätzen.

1. Wien.

Die Notierung der Aktien erfolgt (seit 1927) in Schilling für 1 Stück und zwar einschl. Dividende[1]). Die Kurse der Anleihen verstehen sich in Schilling für je 100 K[2]), Schilling, Mark, Francs usw., ferner bei fl.-Papieren für je 50 fl., bei sämtlichen Losen, einigen Eisenbahnobligationen und gewissen ausländischen (russischen, bulgarischen und türkischen) Anleihen für 1 Stück. Rein prozentual ist die Notierung bei den neueren Staatsschulden der Republik Österreich (vgl. Abteilung A des amtlichen Kursblattes), also z. B. in Dollar für je 100 $; die Umrechnung in Schilling erfolgt dann nach dem im Kursblatte veröffentlichten Devisenmittelkurse[3]) (vgl. Beisp. 2).— Die Kurse der Anleihen verstehen sich fast immer einschl. Zinsen; nur bei einigen im Kursblatte besonders gekennzeichneten Pfandbriefen und Stadtanleihen sind laufende Zinsen zu berechnen. Zur Ermittlung der Zinstage nimmt man den Monat zu 30 Tagen, rechnet aber den Kauf- bzw. Erfüllungstag nicht mit (daher ergibt sich 1 Zinstag weniger, als in Deutschland). Bei Überführung der Zinsen in Schilling rechnet man: 10000 K Pap. = 1 S, 1 Schweizer Fr. = S 1.37, 1 $ = S 7.10. Vgl. Beisp. 3. Die Zins- und Dividendenscheine der Papiere sind nach Eintritt der Fälligkeit abzutrennen, selbst dann, wenn deren tatsächliche Einlösung hinausgeschoben ist.

---

1) Die Berechnung von besonderen Börsenzinsen (früher zu 5 %) ist damit auch in Wien endgültig beseitigt.

2) Bei einigen Inflationsanleihen für 10000 K bzw. für 1 Million K.

3) Z. B. am 20. Sept. 1927: Brüssel 98.80, London 34,5225, Mailand 38,655, Neuyork 708,075, Paris 27,835, Zürich 135.80.

Die **Provision** beträgt zur Zeit $4\,^0/_{00}$, die **Courtage** $1\tfrac{1}{4}\,^0/_{00}$ vom Kurswerte bzw. ausmachenden Betrage; an **Umsatzsteuer** ist bei Anleihen $1,6\,^0/_{00}$, bei Aktien $3\,^0/_{00}$ (von dem auf je 10 S aufgerundeten Kurswerte) zu entrichten.

Nach der Art der Abwicklung unterscheidet man **direkte** Geschäfte, die unmittelbar zwischen den Kontrahenten (meist „per Kasse") abgeschlossen und erfüllt werden, und **Arrangement**geschäfte, deren Erledigung unter Vermittlung des vom Wiener Giro- und Kassenverein errichteten „Arrangementbüros" unter Beobachtung gewisser Ordnungsvorschriften erfolgt[1]). Die Geschäfte erstrecken sich meist auf abgerundete Mengen, sog. Börsenschlüsse (meist 1000 S, [Frs., £ usw.], 10 £, 10000 K, 5000 flö; 25 oder 50 Stück Aktien oder Lose).

Beispiele.

1. Kauf „gegen Kasse":　　　　　　　　　　　Wien, d. .....

K 60000.— 4 % Einheitl. Rente (Mairente)　zu　　0.56_{25} S　337.50
fl. 5000.— $5\tfrac{1}{4}$ % Franz Josephbahn-Oblig.　　„　　19.90　„ 1990.—
50 Stck. (je 476 K) 4 % Bagdadbahn-Anl. Ser. II zu 115.—　„　5750.—
K 1800000.— 5 % Salzburger Stadtanl. v. 1920 „　　2.—　„　360.—

　　　　　　　　　　　　　　　　　　　　　　　　S 8437.50

　　　Prov. $4\,^0/_{00}$ . . . . . S 33.75
　　　Court. $1\tfrac{1}{4}\,^0/_{00}$ . . . . „ 10.55
　　　Ums.-St. $1,6\,^0/_{00}$ . . . „ 13.55
　　　sonst. Auslagen . . . „ 5.25　　„　63.10

　　　　　　　　　　　　　　　　　　　　　　　　S 8500.60

Erl. Die Kurse verstehen sich in Schilling für 100 K, 50 fl., 1 Stck. u. 10000 K, überall einschl. Zinsen. Umsatzsteuer wurde je einzeln berechnet und auf je 5 Gr. aufgerundet. Die Auslagen enthalten den österr. Rechnungsstempel, Portokosten usw.

2. Verkauft „im Wochenarrangement" (Abrechng. 20. Sept.):

　　　　　　　　　　　　　　　　　　　Wien, d. 17. Sept. ...

$ 1500.— 7 % Österr. Völkerbundsanl. zu 106.25 $ 1593.75

　　　　　　　　　　je 708,075 . . S 11284.95

Belg. Frs. 20000.— (= 4000 Belgas) 5 % stfr. Abrechnungsoblig. zu 68.25　　　Belg. 2730.—

　　　　　　　　　　　je 98.80　„　2697.24

　　　　　　　　　　　　　　　　　　S 13982.19

　　　Prov. $4\,^0/_{00}$　　S 55.93
　　　Court. $1\tfrac{1}{4}\,^0/_{00}$ „ 17.48
　　　Ausl.　　　„ 1.38　　　74.79

　　　Val. 20. Sept. . . . S 13.907.40

---

1) Es gibt ein Wochen-, Medio- und Ultimoarrangement; über die Medio- und Ultimogeschäfte vgl. Teil III, Börsengeschäfte.

Erl. Bei 1: Kurs = 106.25 $ f. 100 $ nom., Umrechnung zum Devisenmittel-
kurse 708,075 S f. 100 $; bei 2: Kurs 68.25 Belg. f. 100 Belg. nom., Um-
rechnung zu 98.80 S f. 100 Belgas; beide Kurse einschl. Zinsen. Die Papiere
sind umsatzsteuerfrei.

3. Verkauft (Abrechnung 11. Okt.):   Wien, d. 6. Okt.

S 9000.— 8% Tiroler Landes Hyp.-Anl. (Z. T. 1/5. 11.)

zu 99.75 (ausschl. Zsn.). . S   8977.50

\+ Zsn. 160/8%   „   320.—   S 9297.50

Schw. Frs. 6000.— (= S 8220.—) 7% Stadtanl. Baden

b. Wien v. 1926. (Z. T. 1/1.7) zu 132.50 S 10 891.50

\+ Zsn. 100/7% „   159.83   S 11 051.33

S 20 348.83

Prov.   4°/₀₀   S 81.40

Court. 1¼°/₀₀   „ 25.43

Ums.-St. 1,6°/₀₀   „ 31.85

Auslagen   „   5.50   144.18

S 20 204.65

Erl. Die Kurse verstehen sich in S f. 100 S nom. und zwar ausschl. Zinsen
(daher + Zsn. v. 1. Mai bis 11. Okt. bzw. vom 1. Juli bis 11. Okt.). Umsatzsteuer je einzeln vom Kurswerte, auf je 5 Gr. aufgerundet.

4. Kauf „pr. Arrangement":   Wien, d. 25. Nov. . . . .

50 Stck.   Österr. Kreditanst.-Akt. (je 40 S nom.) zu 84.50 S 4225.—

25   „   Prag-Duxer Eisenb.-Akt. (je 100 fl. nom.)

zu 71.25   „ 1781.25

20   „   Galiz. Naphta-(„Galizia"-) Akt. (je 75 Zloty)

zu 92.25   „ 1855.—

S 7861.25

Prov.   4°/₀₀ . . . .   S 31.45

Court. 1¼°/₀₀ . . . .   „ 9.85

Umsatzst. 3°/₀₀ . . . . . .   „ 23.70

Depeschengeb. u. sonst. Ausl.   „ 9.75   „   74.75

Val. 30. Nov. S 7936.00

Erl. Alle Kurse verstehen sich in S f. 1 Stck. — Umsatzst. je einzeln auf 5 Gr.
aufgerundet. Die in den sonst. Auslagen enthaltene Depeschengebühr
vom Käufer beträgt 1°/₀₀.

Übungsaufgaben § 70 c.

1. Man ermittle den Rechnungsbetrag unter Berücksichtigung von $4\,^o/_{oo}$ Prov., $1\tfrac{1}{4}\,^o/_{oo}$ Court., $1,6\,^o/_{oo}$ Umsatzsteuer und den jeweils angegebenen sonstigen Auslagen für:

a) Kauf v. K 950000.— $\cdot$ 4% Kronenrente zu $0.42\tfrac{1}{4}$ (Ausl. S 2.40)

b) Verkauf von fl. 250000.— 4,2% Silberrente zu 2.68 (Ausl. S 11.75)

c) Verkauf von fl. 10000.— 4% Pilsen-Priesen Eisenb.-Obl. zu 22.80 (Ausl. S 3.95)

d) Kauf v. $\mathscr{RM}$ 40000.— $4\tfrac{1}{2}$% Österr. Staatseisenb.-Anl. zu 6.55 (Ausl. S 2.20)

e) Kauf v. fl. 30000.— 4% Ferdinand Nordbhn. Zertifikate zu 3.05 (Ausl. S 1.80)

f) Verkauf v. K 28800.—. 4% Ung. Goldrente zu 29.80 (Ausl. S 4.25)

g) Verk. K 60000.— 4% Mähr. Hyp.-Bk.-Pfdbr. zu 15.80 (Ausl. S 5.16)

h) Kauf v. $\mathscr{RM}$ 10200.— 4% Böhm. Westbhn.-Priorit. Em. 1885 zu 13.40

Anm. Die Umsatzsteuer hier und in allen folgenden Aufgaben auf je 5 Gr. aufrunden, alle anderen Beträge genau.

2. Zu berechnen (Prov., Court. u. Steuer wie in 1., Kurse in S f. 1 Stck.):

a) Verkauf v. 75 Stck. (je 500 Frs.) 3% Österr. Staatsbhn.-Oblig. zu 105.75

b)   „   v. 40   „   (je 474 K) 6% Bulg. Hyp.-Anl. zu 188.50

c) Kauf   v. 150   „   Baulose (je 60000 K), neue v. 1923, zu 11.20

d)   „   v. 200   „   „   (je 10 S), neue v. 1926, zu 18.10

e) Verkauf v. 100   „   Türk. Eisenbahnpräm.-Anl. (Türkenlose; je 500 Frs.) zu 51.75

f) Kauf   v. 60   „   (je K 474.—) 5% Russ. Staatsanl. v. 1906 zu 30.50.

3. Wie stellt sich die Rechnung für folgende Geschäfte bei $4\,^o/_{oo}$ Prov., $1\tfrac{1}{4}\,^o/_{oo}$ Court., $1,6\,^o/_{oo}$ Umsatzsteuer:

a) Gekauft K 1200000.— 5% Grazer Stadtanl. v. 1920 zu 9.60 (S f. 10000 K; Ausl. 91 Gr)

b) Verkauft K 5500000 5% Steir. Wasserkr.- u. Elektr.-Ges.-Obl. zu 89.50 (S f. 1 Mill. K.)

c) Verkauft K 900000.— 5% Linzer Hypoth.-Anl. v. 1921 zu 1.65, Gesamtspesen (Prov. usw.) S 1.85?

4. In Wien am 25. April (Abrechnungstag 30. April) mit 4⁰/₀₀ Prov. u. $1\frac{1}{4}$⁰/₀₀ Court. (steuerfrei)

a) gekauft 1550 $ 7% internat. Staatsanl. (Völkerbundanl.) v. 1923 zu 107.25 ($ f. 100 $, Umrechnung zu 709,025 S f. 100 $),

b) verkauft frz. Frs. 12000.— 5 % Bundesschuldverschreibgn. (Abrechgsobl.) zu 75.75 (Frs. f. 100 Frs.; Umrechg. zu 27.82$\frac{1}{2}$ S f. 100 Frs.

c) gekauft Drachm. 9000.— desgl. zu 63.50 (Dr. f. 100 Dr.; Umrechnung zu 9.46 S f. 100 Dr.),

d) verkauft 640 £ desgl. zu 73.37$\frac{1}{2}$ (£ f. 100 £; Umrechnung zu 34.50₂₅ S f. 1 £).

5. Den Rechnungsbetrag für folgende Geschäfte in ausschließlich Zinsen notierten Wertpapieren zu bestimmen bei 4⁰/₀₀ Prov., $1\frac{1}{4}$⁰/₀₀ Court., 1,6⁰/₀₀ Umsatzsteuer und 1⁰/₀₀ sonstigen Spesen:

a) Verkauft für 12. Juni S 6000.— 11% Badgasteiner Hypoth.-Anl. v. 1925 (Z. T. 1. Okt., ganzjährig) zu 107.25

b) Gekauft für 21. Jan. 3,5 Mill. K 7% Wiener Wohnungsbau-Anl. v. 1923 (Z. T. 1/5. 11.) zu 0,9625 (S f. 10000 K)

c) Gekauft für 13. Mai S 8000.— 8% Österr. Bodenkreditanst.-Pfdbr. (Z. T. 1/3. 9.) zu 101.75

d) Verkauft für 31. Aug. 10 Mill. K 6% Niederösterr. Komm.-Oblig. (Z. T. 1/3. 9.) zu 94.50 (S f. 1 Mill. K).

Anm. Alle Spesen vom ausmachenden Betrage, nur die Umsatzsteuer vom Kurswerte.

6. Welche Rechnungsbeträge ergeben sich für folgende Aktiengeschäfte bei 4⁰/₀₀ Prov., $1\frac{1}{4}$⁰/₀₀ Court., 3⁰/₀₀ Umsatzsteuer (je auf 5 Gr. aufgerundet) und 2⁰/₀₀ Auslagen für Rechnungsstempel, Depeschen usw.:

a) Verkauft 50 Stck. (je 100 K Gold) Österr. Nationalbank zu 253.60

b) „ 200 „ (je 40 S) Wiener Giro- u. Kassenverein zu 45.25

c) Gekauft 30 „ (je 50 Pengö) Allg. Ungar. Creditbank zu 113.75

d) „ 75 „ (je 200 fl.) Ostrau-Friedländer Eisenb. zu 257.—

e) Verkauft 50 „ (je 150 fl. = 300 Kč) Pils. Aktienbrauerei zu 709.50

f) Gekauft 25 „ (je 400 Kč) Poldihütte (Prag) zu 137.75

g) „ 125 „ (je 40 S) Wiener Gasindustrie zu 82.25

h) Verkauft 50 „ (je 200 fl.) Dynamit Nobel-A.-G. zu 418.75?

7. Verkauft in Wien am 9. Okt. (Abrechnungstag d. 13. Okt.):

£ 14000.— 5% Abrechnungsoblig. zu 59.25 (£ f. 100 £, Umrechg. zu 37.85 S f. 100 £), umsatzsteuerfrei;

K 9000.— 4% Böhm. Nordbhn. Obl. zu 24.75 (S f. 100 K);

20 Stck. 6% Bulg. Staatshyp.-Anl. v. 1892 zu 187.25 (S f. 1 Stck.);

S 10000.— 7 % Allgem. Österr. Bodenkreditanst.-Pfdbr. (Z. T. 1. 3. u. 9.) zu 97.50 (ausschl. Zsn.);

50 Stck. (je 20 S) Alpine Montanges.-Akt. zu 49.65 (S f. 1 Stck.);

Prov. 4 $^{0}/_{00}$, Court. $1\frac{1}{4}^{0}/_{00}$, Umsatzst. 1,6 bzw. 3 $^{0}/_{00}$ (je einzeln auf 5 Gr. aufgerundet), sonst. Auslagen S 23.65. — Gesamtertrag?

8. Wien verkauft am 19. April:

Kč 20000.— 4 % Kaschau-Oderb. Eisenb.-Obl. zu 15.30 (S f. 100 Kč);

$ 600.— 7 % Völkerbundanl. (umsatzsteuerfrei) zu 106.90 ($ f. 100 $, Umrechnung zu 709,125 S f. 100 $);

150 Stck. Wiener Bankvereins Akt. (je 20 S) zu 35.50 (S f. 1 Stck.)· Für den Reinertrag kauft es am gleichen Tage 6 % Nierderösterr. Lds.-Hyp.-Anl., Stücke nicht unter 1000 S, zu 96.25 (S f. 100 S ausschl. Zsn.), Z. T. 1. 5. u. 11. Spesen für Ein- u. Verkauf je 4 $^{0}/_{00}$ Prov., $1\frac{1}{4}^{0}/_{00}$ Court., 1,6 $^{0}/_{00}$ bzw. 3 $^{0}/_{00}$ Umsatzsteuer (je einzeln aufgerundet) und bei der Abrechnung noch S 19.80 Auslagen. Wie stellt sich die genaue Abrechnung?

2. Amsterdam.

Alle Kurse sind rein prozentuale (also fl. für 100 fl., Frs. für 100 Frs. usw.), und zwar die der Anleihen meist ausschließlich Zinsen[1]), die der Aktien einschließlich Dividende. Die Umrechnung fremder Geldeinheiten erfolgt nach folgenden festen Sätzen: 1 $\mathcal{RM}$ = hfl. 0.60, 1 Kö (Kč., K ung.) sowie 1 Frc. (£, Pes., Dr. usw.) = hfl. 0.50, 1 flö = 1 hfl., 1 flö Gold = hfl. 1.20, 1 £ = hfl. 12.—, 1 Rbl. = hfl. 1.28, 1 (alter) Gold-Rbl. = hfl. 2.—, 1 Assignatrbl. = hfl. 0.36, 1 Belga = hfl. 0.35, 1 belg. Frc. = hfl. 0.07, 1 Kr. skand. = hfl. $0.66\frac{2}{3}$, 1 Esc. (Milr. port.) = hfl. 2.70, 1 span. u. mex. Piaster u. 1 am. $ = hfl. 2.50, 1 argent. Peso Pap. = hfl. 1.10, 1 Yen = hfl. 1.25. Die Kurse des amtlichen Kursblattes enthalten statt der Dezimalen Brüche mit den Nennern 2, 4, 8 u. 16 (Dualbrüche). Zinsenberechnung vom inländ. Nennwerte u. zwar zum nominellen, durch etwaige Steuer nicht gekürzten[2]) Zinsfuße. Tageberechnung wie in Deutschland (Monat zu 30 Tagen).

Provision wird berechnet bei Kursen unter 10 % und über 105 % vom Kurswerte, bei solchen zwischen 10 und 105 % vom Nennwerte der Papiere und zwar zu Sätzen zwischen 1 $^{0}/_{00}$ und $1\frac{1}{2}$ %, je nachdem der Abrechnungsempfänger Inländer oder Ausländer, Effektenhändler oder Nichtbankier, Börsenmitglied oder kein solches ist. Courtage und Umsatzsteuer kommen nicht in Anrechnung, wohl aber ein Rechnungsstempel von 1 $^{0}/_{00}$ des ausmachenden Betrags (aufgerundet auf je 5 cts. bei steuerpflichtigen Beträgen bis zu 250 fl., auf je 25 cts. bei solchen bis zu 5000 fl., auf je 50 cts. bei solchen über 5000 fl.).

---

1) Frei Zinsen werden berechnet einige notleidende oder auf entwertete Valuten lautende (deutsche, preußische, österreichische, ungarische, bulgarische, französische usw.) Anleihen.

2) Früher z. B. bei den alten österr. Silber- u. Papierrenten zu 5 % (statt wie in Deutschland, Wien u. a. zu 4,2 %).

Beispiele.

1. Gekauft am 26. Nov. für Privatmann N. in Groningen

Amsterdam, d. 27. Nov. ....

fl. 6000.— 3% Niederländ. Staatsrente von 1905 (Z. T. 1./3 u. 9)

       zu $77\frac{1}{2}$ fl. 4650.—

       + Zsn. v. 1. 9. bis 26. 11.   43.—   fl. 4693.—

$ 1500.— 8% Tschechoslow. Anl. von 1922 (Z. T.

fl. 3750.—   1./4 u. 10)

       zu $109\frac{3}{4}$ . . . . fl. 4115.63

       + Zsn. v. 1. 10. bis 26. 11 ,,   46.67   ,, 4162.30

$\mathscr{RM}$ 200 000.— 4% Hamburger Stadtanl. von 1900

   fl. 120 000.—   zu $\frac{3}{8}$ (fr. Zinsen) . . . . .   ,,   450.—

                                   fl. 9305.30

     Prov. a/I zu $\frac{3}{8}\%$ (v. 6000 fl.) . . fl. 22.50

        a/II zu $\frac{3}{8}\%$ (v. 4115,63 fl.) ,,   15.43

        a/III zu $1\frac{1}{2}\%$ (v. 450 fl.) . ,,   6.75

    holl. Notenstempel $1^0/_{00}$ . . . . . ,,   9.50

    sonst. Auslagen . . . . ,,   2.10   56.28

Wert heute   fl. 9361.58

Erl. zu 1: Zinsen zu 3% vom 1. Sept. bis 26. Nov. = 86 Tge.; Prov. beim
Kurse $77\frac{1}{2}$ vom Nennwerte. Zu 2: Umrechnung 1 $ = fl. 2.50; Zsn. zu
8% vom 1. Okt. bis 26. Nov. = 56 Tge.; Prov. beim Kurse $109\frac{3}{4}$ vom
Kurswerte. Zu 3: Umrechnung 1 $\mathscr{RM}$ = fl. 0.60; Prov. beim Kurse $\frac{3}{8}$ vom
Kurswerte. — Stempel zu $1^0/_{00}$ vom Rechnungsbetrag fl. 9305.30 = fl. 9.30,
aufgerundet auf fl. 9.50.

2. Verkauft für Bankier A. in Dresden

Amsterdam, d. 14. Sept. ....

20 Stck. (je 200 fl.) = 4000 fl. Akt. d. Amsterdamschen

                   Bank zu $169\frac{1}{4}$ fl. 6770.—

 5 ,,   (je 100 £)

     500 £ = 6000 fl. Great East. Railway Cy.-Akt.

                 zu $26\frac{3}{8}$,,   1582.50

20   ,,   (je 100 $)

     2000 $ = 5000 fl. Erie Eisenb.-Akt. zu $35\frac{1}{2}$,,   1775.—

                             fl. 10 127.50

     Prov. a/I zu $\frac{1}{4}\%$ (v. 6770 fl.)   fl. 16.93

        a/II zu $1\frac{1}{2}{}^0/_{00}$ (v. 6000 fl.)   ,,   9.—

        a/III zu $\frac{1}{4}\%$ (v. 5000 fl.)   ,,   12.50

   Holl. Notenstempel zu $1^0/_{00}$,,   10.50

   Depesche usw.   ,,   3.40   ,,   52.33

Wert 14. Sept.   fl. 10 075.17

E r l. Umrechnung 1 £ = 12 fl., 1 $ = 2.50 fl.; Prov. für 1. beim Kurse über 105 vom Kurswerte, für 2 und 3 beim Kurse unter 105 vom Nennwerte. Stempel zu $1^o/_{00}$ von fl. 10127.50 = fl. 10.13, aufgerundet auf fl. 10.50.

Übungsaufgaben § 70 c. (Fortsetzung.)

9. In Amsterdam (mit je $1^o/_{00}$ Notenstempel):

a) Gekauft am 14. Jan. fl. 5500.— 6% Niederländ. Schuld v. 1923 (Z. T. 1. Febr./Aug.) zu $107\frac{13}{16}$, Prov. $\frac{3}{8}$%

b) Verkauft am 20. Aug. fl. 1800.— $4\frac{1}{2}$% desgl. von 1916 (Z. T. 1. Mai/Nov.) zu $99\frac{1}{4}$, Prov. $1\frac{1}{2}^o/_{00}$

c) Verkauft am 29. Dez. fl. 300.— $6\frac{1}{2}$% Holländ.-indische Anl. (Z. T. 1. März/Sept.) zu $100\frac{3}{4}$, Prov. $\frac{1}{4}$%

d) Gekauft am 5. Mai fl. 4000.— 4% Haarlemer Stadtanl. (Z. T. 1. Juni/Dez.) zu $101\frac{5}{8}$, Prov. $\frac{3}{8}$%

e) Gekauft am 24. Juli fl. 3000.— $3\frac{1}{2}$% Niederl. Centralbahn-Obl. (Z. T. 1. Jan./Juli) zu $83\frac{1}{4}$, Prov. $\frac{1}{4}$%

f) Verkauft am 16. Febr. fl. 7500.— 5% Obl. der Allgem. Niederl. Elektr.-Ges. (Z. T. 1. Apr./Okt.) zu 109, Prov. $1\frac{1}{2}^o/_{00}$.

10. Zu ermitteln die Rechnungsbeträge folgender Geschäfte (Kurse frei Zinsen) mit $1^o/_{00}$ Stempel:

a) Verkauf v. Frs. 4500.— 5% Bulgar. Tabakanl. v. 1902 zu $25\frac{3}{4}$, Prov. $\frac{3}{16}$%, Auslagen fl. 2.10

b) Kauf von £ 720.— 3% Portug. Anl., abgestempelt, zu $32\frac{1}{2}$, Prov. $1\frac{1}{2}^o/_{00}$, Ausl. fl. 3.04

c) Kauf von Goldrbl. 6250.— 4% Russ. Anl. von 1889 zu $3\frac{9}{16}$, Prov. $1\frac{1}{2}$%, Auslagen fl. 0.50

d) Verkauf v. Frs. 25000.— 4% Bagdadbahn-Anl. zu $19\frac{5}{8}$, Prov. $\frac{1}{4}$%, Auslagen fl. 4.40.

11. In Amsterdam mit $1^o/_{00}$ Notenstempel:

a) Gekauft am 25. Aug. £ 1200.— 7% Deutsche (Dawes-)Anl. v. 1925 (Z. T. 15/4. u. 10.) zu $107\frac{1}{8}$, Prov. $\frac{3}{8}$%

b) Gekauft am 11. Febr. Kr. 7500.— $3\frac{1}{2}$% Dänische (innere) Anl. v. 1887 (Z. T. 11/6. u. 12.) zu $66\frac{1}{2}$, Prov. $\frac{3}{8}$%

c) Verkauft am 18. Sept. 550 £ 5% Engl. Kriegsanl. (War Loan; Z. T. 1/6. u. 12.) zu $102\frac{3}{8}$, Prov. $\frac{1}{4}$%

d) Gekauft am 3. Mai Pap. Pes. 8000.— 5% Argent. Anl. v. 1905 (Z. T. 1/1., 4., 7., 10.) zu $78\frac{3}{4}$, Prov. $1\frac{1}{2}^o/_{00}$.

12. Folgende Aktiengeschäfte zu berechnen (überall $1^0/_{00}$ Notenstempel):

a) Kauf v. 15 Stck. (je 500 fl.) Aktien der Bank v. Java zu $348\frac{1}{2}$, Prov. $\frac{3}{8}\%$, Auslagen fl. 6.75

b) Verkauf v. 9 Stck. (je 1000 fl.) Niederländ. Bank-Akt. zu $201\frac{3}{8}$, Prov. $\frac{1}{4}\%$, Ausl. fl. 5.14

c) Kauf v. 7 Stck. (je 100 fl.) Anteile der Niederl.-indischen Petroleumges. zu 380, Prov. $\frac{3}{8}\%$, Ausl. fl. 1.50

d) Verkauf v. 25 Stck. (je 500 Frs.) Akt. der Banque de Bruxelles zu $375\frac{1}{2}$, Prov. $\frac{1}{4}\%$, Ausl. fl. 2.65

e) Verkauf von 12 Stck. (je 200 $\mathscr{RM}$) Berliner Handelsges.-Anteile zu $232\frac{1}{4}$, Prov. $1\frac{1}{2}^0/_{00}$

f) Verkauf von 50 Stck. (je 100 \$) Baltimore-Ohio-Aktien zu $103\frac{5}{8}$, Prov. $\frac{3}{8}\%$, Ausl. fl. 8.40.

13. Verkauf in Rotterdam am 16. Apr.:

fl. 4500.— 7 % Holländ.-indische Anl. v. 1921 (Z. T. 1/3. u. 9.) zu $100\frac{7}{8}$

£ 140.—.— 6 %   desgl.   v. 1923 (Z. T. 15/2. u. 8.) zu 106

\$ 3500.— $5\frac{1}{2}\%$ „   „ 1921 (Z. T. 1/5. u. 11.) zu $103\frac{3}{16}$.

Prov. $\frac{3}{8}\%$ (vom Nenn- bzw. Kurswerte!), Stempel $1^0/_{00}$, Ausl. fl. 3.40. (Usanzen wie in Amsterdam.)

14. Gekauft in Amsterdam am 31. Aug.:

Lei 16000.— 4 % Rumän. Rente v. 1891 (Z. T. 1/1. u. 7.) zu $9\frac{1}{4}$, Prov. 1 %; Frs. 6000.— 7 % Pariser Stadtanl. v. 1927 (Z. T. 1/2. u. 8.) zu $103\frac{3}{8}$, Prov. $\frac{3}{16}\%$; £ 250.—.— 7 % Belg. Stabilis.-Anleihe (Z. T. 1/1. u. 7.) zu $107\frac{1}{16}$, Prov. $\frac{1}{4}\%$; 18 Stck. (je 100 $\mathscr{RM}$) Deutsche Reichsbankanteile zu $169\frac{1}{2}$, Prov. $\frac{1}{4}\%$.

Dazu Rechnungsstempel $1^0/_{00}$ und bare Auslagen fl. 7.50.

15. Für ein Guthaben von fl. 12400.— beschafft Amsterdam am 30. Nov. 15 Stck. (je 500 belg. Frs.) Akt. des Crédit Anversois zu $236\frac{1}{2}$, 50 Stck. (je 100 Frs.) Congo-Lose (unverzinslich) zu 7.50 (fl. f. 1 Stck.) u. $\mathscr{M}$ 300000.— 4 % Warschau-Wiener Eisenbahnobl. zu $2\frac{3}{8}$ (franco Zsn.). Für den Rest soll es 5 % Schweizer Eisenbahnen-Anl. (Stücke nicht unter 500 Schw. Frs.; Z. T. 15/3. u. 9.) kaufen. Wie stellt sich die gesamte Abrechnung, wenn Schweizer Bahnen zu $101\frac{1}{8}$ zu erhalten, an Provision bzw. $\frac{3}{8}\%$, 5 cts. je Stck., 1 % und $\frac{3}{8}\%$ zu rechnen, ferner $1^0/_{00}$ Rechnungsstempel u. fl. 4.20 sonstige Spesen einzubeziehen sind?

Anm. Man bestimme zunächst das Restguthaben, hierauf den Kostenpreis eines Stücks (500 Frs.) der Schweizer Bahnen einschl. Zinsen, Prov. und Stempel, sodann die zu beschaffende Stückzahl und stelle endlich die Gesamtrechnung und den Barausgleich fest.

16. Amsterdam verkauft am 15. Aug. folgende Bestände an japanischer Anleihe mit je $\frac{3}{8}$% Prov., 1°/$_{00}$ Steuer u. fl. 4.75 weiteren Spesen:

$ 2400.— 6$\frac{1}{2}$% äußere Anl. v. 1924 (Z. T. 1/2 u. 8) zu 98$\frac{3}{4}$,

£ 450.—.— 4% innere Anl. v. 1899 (Z. T. 1/1 u. 7) zu 69$\frac{7}{16}$

Yen 4000.— 5% innere Anl. von 1908 (Z. T. 1/6 u. 12) zu 82.

Für den Reinertrag kauft es auftraggemäß fl. 6000.— 6% Oblig. der Holland-Amerika-Linie (Z. T. 1/5 u. 11) zu 81$\frac{5}{8}$ und für den Rest Aktien der Union Pacific-Eisenbahn (Stck. je 100 $) zu 157$\frac{3}{4}$; Einkaufsprov. je $\frac{3}{8}$% und Stempel 1°/$_{00}$. Wieviel Aktien kann es kaufen und wie lautet die Abrechnung?

3. Paris.

Die Notierung der inländischen und der meisten ausländischen S t a a t s p a p i e r e erfolgt in P r o z e n t e n, die aller übrigen Obligationen, der Lose und sämtlicher A k t i e n in Francs je Stück. Alle Kurse verstehen sich einschließlich Zinsen[1]); die Berechnung von Zinsen fällt hier also überall fort. Für die Umrechnung fremder Sorten in Francs sind folgende Sätze maßgebend: 1 $\mathscr{RM}$ = Frs. 1.25, 1 K ö. = Frs 1.05, 1 fl. ö. (Gold, Silber, Papier) = Frs. 2.50, 1 hfl. = Frs. 2.10, 1 Rbl. = Frs. 2,6667, 1 (alter) Gold-Rbl. = Frs. 4.—, 1 £ je nach dem Papier (vgl. die Beispiele) = Frs. 25.— oder Frs. 25.20 oder Frs. 25.25, 1 Kr. skand. = Frs. 1.40, 1 am. $ = Frs. 5.—. 1 mex. Piaster Gold = Frs. 5.18.

Französische Renten und die meisten ausländischen Staatspapiere werden (insbesondere im Termingeschäft) nicht nach Kapital-, sondern nach R e n t e n beträgen gehandelt.[2]) Man kauft also Frs. 450.— 3% franz. Rente oder 400 fl. 4% Österr. Goldrente, legt der Berechnung aber die Kapitalbeträge zugrunde, aus denen sich diese Rentenbezüge ergeben, also Frs. 450 × 100 : 3 = Frs. 15 000.— und fl. 400 × 100 : 4 = fl. 10 000.— Kapital (vgl. Beisp. 1). Bei nicht voll eingezahlten Aktien ist, wie früher in Deutschland, der Nennwert der fehlenden Einzahlung in Abzug zu bringen. (Vgl. S. 19).

Die B ö r s e n s t e u e r beträgt 1 Fr. für je angefangene 1000 Frs. Umsatz (d. i. 1°/$_{00}$), bei französ. Rente jedoch nur 1$\frac{1}{4}$ cs. (also $\frac{1}{80}$°/$_{00}$)[3]). C o u r t a g e wird vom

---

1) Der Kurs wird also (von anderen Einflüssen abgesehen) bis zum Abtrennungstage des Coupons allmählich steigen, an diesem Tage aber um den Zinsenbetrag herabzusetzen sein (Notierung „ex coupon"). In Paris erfolgt diese Abtrennung bei französischen Renten 15 Tage vor Fälligkeit, bei den meisten Obligationen am Verfall- bzw. Börsenliquidationstage, bei Aktien nach Abhaltung der Generalversammlung.

2) Nach K a p i t a l beträgen handelt man u. a. die auf £ lautenden Fonds (also engl. Consols, einige schwedische, norwegische, dänische, türkische usw. Anleihen), ferner auch die ägyptischen (Frs.-)Anleihen.

3) Für die Einführung fremder Effekten auf dem französ. Markte ist ein Fixstempel von 4% des Nennwertes zu entrichten. Außerdem besteht noch eine Couponeinkommensteuer auf franz. Wertpapiere (außer Staatsrente), die von den einzulösenden Coupons berechnet und in Abzug gebracht wird. Auf die Berechnung der Effekten haben sie beide keinen Einfluß.

Kurswerte berechnet und zwar **a)** an der offiziellen Börse (Parquet, mit 70 ständigen Maklern, agents de change) auf franz. Renten zu $1,5\,^o/_{oo}$ (mind. 50 cs.), auf franz. Kolonial-, Departements-, Stadt- und Eisenbahnanleihen zu $2\,^o/_{oo}$ (mind. 75 cs.), auf sonstige Anleihen und alle Aktien zu $3\,^o/_{oo}$ (mind. Frs. 1.50), **b)** am freien Markte (Marche libre, Coulisse) meist $4\,^o/_{oo}$.

Beispiele.

Gekauft: Paris, den 19. Okt. 19..

1. Frs. 660.— 3% Französ. Rente zu 55.25 . . . . Frs. 12155.—

    fl. 1240.— 4% Ung. Goldrente zu 11.90 . . . . „   9222.50

    Kr. 525.— $3\frac{1}{2}$% Dänische Staatsanl. zu 326.— . . . „   68460.50

                                            Frs. 89838.—

$$+\begin{cases} \text{Steuer a/frz. Rte.} & \text{Frs. } 0.15 \\ \quad\text{„} \quad\text{a/ausl. Rte.} & \text{„ } 79.— \\ \text{Court. } 1{,}5 \text{ bzw. } 3\,^o/_{oo} & \text{„ } 251.30 \end{cases} \text{„ } 330.45$$

                                            Frs. 90168.45

Erl. Alle drei Papiere werden in Rentenbeträgen gehandelt. Die zur Kurswertberechnung nötigen Kapitalbeträge sind daher Frs. 22000.—, fl. 31000.— zu Frs. 2.50 = Frs. 77500.— und Kr. 15000.— zu Frs. 1.40 = Frs. 21000. Die Kurse verstehen sich in Prozenten, daher Kurswert = $220 \times 55{,}25$ ferner $775 \times 11{,}9$ und 210×326. — Steuer auf (abgerundet) 13000 Frs. zu $\frac{1}{80}\,^o/_{oo}$ = Frs. 0.15, auf 79000 Frs. zu $1\,^o/_{oo}$ = Frs. 79.—. Courtage von Frs. 12155.— zu $1{,}5\,^o/_{oo}$ (= Frs. 18.25) u. von Frs. 77683.— zu $3\,^o/_{oo}$ (= Frs. 233.05).

2. Verkauft: Paris, den 30. Sept. 1927.

    Frs. 12500.— 4% Pariser Stadtanl. v. 1876 zu 426.50 Frs. 10662.50

    300 £ = Frs.   7560.— $2\frac{1}{2}$% Engl. Konsols „   281.75   „   21300.30

    500 £ = Frs. 12500.— 4% Argent. Anl. 1896 „   402.50   „   50312.50

                                            Frs. 82275.30

        Prov. $4\,^o/_{oo}$ Frs. 329.10

        Court. 2 bzw. $3\,^o/_{oo}$ „   236.15

        Steuer $1\,^o/_{oo}$ „   84.—   „   649.25

                                            Frs. 81626.05

Erl. Kurs der Pariser Anl. in Francs je Stck. (daher $426{,}5 \times 25$), der der beiden Staatsanl. in £ für je 100 £. Die Beträge der Staatspapiere bedeuten Kapital (nicht Rente). Umrechnungssatz bei der engl. Anl. 1 £ = Frs. 25.20, bei der argent. Anl. 1 £ = Frs. 25.—. Provision vom Rechnungsbetr.; Court. auf Stadtanl. $2\,^o/_{oo}$, sonst $3\,^o/_{oo}$.

3. Verkauft: Paris, den 19. Aug. 19..

20 Stck. (je 500 Frs.) Crédit Lyonnais-Akt. zu 2615.— Frs. 52300.—
25 „   Banque Ottomane-Akt. zu 1681.—

Frs. 42025.—

— 50% fehl. Einz.   „   6250.— „   35775.—

Frs. 88075.—

{ Court. 3°/₀₀   Frs. 264.25
{ Steuer 1 °/₀₀   „   89.—   „   353.25

Frs. 87721.75

Anm. Die Kurse der Aktien verstehen sich in Francs je Stck. Da an jedem
Stück der Banque Ottomane-Aktien Frs. 250.— Einzahlung fehlen, müssen
(25 × 250 =) Frs. 6250.— vom berechneten Kurswerte in Abzug gebracht
werden. Vgl. S. 59.

Übungsaufgaben § 70 c. (Fortsetzung.)

Steuer und Maklergebühr sind nach den **auf S. 59 u. 60** angeführten
(Parquet-)Sätzen zu berechnen.

17. Zu berechnen folgende Geschäfte in franz. Staatsanleihen (Rentenbeträge!) mit üblicher Courtage u. Steuer (siehe oben) und den angegebenen weiteren Auslagen:

a) Gekauft Frs. 700.— $3\frac{1}{2}$% amort. Rente zu 85.50, Ausl. Frs. 26.60,

b) Verkauft Frs. 1250.— 5% Rente v. 1915 zu 75.75, Ausl. Frs. 11.75,

c) Verk. Frs. 600.— 4% gar. Rente v. 1925 zu 97.65, Ausl. Frs. 19.25,

d) Gek. Frs. 1800.— 6% am. Rente v. 1927 zu 96.80, Ausl. Frs. 35.50.

18. Verkauft am 12. Okt. folgende Brasil. Staatsanl. (Kapitalbeträge;
1 £ = Frs. 25.20) mit Steuer, Court. u. $\frac{3}{8}$% Prov.:

360 £ $4\frac{1}{2}$% Brasil. Anl. v. 1888 zu 372.—   ⎫
400 £ 4%   desgl.   „ 1889 „ 287.75 ⎬ Gesamtertrag?
480 £ 5%   „   „ 1893 „ 468.50. ⎭

19. Gekauft (Kurse Frs. je Stück):

25 Stck. (je 500 Frs.) $3\frac{1}{2}$% Stadtanl. v. Bordeaux v. 1891 zu 477.25,
20 Stck. (je 500 Frs.) 7% Stadtanl. v. Toulon v. 1927 zu 482.50,
24 Stck. (je 500 Frs.) $6\frac{1}{2}$% Pariser Stadtanl. v. 1927 zu 472.—.
Court., Steuer; außerdem sonst. Spesen Frs. 53.75.

20. Verkauf folgender Rentenbeträge mit Court. und Steuer:

Frs. 600.— 3% Belg. Staatsrente v. 1895 zu 44.50,
K 1800.— 4% Österr. Mairente zu 19.85,
Kr. 480.— 3% Dän. Staatsanleihe v. 1894 zu 284.25,
fl. 120.— $2\frac{1}{2}$% Holländ. Rente zu 309.50.

21. Paris kauft am 8. Jan. 19.. mit $\frac{3}{8}\%$ Prov., sowie mit Court., Steuer u. mit Frs. 21.— sonstigen Auslagen:

6 Stck. Aktien der Banque de France (je 1000 Frs.) zu 15550.—,

10 „ „ des Crédit Foncier de France (je 500 Frs.) zu 2730.—;

15 „ „ d. Edison-Cie. Continentale (je 500 Frs.) zu 1125.—.

22. Gekauft mit 0,35 % Prov. u. der üblichen Court. u. Steuer:

75 Stck. Congolose (je 100 Frs.) zu 78.50,

10 Stck. Akt. d. Crédit Foncier Égyptien (je 500 Frs., 50 % Einzahlung) zu 4130.—.

23. Paris verkauft am 14. Dez.:

500 £ (Kapital!) 4 % Argent. Anl. v. 1896 (1 £ = Frs. 25.—) zu 410,

40 £ (Rente!) 5 % Japan. Anl. v. 1907 (1 £ = Frs. 25.25) zu 417.—,

120 Pesos Gold (Rente!) 4 % Mexik. Anl. v. 1904 zu 129.50

und kauft für den Reinertrag 7 % Deutsche (Dawes-)Reichsanleihe v. 1924, Stücke je 100 £, zu 12680 (Frs. f. 1 Stck.). Wie stellt sich die Abrechnung bei je $\frac{1}{4}\%$ Prov. und der üblichen Maklergebühr und Steuer im Ein- u. Verkauf?

24. Verkauf am 12. Aug.: 10 Stck Suezkanalaktien (je 250 Frs.) zu 11447.—, 20 Stck. Rio Tinto-Aktien (je 5 £) zu 4994.— u. 100 Stck. Stammaktien Goerz & Cie. (je $12\frac{1}{2}$ sh) zu 418.25 mit Courtage, Steuer und $\frac{3}{8}\%$ Prov. Dagegen Kauf von $3\frac{1}{2}\%$ Norweg. Anl. v. 1894 (kleinste Kapitalstücke 20 £; 1 £ = Frs. 25.20) zu 322.75 mit Courtage, Steuer u. mit Frs. 115.60 sonst. Spesen. Die Abrechnung ist aufzustellen.

4. London.

Die Kurse für englische Staatspapiere und sonstige Anleihen (Funds, Stocks und Bonds), ebenso für fremde Anleihen sind in Prozenten, die der Aktien (Shares) in £ je Stück, jedoch die der auf Dollar lautenden amerikan. (Ver. Staaten und Kanada) Eisenbahnaktien in Dollar je Stück notiert; alle Kurse verstehen sich einschließlich Zinsen.[1] Nach Abtrennung des Dividenden- oder Zinsscheins („when xd or xint") erfolgt dann eine entsprechende Herabsetzung des Kurses. Die Aufträge in ausländischen Papieren werden meist unmittelbar in Pfd. Sterl. gegeben, gleichviel ob die Papiere schon einen £-Nennwert besitzen oder erst in einen solchen umzurechnen sind. Man handelt also nicht 20000 $\mathscr{R}\mathscr{M}$, sondern 1000 £ usw. Als feste Umrechnungssätze gelten die folgenden: 1 £ = $\mathscr{R}\mathscr{M}$ 20.— = K ö. 24.— = fl. ö. 10.— Gold = fl. ö. 12.— (Silber od. Pap.) = Frs. 25.— = £ 25.— = hfl. 12.— = Kr. dän. 18.—; ferner 1 am. $ u. 1 Peso Gold arg. u. mex. = 4 s; 1 Rup. = 2 s; 1 port. Milr. = 4/6 d; 1 bras.

---

1) Nur die Kurse der auf Rupien lautenden indischen Anleihen verstehen sich ausschließlich Zinsen, so daß hier der Käufer dem Verkäufer die bis zum Abschlußtage aufgelaufenen Zinsen vergüten muß; dabei rechnet man für die Zinsen (aber nur für diese!) 1 Rup. = 16 d. (Vgl. Übungsaufg. 30.)

Milr. = 27 d; 1 Yen = $24\frac{1}{2}$ d (bei 5 % Japan. innerer Anl. = 4 s); 1 Tael = 3 s; 125 Rbl. Gold = £ 19. 15. 6. Die Zinsscheine der fremden Obligationen sind fast sämtlich auch in London einlösbar.

Umsatzsteuer gibt es in England nicht; dagegen ist auf die Schlußnote (Contract Note) eine Stempelgebühr (Contract Stamp) zu entrichten, die mit dem Umsatze von 6 d bis zu 1 £ ansteigt; Umsätze bis 5 £, sowie Geschäfte in engl. Staats-, Städte- und Kolonialanleihen sind steuerfrei. Da die meisten der an der Londoner offiziellen Börse (Stock Exchange) gehandelten Werte, insbesondere die Shares, Namenspapiere sind, ist förmliche Übertragung (Transfer) nötig. Die hierfür vom Käufer zu zahlende Steuer (Transfer Stamp) beträgt 1 % des Kaufwertes (und zwar bis 25 £ Umsatz auf je 1 sh, von da bis 300 £ auf je 5 sh, weiterhin auf je 10 sh nach oben abgerundet). Für die Registrierung der Transfer und die Ausfertigung neuer Zertifikate berechnet die Gesellschaft dem Käufer meist noch $2\frac{1}{2}$ sh Spesen (Transfer Fee).[1] —

Für die Courtage (Brokerage) sind bestimmte Höchstsätze festgelegt, nämlich (auszugsweise):

auf inländ. Schatzanweisungen mit höchstens 12 Jahren
    Laufzeit und in großen Beträgen . . . . zu $\frac{1}{8}$ % v. Nennw.
auf engl. Konsols und Kriegsanleihen . . . . „ $\frac{3}{16}$ % „   „
auf sonstige britische Staats-, Kolonial-, Provinz- u. Stadt-
    anl., indische Regierungsstocks, London Stocks . . . . „ $\frac{1}{4}$ % „   „
auf ausländ. Anleihen bei Kursen bis zu 20 . . . . zu $\frac{1}{32}$ bis $\frac{1}{8}$ % „   „
        „ „   über 20 . . . . zu $\frac{1}{4}$ % „   „
auf registrierte Aktien (Stocks) . . . . „ $\frac{1}{2}$ % „ Kursw.
auf Aktien (Shares), auf Namen oder Inhaber lautend,
        bei Kursen bis 25 £ . . . . . zu $\frac{1}{2}$ d bis 2/6 d je Stck.
        „   „   über 25 £ . . . . zu $\frac{1}{2}$ % vom Kursw.
auf amerikanische Eisenbahnaktien bei Kursen bis 100 $ zu 6 d bis 1 sh je Stck.
    bei höheren Kursen für je weitere 50 $ immer 6 d mehr „   „

Beispiele.

1. Verkauft: London, den 27. Okt. . . . .

    750 £ $2\frac{1}{2}$ % Engl. Konsols   zu $54\frac{3}{16}$[2]) . £   406. 8.2
    1000 £ 4 % unit. Türk. Anleihe v. 1908   „ $23\frac{5}{8}$ . . „   236. 5.—
    5400 Kr. = 300 £ $3\frac{1}{2}$ % Dänische Anl.   „ $68\frac{3}{4}$ . . „   206. 5.—
    2000 $ = £411.10.5 5 % Cuba-Anl. v. 1904 „ $102\frac{1}{2}$ . . „   421.16.2

                                     £ 1270.14.4

       Court. $\frac{3}{16}$ bzw. $\frac{1}{4}$ % £ 6.13.9
       Stpl. d. Schlußnote „ —. 3.—   „   6.16.9

                                   £ 1263.17.7

---

1) Die inländischen Besitzer tragen überdies eine von inländ. Coupons und Auszahlungen in Abzug gebrachte Einkommensteuer (Income Tax); ausländische Besitzer, soweit sie sich als solche (durch Beibringung des sog. „Affidavit") legitimieren, sind davon befreit.

2) Die Londoner Kurse werden (wie in Amsterdam) in Ganzen und Dualbrüchen notiert.

Erl. Kurse = £ f. je 100 £; bei der Dän. Anl.: 18 Kr. = 1 £, bei der Kubaanl. (ausnahmsweise) 1 £ = $ 4.86. Court. auf die Konsols zu $\frac{3}{16}$%, sonst zu $\frac{1}{4}$% (je vom Nennwerte), Stempel je 1 sh auf die drei letzten Papiere.

2. Gekauft: London, den 30. Sept. ....

   30 Stck. Canadian Pacific-Shares zu $198\frac{1}{4}$ £ 1189.10.—
           + Court. zu 2 sh je Stck.   ,,   3.—.— £ 1192.10.—

   50 Stck. Ottoman Bank-Shares zu $10\frac{1}{4}$ £ 512.10.—
           + Court. zu 1/6 d je Stck.   ,,   3.15.— ,,   516. 5.—

   150 Stck. Randmines-Shares zu $3\frac{1}{16}$ £ 459. 7.6
   + Transf. zu 1% u. Fee 2/6 d   £ 5. 2.6
    Court. zu $7\frac{1}{2}$ d je Stck. . .   ,, 4.13.9   ,,   9.16.3   ,,   469. 3. 9

                                             £ 2177.18. 9

           + Stempel der Schlußnote   ,,   —. 6.—

                                             £ 2178. 4. 9

Erl. Die amerik. Shares sind in Dollar je Stck. notiert, also war zu rechnen: $30 \times 198\frac{1}{4} = 5947{,}5$ $ zu 4 sh = £ 1189.10.—; Stempel der Schlußnote 3 sh. Bei Ottoman Bank bedeutet der Kurs = $10\frac{1}{4}$ £ je Stck. und zwar unter Berücksichtigung der fehlenden Einzahlung; also einfach $50 \times 10\frac{1}{4}$; Stempel 2 sh. Bei Randmines: Kurs = $3\frac{1}{16}$ £ je Stck.; Transferstpl. 1% v. 459 £ = £ 4.10.2, nach oben auf £ 5.—.— abgerundet; Stempel 1 s.

Übungsaufgaben § 70 c. (Fortsetzung.)

25. Gekauft in London (Courtage vom Nennwerte):
   a) 350 £ $4\frac{1}{2}$% Engl. Kriegsanl. (War Loan) zu $97\frac{3}{16}$; Court. $\frac{3}{16}$%,
   b) 500 £ 4% Anleihe (Funding Loan) zu $85\frac{5}{8}$; Court. $\frac{1}{4}$%,
   c) 640 £ $5\frac{1}{2}$% Engl. Schatzscheine (Treasury Bonds) zu $101\frac{1}{4}$; Ct. $\frac{1}{8}$%,
   d) 450 £ 3% Transvaal-Anl. zu $80\frac{3}{8}$; Court. $\frac{1}{4}$%

26. Verkauft am 16. Okt. mit $\frac{1}{4}$% Court. (vom Nennwert) u. insgesamt £ 1.5.6 Auslagen folgende Stadtanleihen (Stocks):
360 £ 6% Anl. von Birmingham zu $108\frac{3}{4}$, 400 £ 5% Anl. von Glasgow zu $103\frac{9}{16}$, 600 £ $2\frac{3}{4}$% Anl. von Southampton zu $74\frac{1}{8}$ und 250 £ 3% Anl. von Liverpool zu $62\frac{7}{8}$.

27. Wie groß ist der Verkaufsertrag aus:
1500 £ $7\frac{1}{2}$% Ung. Anleihe v. 1924 zu $101\frac{1}{2}$, 1200 £ 5% Chinesen v. 1896 zu $83\frac{7}{8}$ u. 1100 £ 6% Japan. v. 1924 zu $96\frac{1}{4}$; Court. $\frac{1}{4}$% (vom Nennwerte), Schlußnotenstpl. 4 + 3 + 3 sh.

28. Gekauft: 900 £ 7% Deutsche Reichs-(Dawes-)Anl. v. 1924 zu $102\frac{3}{16}$, 850 £ 8% Tschechoslow. Anl. v. 1922 zu $107\frac{3}{4}$, 1000 £ 7% Bulgar. Anl. v. 1926 zu $88\frac{1}{2}$. Court. $\frac{1}{4}$% (vom Nennwerte), Schlußnotenstempel je 2 sh, sonstige Auslagen 7 sh 6 d.

29. Ertrag aus dem Verkaufe von: Frs. 17500.— 3% Belg. Rente zu $8\frac{3}{4}$, Kr. 9000.— 3% Dän. Goldanl. v. 1894 zu $57\frac{7}{8}$, Frs. 7500.— $3\frac{1}{2}$% Schweizer Bundesbahnen-Anl. zu $85\frac{3}{16}$ u. hfl. 5400.— 3% Niederl. Rente zu $76\frac{1}{2}$; Court. auf belg. Rente $\frac{1}{16}$%, sonst $\frac{1}{4}$% (vom Nennwert), Stempel $6\,\mathrm{d} + 3 \times$ je 1 sh.

30. Kauf am 31. Mai mit $\frac{1}{8}$% bezw. auf die indischen Anl. $\frac{1}{4}$% Court. (vom Nennwerte) und 18/9 d Auslagen: 2000 £ 3% Exchequer Bonds[1]) zu $95\frac{7}{8}$, 600 £ $4\frac{1}{2}$% Indische Anleihe zu $92\frac{1}{2}$, 9000 Rup. $3\frac{1}{2}$% Indische Rupienanleihe (Z. T. 31. März u. 30. Sept.) zu $56\frac{1}{4}$ und 6000 Rup. 3% dsgl. (Z. T. 30. Juni u. 31. Dez.) zu $46\frac{3}{4}$.

Anm. Die Kurse der Rup.-Anleihen verstehen sich ausschl. Zinsen; daher Zuschlag von Zinsen (nach englischer Berechnung!) vom 31. März bzw. 31. Dez. ab bis 31. Mai (Monate genau!). Umrechnung der Rupie bei den Zinsen zu 1/4 d, sonst zu 2 s. — Die auf £ lautenden indischen Anleihen werden wie die sonstigen Staatsanleihen einschließlich Zinsen notiert.

31. Folgende gekaufte Aktien zu berechnen:

a) 80 Stck. (je 1 £) Union Steel Corporation zu 16/5 (sh u. d); Court. 3 d je Stck.; Transfer 1%, Fee 2/6 d, Notenstempel 6 d.

b) 100 Stck. (je $2\frac{1}{2}$ £) de Beers zu $12\frac{1}{2}$ (£); Court. 1/6 d je Stck., Transfer 1%, Fee 2/6, Stempel 3 sh.

c) 25 Stck. (je 5 £) Bank of London & South America zu $10\frac{7}{8}$ (£); Court. $\frac{1}{2}$% (v. Kurswert), sonst. Spesen £ 2.1.5.

d) 20 Stck. (je 100 $) Union Pacific-Eisenb. zu $195\frac{1}{4}$ ($); Court. 2 sh je Stck., Auslagen £ 8.11.6.

e) 30 Stck. (je 50 Yen) Japan. Industriebank zu $3\frac{3}{4}$ (£); Court. $7\frac{1}{2}$ d je Stck., Stempel 1 sh.

f) 125 Stck. (je 20 Schill.) Wiener Bankverein zu 17/9 (sh u. d); Court. 3 d je Stck., Auslagen 12/4 d, Stempel 1 sh.

32. Verkauft: Frs. 37500.— 3% Franz. Rente zu $13\frac{1}{4}$, am. $ 5000.— 5% intern. Mexik. Anl. v. 1894 zu $11\frac{7}{8}$ u. cub. $ 3000.— $4\frac{1}{2}$% Anl. v. Cuba (Parität: £ 205.15.2 f. 1000 $) zu $94\frac{1}{2}$. Court. $\frac{1}{8}$% bezw. auf Cubaanl. $\frac{1}{4}$% (vom Nennwert) Schlußscheinstempel $1 + 1 + 2$ sh.

33. London verkauft am 15. Nov. mit $\frac{1}{4}$% Court. (vom Nennwerte), 5 sh Stempel u. 15/3 sonstigen Spesen:

500 £ $5\frac{1}{2}$% Stadtanl. v. Amsterdam v. 1924 zu $101\frac{1}{4}$,
360 ,, $4\frac{1}{2}$% Budapester Stadtanleihe v. 1914 zu $58\frac{7}{16}$,

---

1) Papiere der schwebenden Schuld mit beschränkter Laufzeit. Die unverzinslichen Papiere dieser Art heißen Exchequer Bills; sie werden wie Wechsel diskontiert.

400 sh 6% Berliner Stadtanl. v. 1927 zu 95⅜,

300 „ 7½% Prager Stadtanl. zu 106¾

und kauft dagegen Shares der Honkong and Shanghai Banking Corporation (Stücke je 125 $) zu 120^{13}_{16} (£ je Stck.) mit ½% Court. (vom Kurswerte) und £ 11.13.9 weiteren Auslagen. Wie stellt sich die Abrechnung?

34. Verkauf folgender Minenaktien: 250 Stck. (je 1 £) A. Görz & Co. zu 2½ (£), Court. 6 d je Stck., 100 Stck. de Beers Preferred (je 2½ £) zu $12\frac{5}{16}$, Court. 1/6 d je Stck., 75 Stck. Randmines (je 1 £) zu 2⅜, Court. 6 d je Stck., 150 Stck. consol. Goldfields (je 1 £) zu 54/4 (sh u. d), Court. 6 d je Stck., 500 Otavi Goldmines (je 1 £) zu 38/3, Court. ½% (v. Kurswerte); Notenstempel zus. 9 sh. Dagegen Kauf: 50 Erie Eisenb. Shares (je 100 $) zu 70⅝ ($ f. 1 Stck.), Court. 1 sh je Stck,, Stempel 3 sh, ferner $ 7500.— dsgl. 4% Bonds Pref. zu 89½ ($ f. 100 $), Court. ¼% (v. Nennwert), Stempel 3 sh und für den Rest dsgl. 4% Stocks (je 100 $) zu 61¼ ($ f. 100 $), Court. ¼% (v. Nennwert), Stempel 3 sh. Gesamtabschluß bei Einrechnung von £ 1.3.10 baren Auslagen.

5. Verschiedene Plätze.

Schweizer Plätze: In Zürich und Basel verstehen sich die Kurse für Anleihen in (reinen) Prozenten und zwar meist ausschließlich Zinsen, für Aktien in Francs je Stück einschl. Dividende. Feste Umrechnungssätze: 1 Lira, Peseta, Leu usw. = 1 Frc., 1 ℛℳ = Frs. 1.25, 1 K ö. (Kč.) = Frs. 1.05, 1 fl. ö. Gold = Frs. 2.50, 1 flh. = Frs. 2.08, 1£ = Frs. 25.25, 1 Rbl. = Frs. 2.65, 1 am. $ = Frs. 5.20, 1 mex. $ = Frs. 2.60, 1 arg. Peso m/n = Frs. 2.20. Zinsberechnung: Tage vom Zinstermin (ausschließlich) bis zu dem dem Kauftage folgenden Tage (Monat = 30 Tage). — In Genf Kurse bei den im Kursblatte gekennzeichneten Staats- und Eisenbahnanleihen in Prozenten, bei allen übrigen Anleihen und Aktien in Francs je Stück. Laufende Zinsen sind nur auf einige prozentual notierte inländische Staats- u. Eisenbahnanleihen zu rechnen (Zinsberechnung wie in Zürich). Umrechnungssätze: 1£ = Frs. 25.20 oder Frs. 25.25, 1 K ö. = Frs. 1.05, 1 fl. ö. = Frs. 2.50, 1 Kr. schwed. = Frs. 1.39, 1 arg. Peso P. = Frs. 2.25.

Umsatzsteuer einheitlich (Bundesgesetz v. 4. Okt. 1917) auf inländ. Wertpapiere 10 cs., auf ausländ. 40 cs. für je angefangene 1000 Frs. des ausmachenden Betrags, je zur Hälfte vom Käufer und Verkäufer. — In Zürich und Basel außerdem noch eine sogenannte „Patentgebühr" von 10 cs. für je 1000 Frs. Rechnungsbetrag.

Courtage (Mindestsätze) in Zürich u. Basel ¼% v. ausmachenden Betrage (auf Obligationen jedoch bei Kursen unter 100 vom Nennwerte), in Genf auf in Stück notierte Papiere ¼% vom Kurswerte (Ermäßigung bei Kurswerten unter 1000 Frs.!), auf prozentual notierte Papiere bei Kursen unter 100 zu 0,65 bis 2½‰ vom Nennwerte, bei Kursen über 100 zu ¼% vom ausmachenden Betrage.

Brüssel: Kurse für Anleihen der Staaten, Provinzen und Städte rein prozentual (also Frs. für 100 Frs., $\mathscr{RM}$ für 100 $\mathscr{RM}$ usw.) und zwar meist einschließlich Zinsen; nur bei belgischen Staatsanleihen sind laufende Zinsen (Monat zu 30 Tagen) einzurechnen. Umrechnungssätze wie in Paris, jedoch abweichend und ergänzend 1 hfl. = Frs. 2.—, 1 Rbl. Pap. = Frs. 2.60, 1 £ stets = Frs. 25.— 1 mex. Pi. = Frs. 2.50, 1 Esc. = Frs. 5.—, 1 Milr. bras. = Frs. 2.—, 1 arg. Peso = Frs. 5.—. Die Kurse der sonstigen Anleihen und Aktien in Frs. (nicht in Belgas!) je Stück einschl. Dividende. — Courtage vom ausmachenden Betrage, und zwar auf belg. Renten $2^0/_{00}$, auf sonstige Anleihen $2\frac{1}{2}^0/_{00}$, auf Aktien und Lose $4^0/_{00}$. Keine Umsatzsteuer.

Ähnlich in Antwerpen, jedoch fast alle Obligationen in Prozenten und zwar meist ausschließlich Zinsen. Courtage wie in Brüssel. Antwerpen ist wichtiger Platz für belgische Renten und südamerikanische Werte.

Prag: Kurse der Anleihen in Kč. für je 100 Kč., Kö., $\mathscr{RM}$, aber für je 50 fl., und zwar ausschließlich Zinsen, die der Aktien, Lose, Genußscheine, Bezugsrechte in Kč. je Stück (einschl. Zinsen). Umrechnungssätze: 1 K ö. = 1 Kč, 1 fl. ö. = 2 Kč. Zinsenberechnung wie in Wien. Courtage auf inländ. Staatsanl. $\frac{1}{4}^0/_{00}$, sonst $\frac{1}{2}^0/_{00}$ vom ausm. Betr. (mind. Kč. 2.50 je Schluß); Provision $2^0/_{00}$ (bei inländ. Staatsanl. $1^0/_{00}$) vom ausm. Betr. Umsatzsteuer (inländ. Staatsanl. steuerfrei) auf Anleihen von tschechoslowak. Landesinstituten 10 h, auf sonstige inländische Anleihen 20 h, auf Aktien, Lose und ausländische Anleihen 50 h von je angefangenen 1000 Kč. Umsatz; im Kommissionsgeschäft überall $1\frac{1}{2}$facher Satz. — Rechnungsstempel auf Beträge bis 100 Kč. 10 h, bis 1000 Kč. 20 h, über 1000 Kč. 50 h. — Die Geschäfte werden wie in Wien „per Kasse" oder im „Arrangement" abgeschlossen. Arrangementgebühr je Schluß Kč. 1.50, auf Aktien $0{,}6^0/_{00}$ (höchstens Kč. 7.50 je Schluß).

Budapest: Kurse in Pengö bei Anleihen für 100 Pengö, Kronen, aber für 50 fl. und für 1 $, sämtlich einschl. Zinsen (nur bei ung. Zwangs- und bei Völkerbundsanl. ausschl. Zinsen), bei Aktien je Stück. Abwicklung der Geschäfte wie in Wien und Prag. — Spesen vom Kurswerte: Maklergeb. $2^0/_{00}$, Prov. $1\frac{1}{2}^0/_{00}$ bzw. auf Aktien $3^0/_{00}$, Arrangementgebühr $3^0/_{00}$, Effektenumsatzsteuer auf ung. Staatsanl. $\frac{1}{2}^0/_{00}$, sonst. Anl. $1^0/_{00}$, Aktien $4\frac{1}{2}^0/_{00}$ (gegenüber Banken ermäßigte Sätze). Außerdem 2 % Umsatzsteuer (vom Rechnungsbetrage ausschl. Effektenumsatzsteuer).

Italienische Plätze: (Mailand u. a.) Staats-, Provinz- u. Stadtanleihen in Prozenten, die sonstigen Anleihen und alle Aktien in £ je Stück; fast alle Kurse einschl. Zinsen. Courtage schwankend; amtliche Sätze gibt es nicht.

Nordische Plätze (Kopenhagen, Stockholm, Oslo): Anleihen in Prozenten ausschl. Zinsen, Aktien meist je Stück in Kronen einschl. Dividende. Zinsberechnung wie in Deutschland. Courtage in Kopenhagen auf Anleihen $1^0/_{00}$, auf Aktien $\frac{1}{8}\%$ vom ausmachenden Betrage (bei Kursen unter pari vom Nennwerte), in Stockholm und Oslo auf Anleihen $1^0/_{00}$ bzw. $\frac{1}{8}\%$, auf Aktien $2^0/_{00}$ bzw. $\frac{1}{4}\%$ vom ausmachenden Betrage.

Madrid: Kurse fast aller Zinspapiere in Prozenten, und zwar einschließlich Zinsen, die der Aktien in Pes. je Stück. Courtage $1\frac{1}{4}$—$2\frac{1}{2}^0/_{00}$ vom Kurswerte. Umsatzsteuer (Polizenstempel).

Lissabon: Staatsanleihen in Prozenten, sonst in Escudos je Stück, immer einschl. Zinsen.

Neuyork (gegenwärtig besonders wichtig, weil der dortige Markt viele ausländische, namentlich auch deutsche Anleihen aufgenommen hat): Notierung der Kurse der Anleihen (Bonds) in Prozenten ausschl. Zinsen, die der Aktien (Stocks, Shares) in Dollars je Stück einschl. Zinsen bzw. Dividende. — Zinsenberechnung wie in Deutschland. Provision (commission) auf Anleihen $2^0/_{00}$ (v. Nennwerte), auf Aktien je nach Kurshöhe von $7\frac{1}{2}$ cs. je Stck. aufwärts (z. B. bei Kursen v. 50—75 \$ $= 17\frac{1}{2}$ cs., bis 100 \$ $= 20$ cs., bis 200 \$ $= 25$ cs., für je weitere angefangene 50 \$ immer 5 cs. mehr.) Auf (Namens-) Shares ist eine Umschreibegebühr (Transfer Tax) von 4 cs. je Stück und zwar vom Verkäufer zu entrichten.

Übungsaufgaben § 70 c. (Schluß.)

35. In Basel am 12. Mai gekauft: Frs. 6000.— 3 % Eidgenöss. Staatsanl. v. 1897 (Z. T. 30. Juni, 31. Dez.) zu 87.75, Frs. 12500.— $3\frac{1}{2}$ % Gotthardbahn-Anl. v. 1895 (Z. T. 31. März, 30. Sept.) zu 80.50, £ 9000.— 3 % Ital. garant. Eisenb.-Oblig. (Z. T. 1. Juni, 1. Dez.) zu 14.25. Court $\frac{1}{4}$ % (v. Nennwerte), Stempel 5 cs. bzw. 20 cs. je einzeln (s. oben), (Patent-)Gebühren (v. Gesamtums.) u. Frs. 2.80 Auslagen.

Anm. Bei der Zinsberechnung sind die Zinstermine genau zu berücksichtigen; Zinstage vom Zinstermin (ausschl.) bis 13. Mai. Umsatzstempel u. Patentgebühr werden unter der Bezeichnung „Stempel u. Gebühren" eingestellt.

36. Basel verkauft am 21. Sept.: Frs. 15500.— 5 % Kanton Bern-Anl. v. 1925 (Z. T. 15/5. u. 11.) zu 101.20 u. Frs. 20000.— 3 % Eidgenöss. Eisenbahnrente (Z. T. 1/1., 5. u. 9.) zu 68.75 und kauft dagegen Baseler Handelsbank-Aktien (je 500 Frs.) zu 734.50. Spesen beim Verkauf $\frac{3}{8}$ % Prov., beim Verkauf und Kauf je $\frac{1}{4}$ % Court. (v. ausm. Betr. bzw. Nennwerte) und je „Stempel u. Gebühren" (vgl. Aufg. 35).

37. Zürich verkauft am 5. Nov.: Frs. 7500.— 7 % Deutsche Reichs-(Dawes-)Anl. v. 1924 (Z. T. 15/4. u. 10.) zu 104.25, 600 £ desgl. zu 103.50, 480 £ 5 % Japan. Anl. v. 1907 (Z. T. 12/3. u. 9.) zu 83.75, Frs. 12000.— Bagdadbahn-Obl. Ser. II (Z. T. 1/1. u. 7.) zu 14.50 (franco Zinsen); Court. $\frac{1}{4}$ % (v. ausm. Betrage bzw. Nennwerte), „Stempel und Gebühren" (vgl. Aufg. 35).

38. Zürich erhält den Auftrag zu verkaufen: 30 Stck. (je 50 S) Aktien der Österr. Bodenkreditanstalt, 25 Stck (je 100 *ℛℳ*) Akt. der Gesellsch. f. elektr. Unternehmungen, 15 Stck. (je 500 £) Akt. der Banca Commerciale Italiana, dann für den Reinertrag zu kaufen 30 Stck. (je 200 Frs.) Jungfraubahnaktien und für den Rest 4 % Kopenhagener Stadtanl. (Stücke zu je 504 Frs. nom.; Z. T. 15/3. u. 9.). Es führt den Auftrag am 22. Dez. aus, verkauft zu bzw. 92.50, 361.25 u. 345.—, kauft die Aktien zu 209.75, die Stadtanl. zu 80.25 und berechnet für den Verkauf $3^0/_{00}$ Prov., $\frac{1}{4}$ % Court. (vom Kurs-

werte), für den Kauf $\frac{1}{4}\%$ Court. (v. ausm. Betr. bzw. Nennwerte)
u. für beide je Steuer (im $1\frac{1}{2}$fachen Satze, also zu 15 bzw. 60 cs.)
u. Patentgebühr. Man stelle die Gesamtabrechnung her.

39. Genf kauft für ein Gesamtguthaben von $\mathcal{R\!M}$ 16650.—, umzurechnen
zu 123.80 (Frs. f. 100 $\mathcal{R\!M}$) am 6. Nov.: Frs. 6000.— $5\frac{1}{2}\%$ Eidgen.
Staatsanl. v. 1922 (Z. T. 1/3. 9.) zu 102.60 (ausschl. Zsn.), Frs. 4500.—
6% Genfer Kantonalanl. v. 1920 zu $518\frac{3}{4}$ (je Stück zu 500 Frs.,
einschl. Zinsen), 5 Stck. (je 100 $) Baltimore- u. Ohio-Akt. zu 615.—
und für den Rest Schweizer Bankvereins-Aktien (je 500 Frs.) zu 812.50.
Wie stellt sich die Abrechnung bei Einrechnen von $\frac{1}{4}\%$ Court. (vom
ausm. Betr.), der üblichen Umsatzsteuer und Frs. 31.50 sonstigen
Spesen? (Keine Patentgebühr).

40. Am 9. Nov. wurden in G e n f verkauft: 640 £ 4% Dän. Anleihe
v. 1912 zu 422.— (Frs. je Stck. v. 20 £), fl. 12500.— 4% Ung. Goldrente zu $23\frac{1}{4}$ (fl. f. 100 fl.), Peset. 7500.— 6% Hispano-Americana
de Electricidad zu 492.— (Frs. je Stck. v. 500 Peset.) u. Pesos arg.
2025. — 6% desgl. zu $501\frac{1}{2}$ (Frs. je Stck. v. 225 Pesos); Court. $\frac{1}{4}\%$
(v. Kursw.), a. ung. Rente $\frac{3}{4}{}^0/_{00}$ (v. Nennw.), Steuer, Frs. 3.60 Auslagen.

41. In Brüssel gekauft am 15. Sept.: Frs. 6000.— 3% Belgische Rente
(Z. T. 1/1. u. 7.) zu 60.25, Frs. 8500.— 5% Dette Belge v. 1925
(Z. T. 1/1.) zu 75.85, Frs. 9000.— $4\frac{1}{2}\%$ Brüsseler Stadtanl. zu 70.75
und 6 Stück (je 500 Frs.) Aktien der Banque de Bruxelles zu 1985.—;
Prov. $\frac{3}{8}\%$, Court. 2, $2\frac{1}{2}$ u. $4{}^0/_{00}$.

Anm. Auf 1 und 2 sind laufende Zinsen zu berechnen. — Zinstage $=$ Zwischenzeit ausschl. Kauftag (also wie in Wien u. a.). Resultate in Aufg. 41 bis 44
in Belgas (1 Belg. $=$ 5 Frs.).

42. Verkauft in Brüssel am 19. Okt.: $\mathcal{R\!M}$ 250.— Deutsche Ablösungsschuld einschl. Auslosungsrechten (also wie in Deutschland zu nehmen
den 5fachen Nennwert) zu 362.50 ($\mathcal{R\!M}$ f. 100 $\mathcal{R\!M}$), $\mathcal{R\!M}$ 600.—,
dsgl. ohne Auslosungsrechte (also einfacher Nennwert) zu 100.25
($\mathcal{R\!M}$ f. 100 $\mathcal{R\!M}$), 375 £ $4\frac{1}{2}\%$ Argent. Anleihe v. 1888 zu 670.—
(£ f. 100 £), Pesos 1200.— 4% dsgl. v. 1900 zu 552.— (Pes. f. 100 Pes.),
hfl. 2400.— $2\frac{1}{2}\%$ holländ. Rente zu 242.50 (fl. f. 100 fl.) u. 4000 Kr.
4% Stockholmer Stadtanl. zu 320.— (Kr. f. 100 Kr.); Prov. $\frac{3}{8}\%$,
Court. $2\frac{1}{2}{}^0/_{00}$, sonst. Auslagen Belg. 24.50.

43. Für den Reinertrag aus dem Verkaufe am 20. Jan. von:
Frs. 12500.— 4% Belg.-Congorente v. 1906 (Z. T. 1/6. u. 12.) zu
60.75 (ausschl. Zsn.), 50 Stck. (je 100 Frs.) (unverzinsl.) Congolosen
zu 107.75, 200 £ $4\frac{1}{2}\%$ Budapester Stadtanl. zu 380.— und Frs. 4200.—
3% Schweizer Bundesbahnenanl. zu 476.50 kauft Brüssel lt. Auftrag
10 Stück Aktien des Crédit Anversois (je 500 Frs.) zu 1285.— und
für den Rest Canada Pacific-Aktien (Certifikate, je 100 $) zu 6994.—.

Gesamtabrechnung bei Berücksichtigung von je $\frac{1}{4}$% Prov. und 2, $2\frac{1}{2}$ und $4^0/_{00}$ Court. im Ein- und Verkauf, sowie Belg. 21.70 sonst. Spesen.

44. Antwerpen kaufte am 15. Okt. für ein bei ihm ruhendes Guthaben von Belg. 6100.—:

Frs. 5000.— $2\frac{1}{2}$% Antwerpener Provinzialanl., Z. T. 1/1. u. 7., zu 58.50, Frs. 4500.— 5% dsgl. Stadtanl. v. 1917, Z. T. 1/1. u. 7., zu 76.65, 60 £ 3% Belg. Rente Ser. IV (1 £ = Frs. 25.40), Z. T. 5/2. u. 8., zu 575.— und 6 Stück Aktien der Banque d'Anvers (je 500 Frs.) zu 2560.— mit $\frac{1}{2}$% Prov., 2, $2\frac{1}{2}$ bzw. $4^0/_{00}$ Court. und Belg. 7.20 sonstigen Spesen. Wieviel Belgas hatte sein Auftraggeber zurückzuerhalten oder zuzuzahlen?

Anm. Die Kurse der Anleihen verstehen sich ausschl. Zinsen; über Zinstage vgl. Aufg. 41 Anm.

45. In Prag am 5. Okt. (Kassatag 14. Okt.) mit Rechnungsstempel

a) gekauft: Kč. 9500.— 6% (Staatsanl. (Z. T. 1/1. u. 7.) zu 100.25; Court. $\frac{1}{4}^0/_{00}$ (Mindestsatz!), Auslagen Kč. 2.40,

b) verkauft: Kč. 22000.— $4\frac{1}{2}$% Landesanl. v. 1911 (Z. T. 1/2. u. 8.) zu 89.10; Prov. $1^0/_{00}$, Court. $\frac{1}{4}^0/_{00}$,

c) verkauft: 75 Stck. Türkenlose zu 218.—; Prov. $2^0/_{00}$, Court. $\frac{1}{2}^0/_{00}$, Steuer $1\frac{1}{2}$ facher Satz (75 h), Arrangementgebühr (3 Schlüsse),

d) gekauft: 150 Stck. (je 400 K jug.) Jugosl. Bank-Aktien zu 54.50; Court. $\frac{1}{2}^0/_{00}$, Steuer einfach, Arrangementgeb. $0{,}6^0/_{00}$.

46. Prag verkaufte für 16. Apr. folgende Aktien: 20 Stck. (je 400 K) Dux-Bodenbacher zu $1179\frac{1}{2}$, 10 Stck. (je 1000 fl. K-M.[1])) Ferdin. Nordbhn. zu 5360.— u. 5 Stck. desgl. Genußscheine zu 2480.—. Für den Reinertrag schafft es laut Auftrag an 20 Stck. (je 500 K) Prager Eisenindustrie zu 1510.— 20 Stck. (je 200 fl.) Österr. Alpine Montanges. zu 212.— u. für den Rest Böhm. Unionbank (je 100 fl.) zu 375.—; Spesen je auf Verkauf u. Kauf die übliche Prov., Court., $1\frac{1}{2}$ fache Steuer, den Rechnungsstempel u. dazu Kč. 66.60 f. Arrangementgeb. u. sonst. Auslagen.

47. Um eine Schuld von Pengö 13000.— zu decken, verkauft Budapest: 100 Stck. (je 480 K) Aktien der Österr. Staatsbahnen zu 22.75, 25 Stck. (je 100 Pengö) Aktien der Ungar. Zuckerindustrie zu $206\frac{1}{2}$, 25 Stück (je 200 K) Aktien der Ung.-ital. Bank zu $67\frac{1}{4}$.

Wieviel Aktien der Ungar. Kreditbank (je 50 Pengö) muß es zu 86.75 weiterhin verkaufen und welcher (kleine) Barüberschuß ergibt sich? Prov. $3^0/_{00}$, Court. $2^0/_{00}$, Steuer $4\frac{1}{2}^0/_{00}$, Arrangementgeb. 40 P, Umsatzsteuer 2% (v. Kurswert $\div$ Prov. u. Court.)

---

1) Abkürzung für Konventionsmünze.

48. In Mailand wurden am 15. Aug. folgende Aktien verkauft: 25 Stck. (je 500 £) Banca Commerciale Italiana zu 1081.—, 55 Stck. (je 500 £) Banca d'Italia zu 2323.— und 20 Stck. (je 500 £) Meridionalbahn zu 672.—; Prov. $\frac{1}{4}\%$, Court. $1^0/_{00}$ (vom Kurswerte), Ausl. £ 22.60.

49. Neuyork kaufte am 25. Sept.: $ 6000.— 3% Northern Pacific-Bonds (Z. T. 1. Febr., Mai, Aug., Nov.) zu $70\frac{3}{8}$, $ 4500.— 4% St. Louis and San Francisco Refunding Bonds (Z. T. 1. Jan./Juli) zu $80\frac{1}{4}$, $ 2000.— 7% Rep. of Chile Anl. (Z. T. 1. Mai/Nov.) zu $96\frac{1}{2}$ u. $ 3000.— $5\frac{1}{2}\%$ City of Copenh. Anl. (Z. T. 1. Jan./Juli) zu $90\frac{1}{4}$; Comm. $2^0/_{00}$ (v. Nennwert), sonst. Spesen $ 2.40 (Zinsenberechnung).

50. Neuyork verkaufte am 30. Sept. folgende Shares (je 100 $): 100 Stck. Erie Railroad Preferred-Shares zu $58\frac{1}{4}$, 100 Stck. Canadian Pacific zu $204\frac{5}{8}$, 200 Stck. General Electric zu $148\frac{3}{4}$; Commission u. Transfer (Sätze siehe S. 68).

51. In Neuyork gekauft am 22. Mai: $ 12000.— 7% Deutsche (Dawes-) Anl., Z. T. 15. Apr./Okt., zu 104.75, $ 6000.— $6\frac{1}{2}\%$ Berliner Stadtanl., Z. T. 1. Jan./Juli, zu $96.87\frac{1}{2}$ und $ 5000.— $7\frac{1}{2}\%$ Ungar. Anl., Z. T. 1. April/Okt., zu $101.62\frac{1}{2}$; Prov. $2^0/_{00}$ (vom Nennw.), sonstige Spesen $ 7.60.

52. Neuyork verkauft am 15. Juli: 350 Stck. (je 50 $) Pennsylvania-Shares zu 64.75 mit $\frac{1}{4}\%$ Spesen und kauft dagegen $ 8000.— $7\frac{1}{2}\%$ Leonh. Tietz-Oblig., Z. T. 1. Apr./Okt., zu 106.50 und für den Rest 7% Friedr. Krupp-Obl., Z. T. 15. Juni/Dez. (kleinste Stücke je 100 $) zu 98.25. Wie stellt sich die Abrechnung bei $2^0/_{00}$ Einkaufsprov. und $ 17.50 sonstigen Spesen?

IX. Edelmetallrechnung.

Einführung.

Gold und Silber kommen in der Regel nicht als vollkommen reines (feines) Metall, sondern, damit sie härter und für den Verkehr handlicher werden, mit unedlem Metall, meist Kupfer, vermischt (legiert) in den Handel. Das Gewicht des vermischten Metalls, der Legierung, bezeichnet man als **Rauhgewicht**, das des feinen Metalls als **Feingewicht**. Das Verhältnis des Feingewichts zum Rauhgewicht gibt die Qualität des Goldes oder Silbers an und heißt **Feinheit** oder **Feingehalt**; sie wird stets in einem echten Bruche, und zwar meist in Tausendsteln angegeben. Gold besitzt die Feinheit 925 Tausendteile (Tsdtl., 925/1000 oder $925^0/_{00}$), bedeutet daher, daß in 1000 Gewichtsteilen dieses Goldes 925 ebensolche Gewichtsteile **feinen** Goldes (und also 75 Teile Zusatz) enthalten sind.

Einheit des Edelmetallgewichts (Münzgewichts) ist in den Ländern mit metrischem Gewichtssystem das Kilogramm. In Rußland wird neben dem Kilogramm noch das Pfund (zu 96 Solotnik zu 96 Doli) angewendet. In England und USA werden die Edelmetalle gesetzlich mit dem Troypfund zu 12 ounces (oz.) zu 20 pennyweights (dwts.) zu 24 grains (grs.) gewogen; es ist 1 Troy-lb. = 373,242 g (demnach 1 Troy-oz. = 31,1035 g, 1 dwt. = 1,5552 g, 1 grain = 64,8 mg) und 1 kg = 2,679228 Troy-lbs. Gewöhnlich gibt man hier das Gewicht für Gold nach Unzen und Tausendteilen der Unze, das für Silber nach Unzen und Zehnteln der Unze an. In Ostindien dient als besondere Gewichtseinheit für Gold und Silber die Tola (= 180 grains = 11,6638 g).

A. Gewichts- und Feinheitsberechnungen.

1. Berechnung des Feingewichts.

Aus Rauhgewicht und Feingehalt läßt sich das Feingewicht einer Legierung ermitteln.

a) Die Feinheit wird in Tausendteilen ausgedrückt.
Man bezeichnet die Feinheit oder den Feingehalt im Barrenhandel (jetzt) überall in Tausendteilen, und zwar auch in Ländern wie Rußland und England, in denen früher, entsprechend dem dort benutzten nicht metrischen Gewichtssystem eine andere Darstellungsweise üblich war (vgl. unten β und γ).

Beispiele.

1. Wieviel Feingold enthalten 5,5 kg Gold von der Feinheit 935 (Tsdtl.)?

Entweder:

1000 kg rauh enth. 935 kg fein
5,5 „   „   „   ? „ „

$$\frac{935 \cdot 5,5}{1000} = 5,1425 \text{ kg f. Gold.}$$

Oder:

1000 Teile (Mischg.) wiegen 5,5 kg
935 „   ? „

$$\frac{5,5 \cdot 935}{1000} = 5,1425 \text{ kg f. Gold.}$$

Man rechnet das Feingewicht für Gold bis auf 4 Dezimalen, das für Silber bis auf 3 Dezimalen des Kilogramms aus.

2. Wieviel feines Silber ist in 20,857 kg Silber, 870 Tsdtl. fein, enthalten?

$$x = \frac{20,875 \cdot 870}{1000} = 20,875 \cdot 0,87 = 18,161 \text{ kg f. Silber.}$$

3. Eine Partie Silber wiegt 22 Pud 14 ℔ 40 Sol. und ist 875 Tsdtl. fein; wieviel f. Silber enthält sie?

$$x = \text{Pd. 22. 14. 40} \times 0,875 \ (= 1 \div \tfrac{1}{8})$$
$$\div \tfrac{1}{8}) \quad \underline{\quad „ \quad 2. 31. 77}$$
$$= \text{Pd. 19. 22. 59}$$

Übungsaufgaben. § 71.

1. Wieviel feines Gold ist enthalten:

   a) in 5,039 kg Gold, 865 Tsdtl. f.?   **b)** in 4,75 kg Gold, 925 Tsdtl. f.?

   c) „ 1037,5 g „ 845 „ „   **d)** „ 724,5 g „ 916$\frac{2}{3}$ „ „

2. Ermittle das Feingewicht folgender Silberbarren:

   a) 6,325 kg, 775 Tsdtl. f.   **b)** 2,4755 kg, 905 Tsdtl. f.

   c) 9,375 „ 840 „ „   **d)** 0,945 „ 925 „ „

3. Ein Goldbarren mit Silbergehalt (güldischer Barren) wiegt 6,250 kg und ist in bezug auf Gold 720 Tsdtl., in bezug auf Silber 145 Tsdtl. f.; wieviel f. Gold, f. Silber und Kupfer enthält er somit?

4. Eine goldene Kette wiegt 44,5 g; sie trägt den Stempel 585; wieviel Gramm feines Gold enthält sie?

5. Ein silberner Tafelaufsatz im Gewichte von 2,035 kg ist 800 gestempelt; wieviel feines Silber enthält er?

***6.** Man bestimme das Feingewicht:

   a) für 7 ℔ 18 Sol. 24 Doli Gold, 916$\frac{2}{3}$ Tsdtl. f.;

   b) für 32 Troy-lbs. 9 oz. 15 dwts. 20 grs. Silber, 875 Tsdtl. f.;

   c) für 18,025 Troy-oz. Gold, 669$\frac{2}{3}$ Tsdtl. f. (in oz., dwts. u. grs.).

b) Die Feinheit wird nicht in Tausendteilen, sondern in anderer Weise ausgedrückt.

   α) In Deutschland.

Die frühere Bezeichnungsweise der Feinheit für Gold nach Karat und für Silber nach Lot wird in der Praxis der Edelmetallindustrie auch heute noch vielfach gebraucht, weshalb sie hier kurz erörtert werden soll.

Das Gewicht für Edelmetalle war in Deutschland bis 1857 die Mark[1]), auch Kölnische Mark genannt (1 Mark Kölnisch = 233,8555 g). Da 1 Mark Gold in 24 Karat (zu 12 Grän, also in 288 Grän) und 1 Mark Silber in 16 Lot (zu 18 Grän, also auch in 288 Grän) eingeteilt wurde, drückte man die Feinheit des Goldes in Karat, d. i. in 24steln, und die Feinheit des Silbers in Lot, d. i. in 16teln, aus. Unter 18karätigem Gold verstand man daher solches von der Feinheit $\frac{18}{24}$, unter 14lötigem Silber solches von der Feinheit $\frac{14}{16}$.

Beispiel.

Ein 14karätiger goldener Ring wiegt 8,160 g; wieviel feines Gold enthält er?

$$8,16 \cdot \frac{14}{24} = 8,16 \cdot \frac{7}{12} = 4,760 \text{ g f. Gold.}$$

---

1) Durch den Wiener Münzvertrag v. 24. Jan. 1857 trat an die Stelle der Mark das Münzpfund (zu 500 g) mit selbständiger Einteilung in Tausendteile (also z. B. 3,245 ℔ Gold). Das Gesetz v. 1. Juni 1900 bestimmte als Einheit des Münzgewichts das Kilogramm.

β) In England.

In England bestimmte man die Feinheit des Goldes — entsprechend einer alten Stückelung der Troy-oz. in 24 carats zu 4 grains — nach carats, d.h. nach 24steln, und die des Silbers (da 1 Troy-lb. = 240 dwts. zu 24 grains) nach pennyweights, d. h. nach 240steln, gab aber nicht ohne weiteres den Zähler des Feinheitsbruches an, sondern benannte in der Feinheitsbezeichnung die Abweichung von der Feinheit des zur Ausprägung der Gold- und Silbermünzen benutzten Münz- oder Standardmetalles. Man gab also an, wieviel carats bzw. pennyweights besser (better, B.) oder schlechter (worse, W.) das gegebene Metall war als Standardmetall. Nun ist Standardgold 22 carats (d. h. 22/24) fein, Standardsilber 222 dwts. (d. h. 222/240) fein; lag daher eine Feinheitsangabe für Gold von W. 1 car. 2 grs., für Silber von B. 13 dwts. 8 grs. vor, so hieß das, daß das Gold um $1\frac{1}{2}$ car. schlechter als 22 car., also nur $20\frac{1}{2}$/24 fein, das Silber um $13\frac{1}{3}$ dwts. besser als 222 dwts., also $235\frac{1}{3}$/240 fein war. Die Abweichung von der Standard-Feinheit bezeichnete man als report. — Gegenwärtig ist in England die direkte Feinheitsangabe in Tausendteilen (und Dritteln derselben), insbesondere für Gold, allgemein üblich.

Beispiele.

1. Wieviel Unzen feines Gold sind in 88,425 oz., report B. 1 car. 1 gr., enthalten?

$$x = 88{,}425 \cdot \frac{23\frac{1}{4}}{24} \, (\text{d. i. } 1 \div \tfrac{\frac{3}{4}}{24} = 1 \div \tfrac{1}{32})$$

$$\div \tfrac{1}{32}) \quad \underline{2{,}763}$$

$$= 85{,}662 \text{ oz. f. Gold.}$$

2. Wieviel kg feines Silber sind in 715,5 oz. Silber, report W. 6 dwts., enthalten? (Lösung am einfachsten durch Kettensatz)

$$\begin{array}{rll}
x \text{ kg f. S.} & = 715{,}5 \text{ oz.} & r. \\
240 & = 216 & \text{„ \quad f.} \\
1 & = 31{,}1035 \text{ g} & f. \\
1000 & = \quad 1 \text{ kg} & f.
\end{array}$$

$$x = \frac{715{,}5 \cdot 216 \cdot 31{,}1035}{240 \cdot 1000} = 20{,}029 \text{ kg f. S.}$$

Anm. Silber rep. W 6 dwts. ist $\frac{216}{240}$ fein. — Gleichwertig sind also 240 oz. rauhes (schlechteres) Silber und 216 oz. feines (besseres) Silber.

γ) In Rußland.

In Rußland gab man die Feinheit („Probe") in 96steln an (weil 1 Sol. = 96 Doli); Gold oder Silber „von der Probe 88" war also solches von der Feinheit 88/96 (oder $916\frac{2}{3}$ Tausendteilen).

Beispiel.

Ein Silberbarren von der Probe 64 wog Pd. 3. 16. 24; wieviel feines Silber enthielt er?

$$x = \text{Pd. 3. 16. 24} \times \tfrac{64}{96} \, (= \tfrac{2}{3})$$

$$\div \tfrac{1}{3}) \quad \underline{\text{„ \quad 1. \ 5. 40}}$$

$$= \text{Pd. 2. 10. 80 feines Silber.}$$

Übungsaufgaben (§ 71). (Fortsetzung.)

***7.** Wieviel feines Gold enthalten: a) ein 6,450 g schwerer Ring aus 14 karätigem, und b) eine 42,365 g schwere Kette aus 16½ karätigem Golde?

***8.** Berechne das Feingewicht a) eines 712 g schweren Pokals aus 12 lötigem, und b) einer 322,5 g schweren Kanne aus 10⅔ lötigem Silber.

***9.** Berechne das Feingewicht (in Unzen) folgender Barren:

   a) 109,725 oz. Gold, report W. 2 car.

   b) 37,550 „   „   „   B. 1 car. 2 grs.

   c) 15,6   „ Silber, „   B. 6 dwts.

   d) 461,25   „   „   „   W. 8 dwts. 8 grs.

***10.** Wieviel feines Silber enthält ein 13 Pd. 10 ℔ 10 Lot 2 Sol. schwerer Barren von der Probe 83⅓?

***11.** Wieviel kg feines Gold sind in 405,250 oz. Standardgold enthalten? (Kette!)

2. Berechnung des Rauhgewichts.

a) Gegeben ist das Feingewicht.

Beispiel.

  a) Wieviel kg Gold, 850 Tsdtl. fein, lassen sich durch Zusatz von Kupfer aus 4,225 kg feinem Golde herstellen? **b)** Wieviel Kupfer muß man zusetzen?

  Gesucht wird die 1000 teilige Mischung, in der 850 Teile = 4,225 kg f. Gold enthalten sind. Also:

a) 850 Teile = 4,225 kg   **b)** 4,971 kg ÷ 4,225 kg = 0,746 kg Kupfer.

   1000   „   =   ?   „   oder:

$$\frac{4,225 \cdot 1000}{850} = 4,971 \text{ kg} \qquad \frac{4,225 \cdot 150}{850} = 0,476 \text{ kg Kupfer.}$$

b) Gegeben ist ein anderes Rauhgewicht.

Beispiele.

1. Ein Goldschmied will aus 1,265 kg deutschem Münzgolde (900 fein) Gold von 585 Tsdtl. fein herstellen; wieviel erhält er?

  Beachte: Abnahme der Feinheit (durch Zusatz von Kupfer) hat Zunahme des Rauhgewichts zur Folge.

Daraus ergibt sich: $x = \dfrac{1,265 \cdot 900}{585} = 1,946 \text{ kg}$

Entwicklung: Bei 900 Tsdtl. f. 1,265 rauh,

               „   1   „   „ 900 mal so viel rauh,

               „ 585   „   „ den 585. Teil.

2. Aus 480 g Gold, 750 Tsdtl. fein, soll 8 karätiges Gold hergestellt werden.

  8 karätiges Gold = 333⅓ Tsdtl. f., daher: $x = \dfrac{480 \cdot 750}{333\frac{1}{3}} = 1080 \text{ g.}$

3. Wieviel Unzen Standardgold ergeben 2,475 kg Gold von der Feinheit 850?

$$x \text{ oz. St.-G.} = 2475\,g\ \text{r.}$$
$$373{,}242 = 12\ \text{oz.}\ \text{r.}$$
$$1000 = 850\ \text{oz.}\ \text{f.}$$
$$22 = 24\ \text{oz.}\ \text{Stand.}$$

$$x = \frac{2475 \cdot 12 \cdot 850 \cdot 24}{373{,}242 \cdot 1000 \cdot 22} = 73{,}786\ \text{oz.}\ \text{St.-Gold.}$$

Anm. Da Standardgold $= 916\tfrac{2}{3}$ Tsdtl. f. ist, hätte man die beiden letzten Zeilen des Kettensatzes auch zu der einzigen zusammenfassen können: $916\tfrac{2}{3}$ oz. des gegebenen Goldes $= 850$ oz. Standardgold.

Übungsaufgaben. § 72.

1. Wieviel Gold zu 725 Tsdtl. fein läßt sich **a)** aus 18,712 kg Feingold, **b)** aus 877,5 g Feingold herstellen?

2. a) Wieviel deutsches Münzgold (900 Tsdtl. f.) kann man aus 6,3845 kg Feingold, **b)** wieviel Münzsilber (500 Tsdtl. f.) aus 28,85 kg Feinsilber herstellen?

3. Ein Goldschmied will aus 3,225 kg f. Silber solches von der Feinheit 625 Tsdtl. herstellen; wieviel Kupfer muß er zusetzen?

4. Ein Barren Silber im Gewichte von 24,375 kg besitzt die Feinheit 925 Tsdtl.; wieviel Silber, 750 Tsdtl. f., erhält man daraus?

5. Ein Goldschmied stellt aus 872,5 g Münzgold (900 f.) 8 karätiges Gold her. **a)** Wieviel erhält er? **b)** Wieviel Kupfer muß er zusetzen?

6. Goldschmied A. braucht 2,4 kg Gold von der Feinheit 750 Tsdtl.; er besitzt feines Gold und Gold von 600 Tsdtl. f. Wieviel muß er von jeder der beiden Sorten nehmen?

7. Um 6,750 kg Silber von der Feinheit 800 herzustellen, schmilzt man feines Silber und Kupfer zusammen. Wieviel muß man von beiden Metallen nehmen?

***8.** Wieviel Standardgold ergeben:
a) 305,825 oz. Feingold, **b)** 69 oz. 13 dwts. 8 grs. Feingold?

***9.** Wieviel Standardsilber erhält man **a)** aus 3024,5 oz. f. Silber, **b)** aus Troy-lbs. 12. 4. 15. 10 f. Silber?

***10.** Man besitzt 2 Pd. 20 ℔ 5 Lot 1 Sol. f. Silber; wieviel erhält man daraus Silber von der Feinheit **a)** $833\tfrac{1}{3}$ Tsdtl., **b)** 925 Tsdtl., **c)** von der Probe 84?

***11.** Wieviel Standardgold läßt sich gewinnen aus:
a) 416,9 oz. Gold, $854\tfrac{1}{3}$ Tsdtl. fein?
b) Troy-lbs. 16. 5. 16. 18 Gold, $966\tfrac{2}{3}$ Tsdtl. fein?

***12.** Aus London wurden bezogen:
a) 817,425 oz. Gold von der Feinheit 975 Tsdtl.,
b) Troy-lbs. 15. 2. 14. 12 Gold, 875 Tsdtl. fein.
Wieviel kg Gold, 950 Tsdtl. fein, ergab das in beiden Fällen? (Kette!)

3. Berechnung der Feinheit.

Die Feinheit einer Legierung kann ausgedrückt werden durch einen gewöhnlichen Bruch mit dem Feingewichte als Zähler und dem Rauhgewichte als Nenner. Um auf Tausendteile zu kommen, verwandelt man diesen Bruch in einen Dezimalbruch mit 3 Dezimalen.

Beispiele.

1. Wie fein — in gewöhnlichem Bruche und in Tausendteilen ausgedrückt — ist ein Silberbarren, der 3,375 kg wiegt und 2,625 kg Feinsilber enthält?

$$\text{Feinheit} = \frac{2,625}{3,375} = \frac{7}{9} = 777\tfrac{7}{9} \text{ Tsdtl.}$$

2. Man setzte a) in London zu Troy-oz. 5. 15. 12 Feingold $9\tfrac{1}{2}$ dwts. Kupfer, b) in Petersburg zu 15 ℔ 25 Lot 2 Sol. Feinsilber 3 ℔ 15 Lot Kupfer hinzu; wie fein (in Tsdtln.) wurden die Metalle?

Man berechnet das Rauhmetall (= Feinmetall + Kupfer) und drückt die Gewichte in grains bzw. Sol. aus, dann erhält man bei

$$\text{a)} \; = \frac{2772}{3000} = 924 \text{ Tsdtl.}, \qquad \text{b)} \; = \frac{1517}{1850} = 820 \text{ Tsdtl.}$$

3. Wie fein (in Tsdtln.) ist a) 14 karätiges Gold in Deutschland, b) Gold von der (alten) russischen Probe $86\tfrac{2}{5}$, c) Silber vom engl. report B. 6 dwts.?

$$\text{a)} \; = \frac{14}{24} = 583\tfrac{1}{3} \text{ Tsdtl.}, \qquad \text{b)} \; = \frac{86\tfrac{2}{5}}{96} = \frac{432}{480} = 900 \text{ Tsdtl.},$$

$$\text{c)} \; = \frac{222 + 6}{240} = \frac{228}{240} = 950 \text{ Tsdtl.}$$

Übungsaufgaben. § 73.

1. Wie fein (in gewöhnlichen Brüchen und in Tausendteilen) sind
   a) Gold, 1,725 kg schwer und 1,150 kg f. Gold enthaltend,
   b) Silber 17,340 kg wiegend und 14,739 kg f. Silber enthaltend?

2. Welche Feinheit in Tsdtln. ergibt sich, wenn 3,375 kg Feingold mit 135g Kupfer vermischt werden?

3. Man setzte zu 875 g f. Gold 375 g Kupfer; welche Feinheit in Tsdtln. ergab sich?

4. Ein Goldbarren mit Silbergehalt (güldischer Barren) von 1,325 kg Gewicht enthält 848 g f. Gold und 198,75 g f. Silber; wie fein ist er in bezug auf jedes der beiden Metalle?

5. Ein güldischer Barren setzt sich aus 2,52 kg f. Gold, 3,6 kg f. Silber und 1,08 kg Kupfer zusammen; wie fein ist er in bezug auf Gold und Silber?

6. Wie fein (in Tsdtln.) ist a) engl. Standardgold, b) Standardsilber?

7. Ein Goldschmied schmilzt zu gleichen Teilen Gold von 712 Tsdtln., 960 Tsdtln. und 878 Tsdtln. Feinheit zusammen; wie fein wird das Mischmetall?

8. Man bringt je 500 g feines Gold, Gold von 830 Tsdtln. f., Gold von 750 Tsdtln. f. und Kupfer zusammen; wie fein wird die Mischung?

9. Es werden zusammengeschmolzen: 450 g Silber, 840 Tsdtl. f., 640 g Silber, 750 Tsdtl. f. und 260 g Silber, 960 Tsdtl. f.; wie fein wird die Mischung?

*10. Ein Silberbarren wiegt Troy-lbs. 6.8.10 und enthält Troy-lbs. 2.6.3$\frac{3}{4}$ Kupfer, wie fein (in Tsdtl.) ist er?

*11. Wie fein (in Tsdtl.) ist ein Silberbarren von 1 ℔ 20 Sol. 64 Doli Gewicht, wenn er 1 ℔ 14 Sol. 24 Doli feines Silber enthält?

*12. Wie fein (in Tsdtl.) ist a) 18 karät. Gold, b) 14$\frac{2}{3}$ löt. Silber, c) 16 löt. Silber, d) 21$\frac{3}{4}$ karät. Gold, e) 24 karät. Gold?

*13. Wie fein ist Gold von der Feinheit 875 Tsdtl. a) nach (alter) russischer Probe, b) nach englischer Angabe (rep. W. in car. und grs.)?

*14. Wie fein ist Silber von der Feinheit 972$\frac{2}{9}$ Tsdtl. a) nach (alter) russischer Probe, b) nach englischer Angabe (rep. B. in dwts. und grs.)?

B. Wertberechnungen.

1. Wertberechnung der Edelmetalle im Handel.

Der Preis für Gold und Silber versteht sich in den meisten Ländern für die Gewichtseinheit feinen Metalls. Nur in wenigen Fällen bezieht er sich auf Münzmetall (Silbernotierung in England). Gehandelt werden die Edelmetalle am offenen Markte, an der Börse. Daneben kaufen die privilegierten Hauptbanken der einzelnen Länder Gold zu festen Bedingungen. Demnach unterscheidet man den nach Angebot und Nachfrage veränderlichen Markt- oder Börsenpreis und den festen Bankpreis, den die Hauptbank des Landes für das ihr eingelieferte Gold zahlt. Der Bankpreis ergibt sich, wenn man von dem Ausmünzungssatze (Münzfuße; vgl. S. 87) die Prägekosten abzieht.

a) Preisnotierungen und Usanzen im Edelmetallhandel.

Deutschland:

An der Berliner Börse wird Gold nicht notiert; wohl aber findet in Pforzheim eine Notierung statt: 1 g Feingold etwa ℛℳ 2.80. (Industriegold.) Bankpreis: 2784 ℛℳ für 1 kg feines Gold.

Die Reichsbank kauft Goldbarren, soweit sie mindestens 2,5 kg Rauhgewicht und einen Feingehalt von wenigstens 900 Tsdtln. haben. Der Preis 2784 ℛℳ ergibt sich aus dem Münzfuße 2790 ℛℳ ÷ 6 ℛℳ Prägekosten. Die Feinheit muß durch Probierschein über eine Doppelprobe nachgewiesen werden, andernfalls ist eine Probiergebühr von 3 $\mathcal{RM}$ je Barren zu zahlen. Das Feingewicht ist bis auf 4 Dezimalen genau anzugeben.

Silber wird in Berlin und Hamburg notiert; der Preis (etwa 80) versteht sich in $\mathcal{RM}$ für 1 kg fein.

Amsterdam:

Börsenpreis für Gold: etwa 1650 fl. für 1 kg f.; keine Notierung für Silber.

Bankpreis (Ankaufspreis der Niederl. Bank): 1648 fl. für 1 kg fein. Die Barren müssen mindestens 898 Tsdtl. f. sein und dürfen in der Regel nicht über 12 kg wiegen. Probiergebühr: für Barren bis 6 kg 2 fl., über 6 kg 4 fl. Verkaufspreis veränderlich.

London:

Börsenpreis für Gold: etwa 84/10 für 1 oz. feines Gold. (Früher: etwa 77/10 für 1 oz. Standardgold).

Für Silber: etwa 27 d für 1 oz. Standard- (Münz-) Silber ($=\frac{222}{240}$ $=\frac{37}{40}=$ 925 Tsdtl. f.).

London ist der Haupthandelsplatz für Gold und Silber; die dortigen Preise (bes. der für Silber) sind für ganz Europa maßgebend. Die Gewichte der Goldbarren sind bis auf tausendstel Onzen, die der Silberbarren auf hundertstel Onzen (u. zwar jene auf 0,025 oz., diese auf 0,25 oz. nach unten abgerundet) anzugeben.

Bankpreis (Ankaufspreis der Bank of England): 77/9 d für 1 oz. Standardgold.

Das Gold muß mindestens 833 Tsdtl. f. sein; die Barren sollen ein Gewicht von etwa 400 oz. haben (evtl. Umschmelzungskosten $\frac{1}{4}$ d je oz.). Probiergebühr 4/6 d je Barren. Das Goldgewicht ist auf 25 Tausendstel der Onze nach unten abzurunden; statt 408,789 oz. werden z. B. nur 408,775 oz. berechnet. Das Standardgewicht dagegen ist genau (3 Dezim.) anzugeben.

Neuyork:

Börsenpreis für Gold: Es wird kein bestimmter Preis, sondern das Aufgeld (premium, agio) — z. Zt. etwa $1\frac{7}{8}\,^0/_{00}$ — auf den festen Preis von 800 $ für 43 oz. Münzgold (900 Tsdtl. f.) oder von 20,671 83 $ für 1 oz. Feingold notiert.

Für Silber: etwa 60 cs. für 1 oz. fein.

Bankpreis: Die Nationalbanken kaufen Gold nach bestimmten, aber von Zeit zu Zeit wechselnden Tarifsätzen.

Die Münzämter übernehmen Gold zur Ausprägung zum Preise von 20,67183 $ für 1 oz. Feingold und berechnen keine Prägegebühr.

Paris:[1]

Börsenpreis für Gold: etwa $2\,^0/_{00}$ prime (Aufschlag) auf den festen Preis 3437 Goldfrs. für 1 kg fein (ein Preisabschlag heißt perte).

---

1) Die Angaben über Paris haben z. Zt. nur geschichtlichen Wert.

Für Silber: etwa 106 Goldfrs. für 1 kg fein.

Bankpreis (Ankaufspreis der Banque de France) 3437 Frs. für 1 kg f. Gold (d. i. Münzfuß $3444\frac{4}{9}$ Frs. $\div\ 7\frac{4}{9}$ Frs. Prägekosten).

Die Barren sollen mindestens 6 kg wiegen und wenigstens 996 Tsdtl. f. sein; sie müssen durch Probe und Gegenprobe geprüft sein; andernfalls ist eine Gebühr von 0,15 %₀₀ für die Probe und von 1 Fr. je Barren für die Gegenprobe zu zahlen.

Bedeutender Silbermarkt ist noch Bombay: Notierung in Rupien für 100 Tola Silber zu 998 Tsdtl. f. (Eine Vergütung für bessere Feinheit findet nicht statt.) Einfuhrzoll für Silber 5 %.

b) Beispiele.

1. Verkauft an die Reichsbank in Berlin: 2 Barren Gold = 7,625 kg, 915 Tsdtl. f., zum Bankpreise; Probiergebühr 3 $\mathcal{RM}$ je Barren.

$$7{,}625\ \text{kg zu } 915\ \text{Tsdtl. f.} = 6{,}9769\ \text{kg f. zu } 2784\ \mathcal{RM} = \mathcal{RM}\ 19\,423.69$$
$$\div\ \text{Probiergebühr} \quad ,, \qquad 6.—$$
$$\overline{\qquad\qquad\qquad\qquad\qquad \mathcal{RM}\ 19\,417.69}$$

2. In Paris (1914) an der Börse verkauft: 2 Barren Gold = 19,220 kg, 880 mill. f., zu $1\frac{1}{2}$ %₀₀ prime mit $\frac{1}{8}$% Maklergebühr.

$$19{,}220\ \text{kg, } 880\ \text{mill. f.} = 16{,}9136\ \text{kg f. zu } 3437\ \text{Frs.} = \text{Frs.}\ 58\,132.04.$$
$$+\ 1\tfrac{1}{2}\ \%₀₀\ \text{prime} \quad ,, \qquad 87.20$$
$$\overline{\qquad\qquad\qquad\qquad\qquad \text{Frs.}\ 58\,219.24}$$
$$\div\ \tfrac{1}{8}\%\ \text{Maklergeb.} \quad ,, \qquad 72.77$$
$$\overline{\qquad\qquad\qquad\qquad\qquad \text{Frs.}\ 58\,146.47}$$

3. Börsenkauf in London: 2109,5 oz. Silber, 950 Tsdtl. f., zu $29\frac{15}{16}$ mit $\frac{1}{16}$% Maklergeb. und $\frac{1}{8}$% Provision.

$$2109{,}5\ \text{oz. Silber, } 0{,}950\ \text{f.} = 2109{,}5 \times \tfrac{950}{925}\ (= 1\tfrac{1}{37})$$
$$= 2166{,}5\ \text{oz. S and. zu } 29\tfrac{15}{16}\ \text{d} = £\ 270.\quad 5.—$$
$$+ \begin{cases} \text{Maklergeb. } \tfrac{1}{16}\% & £\ \text{—.3. } 5 \\ \text{Provision } \tfrac{1}{8}\% & ,,\ \text{—.6. } 9 \end{cases} ,,\ \text{—. 10. 2}$$
$$\overline{\qquad\qquad\qquad\qquad\qquad £\ 270.\ 15.\ 2}$$

4. Verkauf an die Bank von England: 2 Barren Gold, zus. = 797,525 oz., $983\frac{1}{3}$ Tsdtl. f., zum Bankpreise; Probiergebühr 4/6 d je Barren.

$$797{,}525\ \text{oz. zu } 983\tfrac{1}{3}\ \text{Tsdtl. f.} = \frac{797{,}525 \cdot 983\tfrac{1}{3}}{916\tfrac{2}{3}}\ \text{oz.}$$
$$= 855{,}527\ \text{oz. Standard zu } 77/9\ \text{d} = £\ 3325.\ 17.\ 3$$
$$\div\ \text{Probiergebühr} \quad ,, \qquad \text{—. 9. —}$$
$$\overline{\qquad\qquad\qquad\qquad\qquad £\ 3325.\ 8.\ 3}$$

5. In Neuyork an der Börse gekauft: 422,550 oz. Gold, 940 Tsdtl. f. mit $1\frac{1}{2}\,^0/_{00}$ Aufgeld und $1\,^0/_{00}$ Maklergebühr.

$$422{,}55 \text{ oz. zu } 940 \text{ Tsdtl. f.} = \frac{422{,}55 \cdot 94}{90} = 441{,}33 \text{ oz. zu } 900 \text{ Tsdtl. f.}$$

$$
\begin{aligned}
\text{zu \$ 800.— für 43 oz.} &= \$\ 8210.79 \\
+\ 1\tfrac{1}{2}\,^0/_{00}\ \text{Aufgeld} &\quad \text{„}\quad 12.32 \\
\hline
&\ \$\ 8223.11 \\
+\ 1\,^0/_{00}\ \text{Maklergeb.} &\quad \text{„}\quad\ \ 8.22 \\
\hline
&\ \$\ 8231.33
\end{aligned}
$$

Übungsaufgaben. § 74.

1. Wieviel $\mathscr{R}\!\mathscr{M}$ kosten:

   a) 3,6245 kg Feingold zum deutschen Bankpreise,

   b) 13,725 kg Feinsilber zu $\mathscr{R}\!\mathscr{M}$ 89.50 für 1 kg f.?

2. Wie stellt sich der Preis für:

   a) 2,875 kg Gold, $916\frac{2}{3}$ Tsdtl. f., zu 2805 $\mathscr{R}\!\mathscr{M}$ für 1 kg f.,

   b) 9,325 kg Silber, 855 Tsdtl. f., zu $\mathscr{R}\!\mathscr{M}$ 89.50 für 1 kg f.?

3. Verkauf an die Reichsbankhauptstelle in München: 2 Barren Gold, Nr. I. 3,265 kg, 960 Tsdtl. f., Nr. II. 2,750 kg, 910 Tsdtl. f. (ohne Probiergebühr; das Feingold auf 4 Dezim.); Preis 2784 $\mathscr{R}\!\mathscr{M}$.

4. Börsenkauf in Hamburg: 3 Barren Silber $= 51{,}248$ kg, 880 Tsdtl. f., zu $\mathscr{R}\!\mathscr{M}$ 91.50 für 1 kg f.; Maklergeb. $\frac{1}{2}\,^0/_{00}$. (Feinsilber auf 3 Dezim.).

5. Verkauf an die Reichshauptbank: 2 Barren Gold, zusammen $= 6{,}184$ kg, 925 Tsdtl. f.; Probiergebühr.

6. Kauf in Hamburg: 2 Barren Silber, zusammen 28,565 kg, schwer und 985 Tsdtl. f., zu $\mathscr{R}\!\mathscr{M}$ 89.25 für 1 kg f.; Maklergeb. $\frac{1}{2}\,^0/_{00}$, Prov. $\frac{1}{8}\,\%$.

7. Verkauf eines güldischen Barrens: 7,375 kg schwer, in bezug auf Gold 840 Tsdtl. f., in bezug auf Silber 115 Tsdtl. f.; Goldpreis 2820 $\mathscr{R}\!\mathscr{M}$, Silberpreis $\mathscr{R}\!\mathscr{M}$ 89.50.

8. Ein Silberbarren mit Goldgehalt wog 9,375 kg und war in bezug auf Silber 985 Tsdtl. fein, in bezug auf Gold 14 Tsdtl. fein. Wie groß war sein Wert bei $\mathscr{R}\!\mathscr{M}$ 91.50 für 1 kg f. Silber und 2794 $\mathscr{R}\!\mathscr{M}$ für 1 kg f. Gold?

9. Dem Münzamte in Berlin wurden zur Umprägung in Zwanzigmarkstücke 18,6 kg Gold, 920 Tsdtl. f. übergeben. Wieviel erhielt man in neuen Goldstücken und in Kleingeld zurück, wenn je 2790 $\mathscr{R}\!\mathscr{M}$ aus 1 kg f. Gold geprägt werden, die Prägekosten $\mathscr{R}\!\mathscr{M}$ 6.— für 1 kg f. betrugen und an Probiergebühren 9 $\mathscr{R}\!\mathscr{M}$ abgezogen wurden?

Anl. Für 1 kg f. Gold erhielt man $2790 \div 6 = 2784$ $\mathscr{R}\!\mathscr{M}$, also 139,2 Zwanzigmarkstücke usw. Den Rest in Kleingeld vermindere man um 9 $\mathscr{R}\!\mathscr{M}$ Probiergebühr.

***10.** Wieviel kosten in Amsterdam 3,2855 kg Gold, 920 Tsdtl. f., zu fl. 1649.50 für 1 kg f.,

***11.** Amsterdam. Verkauf an die Niederl. Bank: 2 Barren Gold, Nr. 1 = 6,024 kg, 915 Tsdtl. f., Nr. 2 = 6,985 kg, 950 Tsdtl. f.; Probiergebühr fl. 4 je Barren.

***12.** Kauf in Genf: 5,040 kg Gold. 950 Tsdtl. f., mit $\frac{1}{8}\%$ Aufschlag (prime) auf den festen Preis Frs. 3093.30 für 1 kg zu 900 Tsdtl. f.; Spesen $\frac{1}{4}\%$.

***13.** Gekauft an der Pariser Börse (alte Usanz): 11,725 kg Gold, 820 Tsdtl. f., mit $1\frac{3}{4}\%_{00}$ prime; Prov. $\frac{1}{4}\%$, Maklergeb. $\frac{1}{8}\%$.

***14.** Paris. Verkauf an die Banque de France: 2 Barren Gold, Nr. 1 = 6,123 kg f. Gold, Nr. 2 = 7,085 kg, 996 Tsdtl. f.; Probiergebühr für Probe und Gegenprobe s. S. 80.

***15.** London. Kauf an der Börse: 1047,5 oz. Silber, 910 Tsdtl. f., und 1082,25 oz. Silber, $986\frac{2}{3}$ Tsdtl. f., zu $29\frac{3}{4}$ d für 1 oz. Standard; Maklergebühr $1\,\%_{00}$. (Standardsilber auf 2 Dezim. genau.)

***16.** London. Die Bank of England verkauft 403,5 oz. Gold, 925 Tsdtl. fein zu $77/10\frac{1}{2}$ für 1 oz. Standardgold. (Standardgold auf 3 Dezim. genau.)

***17.** London. Verkauf an die Bank of England: 800,550 oz. Gold, $933\frac{1}{3}$ Tsdtl. fein; Umschmelzungskosten $\frac{1}{4}$ d je oz.

***18.** London. Kauf an der Börse: 3 Barren Gold, Nr. 1 = 203,750 oz., $908\frac{1}{3}$ Tsdtl. f., Nr. 2 = 204,125 oz., $883\frac{1}{3}$ Tsdtl. f., Nr. 3 = 400 oz., 912 Tsdtl. f. zu $84/9\frac{7}{16}$ d für 1 oz. fein; Maklergeb. $1\%_{00}$.

***19.** Neuyork. Verkauf an der Börse: 402,325 oz. engl. Standardgold zu $1\frac{1}{4}\%_{00}$ Aufgeld; $\frac{1}{8}\%$ Maklergebühr.

***20.** Neuyork. Verkauf an der Börse: 77,735 oz. Gold, $912\frac{1}{2}$ Tsdtl. f., mit $\frac{3}{8}\%_{00}$ Prämie; Maklergeb. $1\%_{00}$.

***21.** Bombay. Verkauf von Silber, und zwar 684,4 Tolas, 999 Tsdtl. f. und 880 Tolas, 960 Tsdtl. f., zu $71\frac{1}{2}$ (Rp. für 100 Tolas 998 Tsdtl. feines Silber). Maklergeb. $\frac{1}{16}\%$, sonst. Spesen Rp. 6. 12. 4.

Anm. Das Gewicht des ersten Postens ist unverändert zu lassen, das des zweiten bis auf 1 Dezim. umzurechnen.

2. Umrechnung der Preise für Gold und Silber.

Häufig hat man die an den einzelnen Börsenplätzen notierten Preise miteinander zu vergleichen, also durch Rechnung einen Preis in den anderen überzuführen; inbesondere machen sich oft Umrechnungen der überaus wichtigen Londoner Preise nötig. Zur Lösung derartiger Aufgaben wendet man am besten den Kettensatz an.

Beispiele.

1. Welcher deutsche Goldpreis (in $\mathcal{RM}$ für 1 kg f.) entspricht **a)** der Pariser Notierung $2\,^0/_{00}$ prime, **b)** dem Londoner Bankpreise (77/9 d für 1 oz. Stand.)? (100 Goldfrs. $= 81\ \mathcal{RM}$; $1\ \pounds = 20.43\ \mathcal{RM}$.)

a) $\text{x}\ \mathcal{RM} = 1000$ g f. Gold
$\quad 1000 = 3437$ Frs. (fest)
$\quad 1000 = 1002\ ,,\ $ mit prime
$\quad\ \ 100 = 81\ \mathcal{RM}$

$$\text{x} = 34,37 \cdot 81 = \mathcal{RM}\ 2783.97$$
$$+ 2\,^0/_{00}\ ,,\qquad 5.57$$
$$= \mathcal{RM}\ 2789.54$$

b) $\text{x}\ \mathcal{RM} = 1000$ g f. Silber
$\quad 31,1035 = 1$ oz. f.
$\quad\qquad 11 = 12$ oz. Stand.-G.
$\quad\qquad\ \ 1 = 77\tfrac{3}{4}$ s
$\quad\qquad 20 = 20,43\ \mathcal{RM}$

$$\text{x} = \frac{12 \cdot 7775 \cdot 20,43}{31,1035 \cdot 11 \cdot 2} = 2785.60\ \mathcal{RM}$$

2. Welcher deutsche Silberpreis ($\mathcal{RM}$ für 1 kg f.) entspricht **a)** dem Neuyorker Preise 66? ($1\$ = \mathcal{RM}\ 4.20$), **b)** dem Londoner Preise $30\tfrac{1}{16}$? ($1\ \pounds = \mathcal{RM}\ 20.40$.)

a) $\text{x}\ \mathcal{RM} = 1000$ g f. Silber
$\quad 31,1035 = 1$ oz. f.
$\quad\qquad\ \ 1 = 66$ cs.
$\quad\qquad 100 = 4,20\ \mathcal{RM}$

$$\text{x} = 89.13\ \mathcal{RM}$$

b) $\text{x}\ \mathcal{RM} = 1000$ g f. Silber
$\quad 31,1035 = 1$ oz. f. Silber
$\quad\qquad 925 = 1000$ oz. Stand.-S.
$\quad\qquad\ \ 1 = 30\tfrac{1}{16}$ d
$\quad\qquad 240 = 20,40\ \mathcal{RM}$

$$\text{x} = 88.81\ \mathcal{RM}$$

Anm. Wegen der besonderen Wichtigkeit des englischen Silberpreises wird dem praktischen Rechner eine schnellere Ermittlung des entsprechenden deutschen Preises erwünscht sein. Um die jedesmalige, etwas weitläufige Aufstellung der Kette (vgl. 2b) zu vermeiden, beachte man, daß darin gewisse Zahlen (nämlich alle, mit Ausnahme der beiden letzten rechts) unveränderlich wiederkehren. Rechnet man daher die Kette nur in bezug auf diese Größen aus (also oben: 1000 durch $31,1035 \cdot 222$), so erhält man eine **feste (fixe)** Zahl, nämlich 0,14482, die man dann nur mit dem Londoner Silberpreise und dem jeweiligen Geldumrechnungswerte zu multiplizieren hat, um sofort den deutschen Silberpreis zu erhalten (also oben $= 0,144823$ $30\tfrac{1}{16} \cdot 20,4 = 88.82$). Da übrigens der Wert für $1\ \pounds$ nicht wesentlich von $\mathcal{RM}\ 20.40$ abweicht, so kann man auch diese letztere Größe in die Berechnung der festen Zahl mit einbeziehen (über eine nachträgliche Korrektur vgl. unten). Die so sich ergebende neue feste Zahl, nämlich 2,9544, braucht man dann nur noch mit dem Londoner Silberpreise zu multiplizieren (also oben: $2,9544 \cdot 30\tfrac{1}{16} = 88,82$). Da endlich die Zahl 2,9544 gleich ca. $3 \div 0,045$, d. h. $3 \div 1\tfrac{1}{2}\%$ von 3 ist, so ergibt sich für die schnelle Umrechnung die kurze Regel: Man vermindere den dreifachen Silberpreis um $1\tfrac{1}{2}\%$ (also oben $= 3 \cdot 30\tfrac{1}{16} \div 1\tfrac{1}{2}\%$ davon $= 90,187 \div 1,353 = 88.83$). Weicht der Geldumrechnungswert von $\mathcal{RM}\ 20.40$ ab, so ist für jeden Pfennig mehr oder weniger nur $\tfrac{1}{2}\,^0/_{00}$ des gefundenen Wertes zu addieren bzw. zu subtrahieren (weil 1 $\mathcal{Rpf}$ von $\mathcal{RM}\ 20.40$ ca. $\tfrac{1}{2}\,^0/_{00}$ ist). Es entspricht z. B. dem Preise $27\tfrac{1}{4}$ bei einem Geldwerte von $\mathcal{RM}\ 20.44$ für $1\ \pounds$ ein deutscher Preis von 81,75 $\div (1\tfrac{1}{2}\%)$ 1,23 d. i. 80,52, dazu $(2\,^0/_{00})$ 0,16 $= \mathcal{RM}\ 80.68$ (genau $\mathcal{RM}\ 80.66$).

Übungsaufgaben. § 75.

1. London notiert Gold mit 84/11 (für 1 Troy-oz. Feingold); welcher deutsche Goldpreis (in $\mathcal{RM}$ für 1 kg f.) ergibt sich daraus? (1 oz. = 31,1035 g, 1 £ = $\mathcal{RM}$ 20.43.)

2. Am 26. Mai 1926 notierte Berlin Silber mit 89 ($\mathcal{RM}$ für 1 kg f.) London mit $29\frac{15}{16}$ (d für 1 oz. Standard-S.). Wo war das Silber an diesem Tage billiger? (1 oz. = 31,1035 g, 1 £ = $\mathcal{RM}$ 20.44.)

***3.** In Neuyork ist Gold mit $\frac{3}{4}°/_{00}$ Prämie notiert; welcher deutsche Preis ergibt sich daraus? 1 $ = $\mathcal{RM}$ 4.19$\frac{1}{2}$.

***4.** Hamburg notiert Silber zu $\mathcal{RM}$ 90.20 (für 1 kg f.); welchen Preis **a)** in Paris, **b)** in London (32stel Pence), **c)** in New York (1 Dezim.) gibt das? 100 $\mathcal{RM}$ = 623.50 Frs., 1 £ = $\mathcal{RM}$ 20.42 und 100 $\mathcal{RM}$ = 23,825 $.

***5.** Welcher Londoner Goldnotierung entspricht die Pariser mit $2\frac{1}{4}°/_{00}$ prime, wenn 1 £ = 25,25 Goldfrs. ist?

***6.** Man rechne angenähert (nach vorstehender Anmerkung) um in $\mathcal{RM}$ für 1 kg f. die Londoner Silberpreise **a)** 27 d, 1 £ = $\mathcal{RM}$ 20.41, **b)** $25\frac{1}{8}$ d, 1 £ = $\mathcal{RM}$ 20.39, **c)** $26\frac{7}{16}$ d, 1 £ = $\mathcal{RM}$ 20.50, **d)** $27\frac{3}{4}$ d, 1 £ = $\mathcal{RM}$ 20.46, **e)** $30\frac{1}{2}$ d, 1 £ = $\mathcal{RM}$ 20.44.

***7. a)** Wie müßte die feste Zahl für die Umrechnung ·des in Pence (für 1 oz. Feingold) ausgedrückten Goldpreises in Reichsmark (für 1 kg f.) bei $\mathcal{RM}$ 20.53 für 1 £ lauten? **b)** Warum darf man annähernd setzen: Goldpreis in $\mathcal{RM}$ = $2\frac{3}{4}$ × Preis in Pence und für je 1 $\mathcal{Rpf}$ Abweichung von $\mathcal{RM}$ 20.53 dann noch ca. $\pm\frac{1}{2}°/_{00}$ Korrektur?

3. Berechnung des Wertverhältnisses zwischen Gold und Silber.

Das Wertverhältnis zwischen Gold und Silber ergibt sich entweder aus den jeweiligen Gold- und Silberpreisen (Handelswertverhältnis) oder aus der gesetzlichen Ausmünzung beider Metalle (gesetzliches Wertverhältnis). (Über das letztere vgl. S. 89).

Man drückt das Wertverhältnis beider Metalle in einem geometrischen Verhältnis aus, in dem das eine Glied = 1 ist; es bedeutet daher das Wertverhältnis 1 : 30, daß der Goldpreis 30 mal so hoch ist wie der Silberpreis.

Da Gold und Silber wie andere Waren je nach Angebot und Nachfrage Preisschwankungen unterliegen, so ist auch das Handelswertverhältnis zwischen beiden Metallen nicht fest. (Vgl. Übungsaufgabe 1.)

Beispiel.

1. Welches Wertverhältnis für Gold und Silber ergibt sich aus nachstehenden Preisen:

a) in Frankfurt a/M.   Gold = 2786 $\mathcal{RM}$,   Silber 77.50 $\mathcal{RM}$,
b) „ Paris . . . . .   „ = $2\frac{1}{2}\,°/_{00}$ prime,   „   102.50 Goldfrs.,
c) „ London (Bankpreis) „   = 77/9 d,   „   28 d?

a) Wertverh. = 77,5 : 2786
(oder da 77,5 in 2786 = 35,95)
= 1 : 35,95.

b) Goldpreis Frs. 3437.— + 8.59
= Frs. 3445,59
Wertverh. = 102,5 : 3445,59
= 1 : 33,615.

c) Da die Feinheiten ungleich sind (Gold $916\frac{2}{3}$ Tsdtl. oder 11/12 f.; Silber 925 Tsdtl. oder 37/40 f.) ist eine Verwandlung in gleichen Feingehalt, und zwar in besonderem Schlußsatze oder in der Kette vorzunehmen. Der Preis ist in gleichen Sorteneinheiten (Pence) auszudrücken.

Daher entweder:

Gold: 77/9 d für 1 oz. Stand. = 77/9 d $\times \frac{12}{11} = 84/9\frac{9}{11}$ d für 1 oz. f.
Silber: 28 d für 1 oz. Stand. $= 28 \times \frac{40}{37}$ $= 30\frac{10}{37}$ d für 1 oz. f.
also Wertverhältnis $= 30\frac{10}{37} : 1017\frac{9}{11} = 1 : 33,624$

oder: x oz. f. Silber = 1 oz. f. Gold
11 = 12 oz. Standardgold
1 = 933 d
28 = 1 oz. Standardsilber
40 = 37 oz. f. Silber.

x = 33,624, also Wertverhältnis = 1 : 33,624.

Bildet man hier die feste Zahl (vgl. S. 83), so ergibt sich $\dfrac{12 \cdot 37}{11 \cdot 40} = 1\frac{1}{110}$ und damit die einfache R e g e l: Man dividiert den in Pence ausgedrückten Goldpreis durch den Silberpreis und vermehrt das Ergebnis um seinen 110. Teil. (Im Beisp. c) 933 : 28 + 0,303 = 33,624)

Übungsaufgaben. § 75 a.

*1. Im Laufe der letzten Jahrzehnte hatte das Silber (für 1 kg f.) die folgenden Durchschnittspreise: 1871 : 178.75 $\mathcal{M}$; 1881 : 151.95 $\mathcal{M}$; 1885 : 137.45 $\mathcal{M}$; 1891 : 127.25 $\mathcal{M}$; 1895 : 87.50 $\mathcal{M}$; 1901 : 75.75 $\mathcal{M}$; 1906 : 91.35 $\mathcal{M}$; 1912 : 85.45 $\mathcal{M}$; 1925 : 90.25 $\mathcal{RM}$; welches Wertverhältnis bestand daher zu diesen Zeiten, wenn man für Gold den Bankpreis zugrunde legt?

*2. In Paris stand Gold $1\frac{3}{4}\,°/_{00}$ prime, Silber 95.50 Goldfrs.; welches Wertverhältnis entspricht diesen Preisen?

*3. London notierte am 26. Mai 1926 Gold 84/10, Silber $29\frac{15}{16}$; in welchem Wertverhältnis standen die beiden Metalle an diesem Tage?

***4.** Welches Wertverhältnis ergab sich aus folgenden Londoner Gold- und Silberpreisen: **a)** 77/9 d bzw. $26\frac{1}{4}$ d, **b)** 77/10$\frac{1}{4}$ d bzw. $23\frac{7}{16}$ d, **c)** 77/10d bzw. $28\frac{1}{4}$ d, **d)** 77/9$\frac{3}{4}$ d bzw. $24\frac{3}{32}$ d? (Alle Preise für Stand.-Metall.)

***5.** Seinen niedrigsten Preisstand, nämlich $21\frac{11}{16}$ d, erreichte das Silber im November 1902; welches Wertverhältnis zwischen ihm und dem Golde (77/10$\frac{1}{2}$ d für Standard) ergibt sich daraus?

***6.** Für $\mathscr{RM}$ 4384.80 erhielt man 1,75 kg deutsches Münzgold (= 900 Tsdtl. f.), für $\mathscr{RM}$ 996.30 16,4 kg Silber, 750 Tsdtl. f.; auf welches Wertverhältnis für Gold und Silber läßt das schließen?

X. Münzrechnung.

Einführung.

Münzbegriff. Münzen sind Metallstücke von einer bestimmten Form, einem bestimmten Gewicht und, je nach der Art des Metalles, einem bestimmten Gehalt, die entweder als Zahlungsmittel (Geldmünzen) oder als Zeichen der Erinnerung an irgendein denkwürdiges Ereignis (Denkmünzen) oder beiden Zwecken zugleich dienen. Die Münzrechnung hat es nur mit den Geldmünzen zu tun. — Die Münzen der Gegenwart werden hauptsächlich aus Gold, Silber, Nickel und Kupfer[1] hergestellt (geprägt), und zwar so, daß Gold und Silber nicht ganz rein (fein) verwendet, sondern, um die Stücke dauerhafter und für den Verkehr handlicher zu machen, mit unedlem Metall (meist Kupfer) vermischt werden. Auch Kupfer und Nickel werden selten in reinem Zustande zu Münzen verbraucht.

Münzhoheit. Das Recht, Münzen zu prägen, nehmen die Staaten für sich in Anspruch (Münzregal; Münzhoheit), und wenn auch z. B. in England neben der Staatsmünze noch Privatmünzstätten bestehen, so erfolgt die Prägung doch auch hier unter Aufsicht und nach bestimmten Anordnungen der Regierung.

Gesetzliche Bestimmungen über die Münzprägung in Deutschland (Münzgesetz vom 30. 8. 1924):

1. Münzeinheit ist die Reichsmark, sie wird eingeteilt in 100 Reichspfennige (§ 1.)
   Die gleiche dezimale Einteilung ihrer Münzeinheit haben fast alle Länder (Ausnahme England, Ostindien).

---

1) In Rußland wurde 1828—1845 auch reines Platin zur Herstellung von Münzen benutzt. Man prägte Stücke zu 3, 6 und 12 Rubel; die ersteren (10,3533 g schwer) waren unter dem Namen Platin-Dukaten bekannt.

2. **Stückelung:** In Deutschland werden geprägt: Goldmünzen über 20 $\mathscr{RM}$ und 10 $\mathscr{RM}$, Silbermünzen über 1 bis 5 $\mathscr{RM}$, andere Münzen über 1, 2, 5, 10 und 50 Reichspfennige. (§ 2.)

3. **Münzfuß** (d. h. die Zahl der Münzstücke, die aus der Gewichtseinheit feinen oder rauhen Metalls geprägt werden):

   Aus 1 kg feinen Goldes werden 2790 Goldmark, also 279 10 $\mathscr{RM}$-Stücke oder $139\frac{1}{2}$ 20 $\mathscr{RM}$-Stücke und aus 1 kg feinen Silbers 400 Silbermark, also 400 1 $\mathscr{RM}$-Stücke, 200 2 $\mathscr{RM}$-Stücke usw. geprägt.

4. **Feinheit:** Münzgold besteht aus 900 Teilen Feingold und 100 Teilen Kupfer; die Feinheit beträgt also 900 Tausendteile. Der Feingehalt der neuen Silbermünzen ist 500 Tausendteile (früher ebenfalls 900).

5. **Rauh- und Feingewicht:** Das Gewicht des feinen Metalls in Gold- und Silbermünzen, das sich auf Grund des Münzfußes leicht errechnen läßt, bezeichnet man als Feingewicht oder Korn der Münze; ihr Gesamtgewicht heißt Rauhgewicht oder Schrot. (Vgl. dazu S. 91.)

6. **Remedium oder Toleranz:** Darunter versteht man die gesetzlich gestattete Abweichung vom vorgeschriebenen Gewicht oder Feingehalt der Münzen oder von beiden zugleich.

   Bei aller Sorgfalt, die man auf die Herstellung von Münzen verwendet, und trotz Benutzung der feinsten technischen Hilfsmittel sind kleine Abweichungen (nach oben und unten) von der Normalfeinheit und dem Normalgewichte nicht zu vermeiden. Solange diese Fehler innerhalb der gesetzlich festgelegten Grenzen liegen, gelangen die Münzen trotzdem in den Verkehr. Die Höchstabweichung, das Remedium, beträgt bei den deutschen Goldmünzen $\pm$ 2 Tsdtl. im Feingehalt und $\pm 2\frac{1}{2}\,^o/_{oo}$ im Rauhgewicht.

7. **Passiergewicht:** Vom Remedium wohl zu unterscheiden ist das Passiergewicht, d. h. die Gewichtsgrenze, unter die ein Münzstück im Umlauf infolge natürlicher Abnutzung nicht heruntergehen soll, um noch verkehrsfähig zu bleiben.

   Dieses Mindestgewicht liegt bei deutschen Goldmünzen $5\,^o/_{oo}$ unter dem Normalgewicht. Münzstücke, die das Passiergewicht nicht mehr haben, werden auf Kosten des Staates aus dem Verkehr gezogen (Eintausch gegen vollwichtige Stücke). Im Falle absichtlicher, gewaltsamer Beschädigung werden die Stücke auf Kosten des Besitzers (durch Zerschneiden, Zerbrechen, evtl. Eintausch unter entsprechendem Wertabzug) für den Umlauf untauglich gemacht. — Für Silbermünzen wird in der Regel kein Passiergewicht festgesetzt.

   Kurant- und Scheidemünzen. Nach ihrer Bestimmung im Zahlungsverkehr teilt man die Münzen ein in **Kurantmünzen**, d. h. solche, die das **unbeschränkte** gesetzliche Zahlungsmittel bilden, die also zu

Zahlungen in jeder beliebigen Höhe verwendet werden können, und in Scheidemünzen, die nur zum Ausgleiche kleinerer Zahlungen dienen und daher im Verkehr auch nur in beschränktem Betrage angenommen zu werden brauchen.

Gesetzliche Zahlungsmittel sind nach § 5 des Münzgesetzes die alten und neuen Goldmünzen (sowie die von der Reichsbank ausgegebenen auf Reichsmark lautenden Goldnoten). Silber- und andere Münzen sind Scheidemünzen. Silbermünzen brauchen nur bis zum Betrage von 20 $\mathcal{RM}$, andere Münzen nur bis 5 $\mathcal{RM}$ angenommen zu werden. Der Gesamtbetrag der ausgegebenen Scheidemünzen darf 20 $\mathcal{RM}$ für den Kopf der Bevölkerung nicht übersteigen.

Daneben gibt es in einigen Ländern auch noch Handelsmünzen (z. B. den Maria-Theresia-Taler in der Levante, den Dukaten in Österreich, den holländischen Golddukaten in Holländisch-Ostindien), die nicht dem inländischen Zahlungsverkehr dienen, vielmehr für die Bedürfnisse des Handels in oder mit dem Auslande geprägt werden.

Währung. Je nachdem in einem Lande nur Goldmünzen oder nur Silbermünzen oder aber neben den Goldmünzen noch eine oder einige Silbermünzen als unbeschränktes gesetzliches Zahlungsmittel dienen, unterscheidet man Goldwährung, Silberwährung und Doppelwährung. Infolge seiner Wertbeständigkeit eignet sich das Gold vor allem zum gesetzlichen Geldstoffe. Deshalb hat die Goldwährung eine fast allgemeine Verbreitung gefunden. England führte sie (als erstes Land) 1816 ein, Skandinavien 1873, Deutschland 1873, Österreich 1892, Rußland 1899.

In den drei letztgenannten Ländern ist sie freilich durch die Inflation praktisch außer Kraft gesetzt. Sie besteht wohl theoretisch auf Grund der neuen Münzgesetze auch da noch, jedoch ist die Pflicht der zentralen Notenbanken, ihre Noten in Gold einzulösen, bis auf weiteres aufgehoben.

Die reine Silberwährung ist fast ganz verdrängt; sie besteht nur noch in China, sowie in beschränkter Weise in Britisch-Ostindien.

Dagegen findet man die Doppelwährung, wenigstens nominell, vertreten in den Staaten des lateinischen Münzbundes (Frankreich, Belgien, der Schweiz[1]), Italien, Griechenland), in anderen Ländern mit Frankenwährung (Spanien, Serbien und Bulgarien), ferner in Holland, Nordamerika, Mexiko u. a. Da in diesen Ländern neben sämtlichen Goldmünzen auch noch eine oder mehrere Silbermünzen (das 5 Frankstück, das $2\frac{1}{2}$ fl.- und 1 fl.-Stück, der Silberdollar, der Silberpeso) als gleichberechtigte gesetzliche Zahlungsmittel gelten, so mußte die Ausprägung erfolgen auf Grund eines festen Wertverhältnisses

---

1) Die Schweiz hat den Vertrag gekündigt.

zwischen Gold und Silber (gesetzliches Wertverhältnis, im Gegensatz zum Handelswertverhältnis, vgl. S. 84).

In Frankreich z. B. erfolgte (seit 1803) die Ausprägung im Wertverhältnis von 1 : 15½ (aus 1 kg Feingold 3444⁴⁄₉ Frs., aus 1 kg Feinsilber 222²⁄₉ Frs.); da der Silberpreis nach 1870 rasch sank, stellte es 1873 die freie Silberprägung ein. Damit war es faktisch zur Goldwährung übergegangen.

Soweit in einem Lande die reine Währung durch irgendwelche gesetzliche Zusatzbestimmungen durchbrochen wird, redet man von „hinkender" Währung. So besaß Deutschland von 1873 bis 1907 eine hinkende Goldwährung, da der alte Silbertaler (unbeschränktes) gesetzliches Zahlungsmittel war. Ebenso kann die Doppelwährung des lateinischen Münzbundes und der anderen obengenannten Länder als eine hinkende bezeichnet werden, weil dort die freie Silberprägung nicht mehr besteht.

Neben dem Metallgelde gibt es in allen Ländern als Geldersatzmittel Papierscheine (Papiergeld, Noten), die entweder vom Staate selbst (Staatsnoten) oder von staatlich privilegierten Banken (Banknoten) ausgegeben werden. In Ländern mit geordnetem Geldwesen müssen diese Noten zu einem guten Teile (in Deutschland zu $40^0/_0$) durch Gold oder (Gold-)Devisen gedeckt sein und jederzeit auf Verlangen des Inhabers in Goldmünzen eingelöst werden. Obwohl diese Einlösungspflicht seit dem Kriege in fast allen Ländern aufgehoben ist, sind die in angemessenem Grade durch Gold gedeckten Noten (annähernd) vollwertig geblieben. Wo aber diese Voraussetzung nicht zutrifft, hat das Papiergeld gegenüber dem Metallgelde (besonders dem Golde) einen Teil seines Wertes verloren und wird gegen letzteres nur mit Aufgeld (Agio) umgetauscht. Da solches Papiergeld aufhört, nur Stellvertreter des Metallgeldes zu sein, vielmehr einen lediglich vom Kredit abhängigen Wert hat, spricht man hier wohl auch von einer Papierwährung.

Da zur Zeit in allen Ländern Goldmünzen dem Zahlungsverkehr entzogen, auch nur in sehr beschränktem Umfange — in den meisten Ländern überhaupt nicht — ausgeprägt werden, außer Kleinmünzen also die Papierscheine das ausschließliche Zahlungsmittel bilden, herrscht praktisch heute eine allgemeine Papierwährung.

Nachdem die alten Reichskassenscheine und Mark-Banknoten für kraftlos erklärt und die Papiermarknoten (Billionenscheine) aus dem Verkehr gezogen sind, gibt es heute in Deutschland noch zwei Arten von Papiergeld: Rentenbankscheine und Reichsmark-Banknoten. Die Rentenbankscheine müssen spätestens bis 1934 getilgt sein. Berechtigt zur Ausgabe von Reichsmark-Banknoten sind die Reichsbank und die vier Privatnotenbanken (von Bayern, Sachsen, Württemberg und Baden). Letztere dürfen z. Zt. insgesamt nicht mehr als $8,5^0/_0$ des jeweiligen Reichsbanknotenumlaufs (vierteljährlich zu ermitteln) ausgeben. Die Einlösungsverpflichtung ist für alle bis auf weiteres aufgehoben. — Reichsbanknoten und Reichsgoldmünzen sind die unbeschränkten gesetzlichen Zahlungsmittel in Deutschland.

Münztabelle[1])

Land	Münzstück	Feinh. Tsdtl.	Stücke a/1 kg. f.	Schrot[6] in g	Münzfuß	Pari in ℛℳ
Deutschland	G.: 20 ℛℳ	900	$139\frac{1}{2}$		2790 ℛℳ a/1 kg f.	
	S.: 1 „	500	100		400 „ a/1 „ „	
Ägypten . .	G.: 1 äg. Pfd.	875	134,454	8,5	—	20.75
Argentinien	G.: 5 Peso	900	124	8,961	620 Pes. a/1 kg f.	20.25
	S.: 1 „	900	$44\frac{4}{9}$	25	—	
Brasilien . .	G.: 10 Milr.	$916\frac{2}{3}$	121,688	8,9648	—	22.93
Chile	G.: 20 Peso	$916\frac{2}{3}$	91,045	11,98207	—	30.60
	S.: 1 „	835	—	20	—	
Dänemark[2])	G.: 20 Kr.	900	124		2480 Kr. a/1 kg f.	22.50
	S.: 1 „	800	$166\frac{2}{3}$		1000 „ a/6 „ „	
Danzig . . .	G.: 25 G.	$916\frac{2}{3}$	136,568	7,988	—	81.72
	S.: 1 „	750	$266\frac{2}{3}$	5	—	
Ecuador. . .	G.: 1 Condor	900	136,568	8,136	—	20.43
	S.: 1 Sucre	900	$44\frac{4}{9}$		40 S. a/1 kg r.	
England[3]) .	G.: Sovereign	$916\frac{2}{3}$	136,568		1869 Sov. a/40 Tr.-lb St.	20.43
	S.: 1 s	925	191,166		66 s a/1 Tr.-lb. St.	
Frankreich[4])	G.: 20 Frs.	900	$172\frac{2}{9}$		3100 Frs. a/1 kg r.	16.20
	S.: 5 „	900	$44\frac{4}{9}$		200 „ a/1 „ „	
	S.: 1 „	835	239,521		200 „ a/1 „ „	
Holland . . .	G.: 10 fl.	900	165,344	6,72	$1653\frac{4}{9}$ fl. a/1 kg f.	16.87
	S.: 1 „	945	105,82		100 „ a/1 „ r.	
Japan	G.: 20 Yen	900	$66\frac{2}{3}$	$16\frac{2}{3}$	1200 Yen a/1 kg r.	41.86
	S.: 50 Sen	800	184,865	6,7617	—	
Mexiko . . .	G.: 10 Pesos	900	$133\frac{1}{3}$		1200 Pesos a/1 kg r.	20.93
	S.: 1 Peso	$902\frac{7}{9}$	40,915	27,073	—	
Österreich .	G.: 100 S	900	47,232		4723.20 S a/1 kg f.	59.07
	S.: 1 S	640	260.4166..		$166\frac{2}{3}$ „ a/1 „ r.	
	G.: Dukaten	$986\frac{1}{9}$	290,494	3,4909	67 ⎫ a/1 Wiener Köln.	9.67
	S.: Ther.-Tlr.	$833\frac{1}{3}$	42,755	28,0668	10 ⎭ Mark r. = 233,89 g	
Peru	G.: 1 Libra	$916\frac{2}{3}$	136 568	7,988	—	20.43
Portugal . .	G.: 10 Esc.	$916\frac{2}{3}$	61,5116	17,735	—	45.36
	S.: 1 „	$916\frac{2}{3}$	43,636	25	—	
Rußland[5]) .	G.: 10 ℛ.	900	129,16	8,6026	1291,60 ℛ. a/1 kg f.	21.60
	S.: 1 „	900	55,568	20	—	
Türkei . . .	G.: türk. Pfd.	$916\frac{2}{3}$	151,171	7,2163	—	18.45
	S.: 20 Piast.	830	50,086	24,055	—	
Tschecho-	G.: 20 Kč.	900	164		3280 Kr. a/1 kg f.	17.01
Slowakei .	S.: 1 „	834	239,524	5	—	
Ungarn . . .	G.: 20 Pengö	900	190		3800 P. a/1 kg f.	14.68
	S.: 1 „	640	312,5		312,5 P. a/1 kg f.	
Venezuela .	G.: 20 Boliv.	900	$172\frac{2}{9}$		3100 Bol. a/1 kg r.	16.20
Ver. Staaten	G.: Eagle(10$)	900	66,462	16,7181	9600 $ a/43 Troy-lb. r.	41.98
	S.: 1 Dollar	900	41,568	26,7296	—	

(Fußnoten auf der nächsten Seite.)

A. Gewichtsberechnungen.[7]

1. Schrot und Korn auf Grund des Münzfußes.

Unter Schrot versteht man das Rauhgewicht, unter Korn das Feingewicht einer Münze.

a) Der Münzfuß bezieht sich auf feines Metall.

Beispiele.

Berechne **a)** das Korn, **b)** das Schrot des holl. 10 fl.-Stückes!

a) Auf Grund des holl. Münzfußes (s. Tabelle) ergibt sich:

$$165{,}344 \text{ Stück (zu 10 fl.)} = 1000 \text{ g f.}$$
$$1 \quad \text{„} \qquad\qquad\quad = \quad 6{,}048 \text{ g f.}$$

b) Feinheit der holl. Goldmünzen $= 900$ Tsdtl., demnach

entweder:

Korn des 10 fl.-Stückes $= 6{,}048$ g
$\qquad + \tfrac{1}{9}$ Kupfer $= 0{,}672$ g

Schrot $\qquad\qquad\quad = 6{,}720$ g

oder:

x g r. $= 1$ Stck.
$165{,}344 = 1000$ g f.
$9 \quad\; = 10 \quad$ g r.

$x = 6{,}720.$

---

1) Vgl. auch: „Die Münzeinheiten der wichtigsten Länder" am Schlusse dieses Buches. Über Währungsgeschichte und weitere Währungsbestimmungen der einzelnen Länder siehe u. a. Swoboda, Arbitrage (16. Aufl.).

2) Die gleichen Münzverhältnisse haben Norwegen und Schweden (Skandinavische Münzunion 1872).

3) Auch in den britischen Kolonien sind englische Münzen im Umlauf; außerdem werden verwendet:

in Kanada die Münzen der USA (festes Wertverhältnis: $1 \$ = 4 \text{ s } 2 \text{ d}$; $1 \pounds = 4{,}86\tfrac{2}{3} \$)$;

„ Ostindien die Rupie (1 Silber-Rupie $916\tfrac{2}{3}$ fein, 11,6638 g schwer);

„ Hongkong der britische Dollar (Silber-Dollar, 900 fein, 26,957 g schwer);

„ Singapore und Penang der Straits-Dollar (Silber, 900 fein, 20,217 g).

4) Die gleichen Ausmünzungsbestimmungen haben Belgien, die Schweiz, Italien, Spanien, Griechenland, Rumänien, Bulgarien und Jugoslavien.

5) Die neu entstandenen Oststaaten haben dem Gesetz nach Goldwährung, indes sind nirgends Goldmünzen ausgeprägt. An Feingold sollen enthalten: der polnische Zloty $\tfrac{9}{31}$ g, der lettische Lat und die estländische Mark 0,2903 g $(= 1 \text{ Fr.})$, der litauische Litas 0,15 g $(= \tfrac{1}{10} \$)$. Wegen der Parität vgl. Fußnote 1.

6) Die fehlenden Gewichtsangaben sind aus dem Münzfuße zu errechnen (vgl. die Beispiele, sowie die Übungsaufgaben 1—4 S. 92—93).

7) Praktische Bedeutung haben eigentlich nur Wertberechnungen, die Gewichtsberechnungen sind als Vorbereitung für diese zu betrachten; von Feinheitsberechnungen (Regel: $\dfrac{\text{Korn}}{\text{Schrot}} = $ Feinheit) sehen wir ab. (Vgl. dazu S. 77).

b) Der Münzfuß bezieht sich auf rauhes Metall.

Beispiele.

1. Berechne **a)** das Schrot,   **b)** das Korn des Schweizer 1 Fr.-Stücks
    a) 200 Stück = 1000 g r.   **b)** Schrot = 5 g
       1   „   =   5 g r.   Korn = 5 g · 0,835 = 4,175 g.

2. Wieviel Gramm beträgt **a)** das Schrot, **b)** das Korn des Sovereigns?

    a) x g r. = 1 Sov.
       1869 = 40 Troy-lbs. St.
       1 = 373,242 g r.
       ——————————
       x = 7,9881

                 2. Lösung zu b) (direkt):

                 x g f. = 1 Sov.
                   1869 = 40 Troy-lbs. St.

    b) Schrot   = 7,9881 g   1 = 373,242 g St.
    $\div$ Kupfer ($\frac{1}{12}$) = 0,6657 „   12 = 11 g f.
    ————————————   ——————————
    Korn   = 7,3224 g   x = 7,3224.

Ergebnis. Bezieht sich der Münzfuß eines Landes auf feines Metall, so berechnet man zuerst das Korn und aus diesem das Schrot; bezieht sich der Münzfuß auf rauhes Metall, so ermittelt man erst das Schrot und aus diesem das Korn der Münze. Einen direkten Weg bietet für beide Fälle die Kette.

Zusatz. In den münzgesetzlichen Bestimmungen mancher Länder ist nicht der Münzfuß angegeben, sondern Schrot und Korn der einzelnen Münzen, z. B. in Danzig. Der Münzfuß läßt sich dann wie folgt errechnen:

Rauhgewicht des Danz. 25 Gulden-Stücks = 7,988 g ⎫
Feingewicht ($\frac{11}{12}$ davon)   = 7,322 g ⎬ lt. Gesetz.

       Aus 7,322 g Feingold prägt man 25 G.
       „ 1000 „   „   „   „   x „

$$\frac{25 \cdot 1000}{7,322} = 3414,368 \text{ G.}$$

Münzfuß für Danz. Goldmünzen = 3414,368 G. a/1 kg f.

Übungsaufgaben. § 76.

Vorbemerkung. Es empfiehlt sich, die Ergebnisse der Aufgaben 1—4 in die Münztabelle (S. 90), soweit sie Raum dafür bietet, einzutragen; sie können dann für spätere Übungsaufgaben benutzt werden.

1. Berechne mit Hilfe der Münztabelle **a)** das Korn, **b)** das Schrot der deutschen Gold- und Silbermünzen.

2. Ermittle in gleicher Weise Korn und Schrot folgender Goldmünzen:

    a) des dän. 20 Kr.-Stücks,   **b)** des österr. 100 S-Stücks,
    c) „ ung. 20 Pengö-Stücks,   **d)** „ tschech. 20 Kr.-Stücks,
    e) „ russ. 10 Rbl.-Stücks,   **f)** „ holl. 5 fl.-Stücks.

3. Berechne Schrot und Korn folgender Goldmünzen:

a) des 20 Frs.-Stücks,   **b)** des österr. Dukatens,

c) „ mex. 10 Peso-Stücks,   **d)** „ $\frac{1}{2}$ Sovereigns,

e) „ Eagle (10 $ USA.),   **f)** „ arg. 5 Peso-Stücks.

4. Ermittle Schrot und Korn folgender Silbermünzen:

a) des österr. 1 S-Stücks,   **b)** des 5 Frs.-Stücks,

c) „ skand. 1 Kr.-Stücks,   **d)** „ ung. 1 Pengö-Stücks,

e) „ holl. $2\frac{1}{2}$ fl.-Stücks,   **f)** „ engl. Crown-Stücks (5 s).

5. Der Golddollar wiegt gesetzlich 25,8 grains und ist 900 fein; wieviel Gramm Feingold enthält er?

6. Nach der skand. Münzunion werden 400 Einkronenstücke aus 3 kg Silber zu 800 Tsdtl. f. ausgeprägt; wie schwer müssen die Stücke zu 50 Öre sein, wenn sie nur 600 Tsdtl. f. sind, aber an Feinsilber die Hälfte der Einkronenstücke enthalten sollen?

2. Schrot und Korn unter Berücksichtigung des Remediums.

Über den Begriff Remedium vgl. S. 87.

Beispiele.

1. Wie groß ist das Korn des 20 Frs.-Stücks bei Berücksichtigung eines Unter-Remediums von $2^0/_{00}$ im Gewicht und von 1 Tsdtl. in der Feinheit? (Münzfuß 3100 Frs. a/1 kg r.)

$$\text{Das normale Schrot ist} = 1000 : 155 = 6{,}45161 \text{ g}$$
$$\div\, 2^0/_{00} \text{ Rem.} = 0{,}01290 \text{ g}$$

$$\text{Mindestschrot} \ldots = 6{,}43871 \text{ g zu } 899 \text{ Tsdtl. f.}$$
$$\text{Somit Mindestkorn} = 6{,}43871 \times 0{,}899 = 5{,}7884 \text{ g.}$$

Oder: Wenn an 900 Tsdtl. f. 1 Tsdtl. fehlt, so ist das $\frac{1}{900}$ d. h. $1\frac{1}{9}{}^0/_{00}$; da am Gewichte $2^0/_{00}$ fehlen können, darf man (ohne merklichen Fehler) beide Sätze addieren ($= 2^0/_{00} + 1\frac{1}{9}{}^0/_{00}$) und das normale Korn des 20 Frs.-Stücks ($= 900 : 155$, d. i. 5,80645 g) ohne weiteres um $3\frac{1}{9}{}^0/_{00}$ vermindern.

$$\text{Normales Korn.} = 5{,}80645 \text{ g}$$
$$\div\, 3\frac{1}{9}{}^0/_{00} = 0{,}01806 \text{ „}$$

$$\text{Mindestkorn} \ldots = 5{,}7884 \text{ g (wie oben).}$$

Anm. Die zweite Methode gestattet leicht auch die Bestimmung des Korns für den Fall, daß die Abweichungen nach oben und unten beliebig zu kombinieren sind. Sollte etwa in Beisp. 1 das Korn berechnet werden beim Gewichtsremedium nach oben und dem Feinheitsremedium nach unten, so wäre $+\, 2^0/_{00} \div 1\frac{1}{9}{}^0/_{00}$ zu vereinigen und also $\frac{8}{9}{}^0/_{00}$ zum Normalkorn zu addieren.

2. Wieviel Zehnmarkstücke gehen bei Berücksichtigung des Unter-Remediums von $2\frac{1}{2}\,^0/_{00}$ im Gewicht und 2 Tsdtln. in der Feinheit auf 1 kg f. Gold?

Entweder wie in Beisp. 1:

Remed. (2 Tsdtl. $=$) $2\frac{2}{9}\,^0/_{00} + 2\frac{1}{2}\,^0/_{00} = 4\frac{13}{18}\,^0/_{00}$; also:

normales Korn $= 1000 : 279$ oder mit Kette:

$\hspace{3cm} = 3{,}58423$ g   x Stück $= 1000$ g f. m. Rem. i. G. u. F.

$\hspace{1cm} \div 4\frac{13}{18}\,^0/_{00} = 0{,}01693$ $997\frac{1}{2}$ $= 1000$ g f. m. Rem. i. F.

Mindestkorn $= 3{,}5673$ g 898 $= 900$ g f. o. Rem.

Somit Stückzahl: 1000 $= 279$ Stck.

$1000 : 3{,}5673 = 280{,}324$ Stck. $x = 280{,}324$

Übungsaufgaben § 76.   (Fortsetzung.)

7. a) Welches Schrot besitzt ein Zwanzigmarkstück bei einem Unter-Remedium von $2\frac{1}{2}\,^0/_{00}$ im Gewicht?

b) Welches Korn besitzt ein vollwichtiges Zwanzigmarkstück bei einem Unter-Remedium von 2 Tsdtln. in der Feinheit?

c) Wieviel Gramm Feingold muß ein neugeprägtes Zwanzigmarkstück mindestens enthalten? ($2\frac{1}{2}\,^0/_{00}$ Remedium im Gewicht, 2 Tsdtl. in der Feinheit.)

d) Wieviel solcher Stücke gehen auf 1 kg fein? (Vgl. damit den gesetzlichen Münzfuß.)

8. a) Wieviel Gramm Feingold enthält ein Zwanzigmarkstück höchstens? (Über-Remedium $2\frac{1}{2}\,^0/_{00}$ und 2 Tstdl.).

b) Wieviel solcher Stücke gehen auf 1 kg fein?

9. Berechne das Korn eines Dreimarkstückes bei einem Über-Remedium von $1\frac{1}{2}\,^0/_{00}$ im Gewicht und einem Unter-Remedium von 2 Tsdtl. in der Feinheit.

***10.** Ein 5 Frs.-Stück (Silber) hat **a)** ein Mindergewicht von $3\,^0/_{00}$ und eine Minderfeinheit von 2 Tsdtl.;

b) ein Mehrgewicht von $3\,^0/_{00}$ und eine Minderfeinheit von 2 Tsdtl.; berechne in beiden Fällen das Korn.

***11.** Wieviel schwed. 20 Kronenstücke gehen a/1 kg f., wenn man ein Mindergewicht von $1\frac{1}{2}\,^0/_{00}$ und eine Minderfeinheit von $1\frac{1}{2}$ Tsdtl. berücksichtigt?

***12.** Das Remedium des engl. Schillings (66 a/1 Troy-lb. Stand.) beträgt $\frac{4}{11}$ grs. bzw. 4 Tsdtl.; wieviel Stücke mit Mindestkorn lassen sich aus 1 kg Feinsilber prägen? (Kette.)

***13.** Der als Standard geltende amerik. Golddollar enthält 23,22 grs. f. Gold; der ebenfalls gesetzliches Zahlungsmittel bildende Silberdollar wiegt $412\frac{1}{2}$ grs. und ist 900 Tsdtl. f.; welches gesetzliche Wertverhältnis zwischen Gold und Silber ergibt sich hieraus?

***14.** Nach welchem gesetzl. Wertverhältnisse sind die Gold- und Silberkurantmünzen in den Niederlanden ausgeprägt?

***15.** In Ostindien ist der Wert einer Rupie (= 180 grs. schwer und $\frac{11}{12}$ f.) auf 16 d Gold fixiert; welches gesetzliche Wertverhältnis zwischen Gold und Silber wurde dabei zugrunde gelegt?

B. Wertberechnungen.

Der Wert einer Münze, der ihr für den Verkehr im Inlande beigelegt wird und der ihr in der Regel selbst aufgeprägt ist, heißt ihr Nenn- oder Nominalwert. Ihm steht gegenüber der Sach- oder Realwert, d. i. der Wert, den die Münze als Metallstück, als Ware, besitzt (daher auch Metallwert). Mit Tausch- oder Verkehrswert endlich bezeichnet man den Wert einer Münze im Verkehr mit dem Auslande (Münzpari).

1. Der Sachwert der Münzen.

Die Ermittlung des Sachwertes der Münzen entspricht ganz der Berechnung des Wertes der Gold- und Silberbarren (vgl. S. 80). Aus dem Korn (Feingewicht) der Münze und dem Metallpreise ergibt sich durch Multiplikation ihr Sachwert.

Beispiel.

Welchen Metallwert besitzt ein vollwichtiges holl. 10 fl.-Stück bei einem Goldpreise von 1648 hfl. für 1 kg f.?

Korn des 10 fl.-Stücks = 6,048 g (vgl. Beisp. S. 91).

Metallwert = 6,048 g zu 1,648 hfl. = $\underline{9.967\ \text{hfl.}}$

Kennt man das Korn nicht, so bildet man auf Grund des Münzfußes folgende Kette:

$$\begin{aligned} x\ \text{hfl.} &= 1\ \text{Stck.} \\ 165,344 &= 1000\ \text{g f.} \\ \underline{1000} &= 1648\ \text{hfl.} \\ \hline x &= 9,967. \end{aligned}$$

Anm. Die am Nennwert fehlenden 3,3 cs. stellen den Schlagschatz (die Prägekosten) dar. — Nachdem die Ermittlung des Feingewichts der Münzen — auch unter Berücksichtigung des Remediums — eingehend erläutert worden ist, kann an dieser Stelle von weiteren Beispielen abgesehen werden.

Übungsaufgaben. § 77.

1. a) Welchen Sachwert besitzt ein (vollwichtiges) Zwanzigmarkstück beim Goldpreise von 2784 ℛℳ für 1 kg fein?

b) Wie groß ist der Schlagschatz (Abweichung vom Nennwert)?

Anm. 1924—26 kaufte die Reichsbank Gold zu 2790 $\mathcal{RM}$ je kg fein an. Vergleiche bei diesem Preise Sach- und Nennwert des Zwanzigmarkstücks!

2. a) Berechne den Metallwert eines Dreimarkstücks ($\mathcal{RM}$) beim Silberpreise von 90 $\mathcal{RM}$ für 1 kg fein! (Wie groß ist der Ausprägungsgewinn?)

b) Welchen Metallwert hatte demgegenüber das alte Dreimarkstück? (200 $\mathcal{M}$ a/1 kg fein; Feinheit 900.)

c) Wie groß aber war der Sachwert des alten Talers? (30 Stück $= 1\,\mathcal{U}$ fein.

3. Welchen Sachwert hat ein Zwanzigmarkstück **a)** mit niedrigstem Goldgehalt (Remedium $2\frac{1}{2}$ $^0/_{00}$ im Gew. und 2 Tsdtl. in der Feinh.; vgl. Aufg. 7c S. 94);

b) mit höchstem Goldgehalt (vgl. Aufgabe 8a Seite 94)? Goldpreis 2784 $\mathcal{RM}$.

4. Welche Einbuße (in $\mathcal{RM}$) entsteht dem Reiche auf 2000 zum Umtausch eingelieferte Zwanzigmarkstücke, die das Passiergewicht ($5^0/_{00}$ unter Normalgewicht) und eine durchschnittliche Feinheit von 899 Tsdtln. besitzen?

Anl. Man berechne den Sachwert der eingelieferten Stücke zum Bankpreise für Gold und ziehe ihn von dem Nennwert der Stücke ab.

***5.** Welchen Metallwert (in Frs.) besitzen die Napoleons (20 Frs.-Stücke) bei einem Goldpreise in Paris von $1\frac{3}{4}$ $^0/_{00}$ prime?

***6.** Bestimme den Silberwert **a)** des 5 Frs.-Stücks, Silberpreis Frs. 115.50 für 1 kg f.; **b)** des engl. Florin ($= 2$ s), Korn $= 161\frac{5}{11}$ grs.; Silberpreis $29\frac{3}{4}$ d für 1 oz. Standard.

***7.** Wieviel ist ein Zwanzigmarkstück in engl. Gelde wert? (Berechnung zum engl. Bankpreise.

***8.** Welchen Frs.-Sachwert hat in Paris ein portug. 10 Esc.-Stück beim Goldpreise $1^0/_{00}$ prime?

***9.** London ermittelt den Metallwert **a)** des 20 Frs.-Stücks, **b)** des russ. 10 Rbl.-Stücks, **c)** des amerik. Eagle, **d)** des ägypt. Pfundes (Lira); Goldpreis $77/9\frac{3}{4}$ d für 1 oz. Stand. Welches sind die Ergebnisse?

***10.** Welchen Metallwert in österr. Schillingen besitzt der Sovereign unter Berücksichtigung des Remediums (nach unten) von 0,2 grs. und 2 Tsdtln.? (Goldpreis: 4717 S für 1 kg fein.)

2. Das Münzpari (Tauschwert).

Parität bedeutet Gleichwert. Dem Goldgehalte einer zu beurteilenden Auslandsmünze wird derjenige einheimische Geldbetrag gegenübergestellt, der den gleichen Goldgehalt besitzt. Es ist z. B. das Pari des 20 Yen-Stücks $= \mathscr{R}\!\mathcal{M}$ 41.86; das bedeutet also, daß in 20 Goldyen die gleiche Menge feinen Goldes enthalten ist wie in 41,86 Goldmark. Die Berechnung des Münzpari gründet sich auf die gesetzl'chen Ausmünzungsverhältnisse der Vergleichsländer. Dabei besch änkt man sich in der Feststellung des Münz-Gleichwertes auf die Goldmünzen.

Bei der großen Veränderlichkeit des Silberpreises und bei der Minderwichtigkeit der Silbermünzen hat es nämlich keinen Sinn, Silberstücke des einen Landes mit Gold- oder auch Silbereinheiten eines anderen Landes auf Grund der Ausprägung zu vergleichen; vielmehr wird man dabei den jeweiligen Silberpreis zugrunde legen müssen, so daß das Pari der Silbermünzen tatsächlich mit ihrem in fremder Geldsorte ausgedrückten Sachwerte zusammenfällt.

Beispiele.

Welches Münzpari besitzen **a)** das tschech. 20 Kronenstück in $\mathscr{R}\!\mathcal{M}$; **b)** der Sovereign in $\mathscr{R}\!\mathcal{M}$; **c)** das türk. Pfund in Frs.?

a)	b)	c)
$x\ \mathscr{R}\!\mathcal{M} = 20$ Kč.	$x\ \mathscr{R}\!\mathcal{M} = 1$ Sov.	x Frs. $= 1$ türk. Pf.
$3280 = 1000$ g f.	$1869 = 40$ Tr.-lbs.St.	$1 = 7{,}2163$ g r.t.
$1000 = 2790\ \mathscr{R}\!\mathcal{M}$	$12 = 11$　„　f.	$900 = 916\frac{2}{3}$ g r. fr.
$x = 17{,}012$	$1 = 373{,}242$ g f.	$1000 = 3100$ Frs.
Pari $= 17.01_2\ \mathscr{R}\!\mathcal{M}$	$1000 = 2790\ \mathscr{R}\!\mathcal{M}$	$x = 22{,}785$
	$x = 20{,}429$	Pari $= 22.78\frac{1}{2}$ Frs.
	Pari $= 20{,}42_9\ \mathscr{R}\!\mathcal{M}$	

Auf Grund der Parität werden in einigen Ländern solche fremde Goldstücke, die dort viel umlaufen, in ihrem Tauschwerte insbesondere für den amtlichen Verkehr gesetzlich fixiert (tarifiert). So verrechneten z. B. in Österreich die Staatskassen das 20 Markstück mit 23.52 K, das 20 Francs-Stück mit 19.04 K, den Sovereign mit 24.02 K usw.; in Rußland wurden amtlich bei Zollzahlungen 100 $\mathcal{M} = 46.20$ Rbl. und 100 K ö. $= 39.378$ Rbl. gerechnet. In Ägypten sind amtlich fixiert 1 Sov. $= 97{,}5$ Pi., das 20 Frs.-Stück $= 77{,}15$ Pi. usw.; in Argentinien bilden sogar (lt. Gesetz von 1881) das 20 Frs-Stück zu 4 Pesos, das 20 $\mathcal{M}$-Stück zu 4,94 Pesos, der Sovereign zu 5,04 Pesos, der Eagle zu 10,364 Pesos Gold gesetzliches Zahlungsmittel. Auch für inländische Münzen macht sich zuweilen die Aufstellung fester Verhältniszahlen erforderlich, insbesondere beim Übergange zu anderer Währung, bei Veränderung des Münzfußes sowie für Handelsmünzen. So erfolgte die Stabilisierung der Währungen auf Grund fester Umrechnungszahlen in Deutschland: 1 Billion Mark $= 1\ \mathscr{R}\!\mathcal{M}$, in Österreich: 10000 K $= 1$ S, in Ungarn: 12500 K $= 1$ Pengö.

Übungsaufgaben. § 78.

1. Prüfe die in der letzten Spalte der Münztabelle S. 90 enthaltenen Münzparitäten unter Zugrundelegung der Ausmünzungsbestimmungen auf ihre Richtigkeit nach!

2. Wie stellt sich das Pari des Zehnmarkstücks

   a) in Goldfrancs,   **d)** in österr. Schillingen,

   b) „ holl. Gulden,   **e)** „ engl. Schillingen (u. Pence),

   c) „ skand. Kronen,   **f)** „ Dollar (USA.)?

3. Berechne das Pari des Sovereigns

   a) in Goldfrancs,   **b)** in Danz. Gulden,   **c)** in österr. Schillingen!

4. Welchen Ertrag in $\mathscr{RM}$ liefern 8560 Yen, berechnet auf Grund des Münzpari? (Kettensatz.)

***5.** In Ägypten tarifierte man den Sovereign $= 97,5$ Pi.; weicht dieser Tarifsatz von der Münzparität ab und bejahendenfalls um wieviel $^0/_{00}$?

***6.** Es soll der Wert für 394 mexikan. Quadruples (Goldstücke zu 16 Pesos) in Goldfrs. ermittelt werden nach der beiderseitigen gesetzl. Ausmünzung. (Es gehen 36,949 Quadr. a/1 kg r., Feinh. 875 Tsdtl.)

***7.** Nach der amtlichen Tarifierung (vgl. S. 97) sind umzurechnen:

   a) 385 Sov. in ägypt. Piaster;   **b)** 480 Zwanzigmarkstücke und

   c) 312 Eagles in argent. Pesos Gold.

C. Der Handel mit Münzen und Noten.

Die Münzen werden wie andere Waren gehandelt und sind dem Angebote und der Nachfrage am offnen Markte unterworfen. Der für sie gezahlte veränderliche Preis bildet ihren Kurs- oder Handelswert; er hat zur Grundlage das Pari bzw. den Sachwert der Münzen und wird, namentlich bei Goldstücken, nur unwesentlich von diesem nach oben oder unten abweichen. Außerdem kaufen die privilegierten Hauptbanken der einzelnen Länder Goldmünzen zu festen Bedingungen und Preisen (Tarifsätzen). Endlich übernehmen auch die Münzstätten fremde Goldstücke zur Umprägung in Landesmünze, doch erwächst hier dem Einlieferer infolge des Zinsverlustes fast stets ein Nachteil gegenüber einem Verkauf der Stücke an die Hauptbank des Landes.

Die Preise der Münzen verstehen sich entweder für das Stück (Stücknotierung) oder für die Gewichtseinheit des Münzmetalls (Notierung „al marco“).

1. Der Ankauf von Münzen durch die Zentralbanken.

Die Hauptbanken der einzelnen Länder kaufen jederzeit fremde Goldstücke zu einem festen Satze, der sich aus dem Bankpreise für Gold ergibt und meist für die Gewichtseinheit des Münzmetalls festgesetzt wird. Dabei wird den Preisen in der Regel nicht der nominelle Feingehalt der Stücke, sondern ein der Erfahrung entnommener etwas geringerer Durchschnittswert zugrunde gelegt. Die Deutsche Reichsbank nimmt z. B. die 20 Frs.-Stücke statt zu 900 Tsdtl. nur zu 899,5 Tsdtl. f. an und berechnet daher, da 1 kg f. Gold $= 2784$ $\mathscr{RM}$ kostet, 1 kg dieser Stücke zu $2784 \cdot 0,8995 = 2504,208$ $\mathscr{RM}$. So erklären sich leicht die folgenden Tarifsätze.

Münzankaufspreise der Deutschen Reichsbank.

Land	Münzstück	Passier-gewicht	Fein-gehalt	Ankaufspreise: je Stück	je kg Münzgewicht[1]
Barren . . .	. . . .	. . . .	. . . . .	. . . .	$\mathscr{RM}$ 2784.—je kg f.
Deutschland	20 $\mathscr{M}$[2]	7,925	} 900	$\mathscr{RM}$ 20.— für 20 $\mathscr{M}$	—
	10 ,,	3,962			
Ägypten . .	1 £ äg.	8,484	} 874,9	,, 20.71 ,,1äg.Pfd.	$\mathscr{RM}$ 2435.7216
	½ ,,	4,242			
Amerika . .	20 $	33,400			
	10 ,,	16,686			
	5 ,,	8,343	} 900	,, 4.19 ,, 1 $	,, 2505.60
	2½ ,,	4,163			
Argentinien	5 Pesos	8,048	899,5	,, 20.20 ,, 5 Pesos	,, 2504.208
	2½ ,,	4,024			
Australien .	s. England				
Belgien . . .	,, Frankreich				
Bulgarien .	,, ,,				
Chile	20 Pesos	11,97			
	10 ,,	5,98	} 915,9	,, 15.28 ,,10Pesos	
	5 ,,	2,99			
Dänemark .	20 Kr.	8,947			
	10 ,,	4,471	} 899,5	,, 11.22 ,, 10 Kr.	,, 2504.208
	5 ,,	2,23			
England . .	1 £	7,976	} 916,5	,, 20.39 ,, 1 £	,, 2551.536
	½ ,,	3,988			
Frankreich .	100 Frs.	32,266			
	50 ,,	16,113			
	20 ,,	6,438	} 899,5	,, 16.16 ,, 20 Frs.	,, 2504.208
	10 ,,	3,219			
	5 ,,	1,608			
Finnland . .	s. Frankreich				
Holland. . .	10 fl.	6,686	899,9	,, 16.79 ,, 10 fl.	,, 2505.3216
Italien . . .	s. Frankreich				
Japan	—	—	899,9	,, 20.91 ,, 10 Yen	,, 2505 3216
Mexiko . . .	10 Pesos	8,316	900	,, 20.88 ,,10Pesos	
	5 ,,	4,158			
Norwegen .	s. Dänemark				
Österreich .	20 K.[2]	6,74	899,9	,, 8.46 ,, 10 K.	,, 2505.32
	10 ,,	3,37			
	1 Dukaten	—	984,75	,, 9.59 ,, 1 Duk.	,, 2741.544
	8 fl.-Stück	6,438	899,5	,, 16.16 ,, 8 Fl.	,, 2504.208
Peru	s. England				
Rumänien .	,, Frankreich				
Rußland . .	1 alt. Imperial bis 1885	6,50	916,5	,, 16.62 ,, 1 Imp.	,, 2551.536
	10 $\mathscr{R}$	8,584	} 899,8	,, 21.55 ,, 10 $\mathscr{R}$	,, 2505.0432
	5 ,,	4,288			
Schweden .	s. Dänemark				
Schweiz . .	,, Frankreich				
Spanien . . .	,, ,,				[Pfd.
Türkei . . .	1 Ltq.	7,202	915	,, 18.30 ,, 1 türk.	,, 2547.36

1) Das Gewicht der eingelieferten Münzen ist auf 0,5 g nach unten abzurunden (z. B. für 5,2488 kg ist zu setzen 5,2485 kg).

2) Die neuen Goldmünzen sind noch nicht ausgegeben.

Die Bank of England zahlt gegenwärtig für 1 Troy-oz. Rauhgewicht:

76/4½ d für 20 $\mathcal{M}$-St. und amerik. Eagles,

76/3½ „ „ holl. 10 fl.-St.,

76/— „ „ Alphonsd'or usw.

Die Niederländische Bank berechnet feste Sätze für 1 kg fein, und zwar:

1650 fl. für 20 $\mathcal{M}$-Stücke, Napoleons, Eagles und (neue) Imperiale (899,5 Tsdtl.);

1650 fl. für Sovereigns (916,5 Tsdtl.) und für Imperiale alter Prägung (916 Tsdtl.);

1648 fl. für österr. 8 fl.-Stücke und für skand. Kronen (899,5 Tsdtl.).

Die Schweizerische Nationalbank zahlt bei Einlieferung von mehr als 100 Stück für 1 kg rauh:

3091.86 Frs. für 20 $\mathcal{M}$-Stck., Eagles und holl. 10 fl.-St.;

3150.30 „ „ Sovereigns;

3090.49 „ „ österr. 20 K-St. und skand. 20 Kr.-St.;

3386.13 „ „ österr. Dukaten.

Die Banque de France zahlte (bis 1914), entsprechend dem Goldbarrenpreise von 3437 Frs. je kg f., für 1 kg Münzgewicht:

3090,5504 Frs. für 20 $\mathcal{M}$-St., holl. fl.-St., Eagles, österr. u. skand. Kronen, russ. Imperiale (neue) und jap. Yen (899,2 Tsdtl.),

3149,6668 „ für Sovereigns (916,4 Tsdtl.)

3144,855 „ „ türk. Pfd. und (alte) russ. Imperiale (915 Tsdtl.)

3385,445 „ „ österr. Dukaten.

Beispiele.

1. Verkauf an die Reichshauptbank zu Berlin:

6,4455 kg österr. 8 fl.Stücke zu 2504,208 $\mathcal{RM}$ für 1 kg $= \mathcal{RM}$ 16 140.87

3,4885 „ österr. Dukaten „ 2741,544 „ „ 1 „ $=$ „ 9 563.88

$$\mathcal{RM}\ 25\ 704.75$$

2. Welchen Ertrag liefern 2000 Zwanzigmarkstücke, 15,882 kg schwer, beim Verkauf an die Niederländische Bank?

2000 St. zu 20 $\mathcal{M} =$ 15,882 kg zu 899,5 Tsdtl. (s. oben)

$=$ 14,2859 kg f. zu 1650 hfl. $=$ 23571.74 hfl.

3. Die Bank von England bezahlte die Napoleons mit 76/3½ d für 1 oz. r.; wie nahm sie daher den Feingehalt der Münzen an?

Frage ist: Wieviel oz. f. entsprechen 1000 oz. r.?

$$\left.\begin{array}{l} \text{x oz. f. } = 1000 \text{ oz. r.} \\ \quad 1 = 76\tfrac{7}{24}\text{ s} \\ \quad 77\tfrac{3}{4} = 1 \text{ oz. Stand.} \\ \quad 1000 = 916\tfrac{2}{3} \text{ oz. f.} \end{array}\right\} \quad \text{x} = 899{,}47;\ \text{ also Feinh.} = 899{,}47\ \text{Tsdtl.}$$

Übungsaufgaben. § 79.

1. An die Reichshauptbank werden verkauft: 5,2288 kg 20 Frs.-Stücke und 6,3423 kg Sovereigns; wie groß ist der Ertrag?

2. Verkauf an die Reichsbankhauptstelle zu Hamburg: 2,2896 amerik. Eagles, 1,5375 kg holl. 10 fl.-Stücke, 2,508 kg türk. Pfunde und 2,65 kg russ. (neue) Imperiale; welchen Ertrag liefern sie?

***3.** Wieviel zahlte die Banque de France insgesamt für je einen Beutel japan. 20 Yen-St., 16,655 kg schwer, russ. Imperiale (alte), 7,893 kg schwer, Sovereigns, 7,982 kg schwer?

***4.** Welchen Kaufpreis zahlt die Schweizerische Nationalbank für 2,5075 kg österr. Dukaten und 3,055 kg österr. 20 K-Stücke?

***5.** Der Niederl. Bank werden übergeben: 6,350 kg Zwanzigmarkstücke und 3,385 kg schwed. Goldkronen; wie groß ist der Gesamtertrag?

***6.** Welchen Ertrag liefern in London 614,5 oz. amerik. Eagles und 844,25 oz. Alphonsd'or, zum Sortenbankpreise (s. S. 99) verkauft?

***7.** Berlin versendet nach London zum Verkauf an die Bank of England: 3000 Zwanzigmarkstücke im Gewichte von 23,895 kg; wie groß ist der Ertrag aus dem Verkauf an die Bank zu $76/4\frac{1}{2}$ d **a)** in engl. Gelde, **b)** in deutschem Gelde, wenn $1 \pounds = 20.50 \mathcal{RM}$ gerechnet wird und für Versand und Versicherung $1\frac{1}{2}{}^o/_{oo}$ abgehen? **c)** Wie groß ist für Berlin der Gewinn aus diesem Geschäfte? (1 oz. = 31,1035 g).

***8.** Wie fein rechnet die Deutsche Reichsbank **a)** die engl. Sov. bei einem Tarifsatz von 2551,536 $\mathcal{RM}$ für 1 kg r., **b)** die argent. Goldpesos bei einem Satze von 2504,208 $\mathcal{RM}$ für 1 kg r.?

***9.** Die Bank of England zahlt bei einem Goldpreise von 77/9 d für 1 oz. Stand. **a)** für Zwanzigmarkstücke $76/4\frac{1}{2}$ d für 1 oz. Münzmetall, **b)** für Alphonsd'or 76/— d für 1 oz. Münzmetall; wie groß nimmt sie den Feingehalt der Münzstücke an? (1 Dezim.)

2. Das Sortengeschäft an der Börse.

Die ausländischen Münzsorten, kurz „Sorten" genannt, und neben ihnen ausländisches Papiergeld (Banknoten), sind auch Gegenstand des Börsenhandels. Die nach Angebot und Nachfrage wechselnden Tagespreise (Kurse) werden in einem besonderen Kursblatte veröffentlicht. (Vgl. die Beilage am Schlusse dieses Buches.) Das mit der Überschrift „Geldsorten und Banknoten"[1]) versehene amtliche Preisverzeichnis der Berliner Börse enthält z. Z. nur drei Münzsorten (Sovereigns, 20 Frs.-Stücke und Gold-Dollars) und läßt damit auf die heute bestehende Ge-

---

1) Früher wurden in dieser Abteilung des Kursblattes auch Zinsscheine (Kupons) von Staatspapieren (meist in Prozenten) notiert.

ringfügigkeit des Handels in ausländischen Münzen schließen. Es fehlt an Ware dieser Gattung. Bedeutender ist der Umsatz in Banknoten.

Für jede Sorte — die Bank- und Börsenpraxis schließt in diesem Ausdruck auch die Noten ein — wird ein (höherer) Briefkurs, zu dem die Verkäufer anbieten, und ein (niedrigerer) Geldkurs, zu dem die Käufer nachfragen, notiert.

Während an der Börse die Geschäfte zum Mittelkurse (der das arithmetische Mittel aus Geld- und Briefkurs bildet) abgeschlossen werden, rechnen die vermittelnden Banken in der Regel dem kaufenden Kunden gegenüber zum Briefkurse, dem verkaufenden gegenüber aber zum Geldkurse ab, verzichten allerdings gewöhnlich, wenigstens wenn es sich um größere Beträge handelt, auf Provision. Nur die Reichsbank kauft ausländische Noten zum Mittelkurse an und berechnet eine Gebühr (einschl. Porto und Maklergebühr) von $\frac{1}{4}$%, mindestens 50 $\mathscr{Rpf}$ für jede Währung.

Für das Sortengeschäft haben sich an den einzelnen Börsenplätzen feste Usanzen herausgebildet, deren wichtigste sich auf das Mindestgewicht der gehandelten Münzen und auf die Vergütung eines etwa festzustellenden Fehlgewichts beziehen. An der Berliner Börse z. B. müssen je 1000 Stück Sovereigns mindestens 7,960 kg, 20 Frs.-Stücke mindestens 6,440 kg und Dollarstücke mindestens 1,670 kg wiegen; für jedes fehlende Gramm sind $\mathscr{RM}$ 2.50 zu vergüten. Die entsprechenden Bedingungen einiger Auslandsbörsen geben wir in den Beispielen und Aufgaben wieder.

Beispiele.

1. Kauf an der Berliner Börse für fremde Rechnung:

500 Sovereigns = 3,985 kg zu 20.65 (je Sov.)	$\mathscr{RM}$ 10325.—	
125 Eagles (10 $) = 2,084 kg zu 4.252 (je $) $\mathscr{RM}$ 5315.—		
÷ $3\frac{1}{2}$ g Mindergewicht zu $\mathscr{RM}$ 2.50 „ 8.75 ,,	5306.25	
	$\mathscr{RM}$ 1562.315	
+ $\frac{1}{4}$°/₀₀ Maklergeb. . . . . . „	3.91d	
	$\mathscr{RM}$ 15635.16	

Erl. Die Sovereigns sind vollwichtig; das Mindestgewicht von 125 Eagles beträgt (zu 1,670 kg für 100 Stck.) 2,0875 kg, also Fehlgewicht $3\frac{1}{2}$ g. — Der Abrechnung sind die Briefkurse zugrunde gelegt, von Provision wurde abgesehen.

2. In London verkauft:

500 Stück Napoleons = 103,5 oz. zu 76/5$\frac{1}{2}$ d (je oz.) .	£ 395.13. 6	
3000 „ mex. Piaster = 2602 oz. zu 26$\frac{7}{8}$ d („ „) .	„ 291. 7. 5	
	£ 687.—.11	
Provision 2/6 d % —.17.2		
Maklergeb. 1°/₀₀ . . —.13.9 „	1.10.11	
	£ 685.10.—	

Anm. Die Londoner Sortenpreise, die übrigens keinen offiziellen Charakter haben, verstehen sich für 1 oz. Münzmetall.

3. In Berlin gewechselt: 125 Napoleons (vollwichtig) zu 16.19 und 175 Half-Eagles (vollwichtig) zu 20.90 gegen Noten der Engl. Bank (kleinste Stücke = 5 £) zu 20.46; Rest in deutscher Reichsmünze. Wie gestaltet sich die Abrechnung?

Verkauft: 125 Napoleons zu 16.19 . . . $\mathcal{RM}$ 2023.75

175 Half-Eagles (5$) zu 20.90   „   3657.50

$\mathcal{RM}$ 5681.25

Dagegen gekauft:

£ 275.—.— Engl. Noten zu 20.46   „   5626.50

Bare Auszahlung $\mathcal{RM}$ 54.75

Anm. Der Ertrag des Verkaufs war durch 20,46 zu dividieren, und das Ergebnis auf einen durch 5 teilbaren Betrag nach unten abzurunden; also 5681,25 : 20,46 = 275 Rest 54.75 $\mathcal{RM}$.

Übungsaufgaben. § 80.

Die Kurse der Berliner Börse sind der Beilage zu entnehmen.

1. Verkauf in Berlin für fremde Rechnung (Geldkurse):

150 Sovereigns und 250 20 Frs.-Stücke (vollwichtig); $\frac{1}{2}\,^0/_{00}$ Maklergeb.

2. Kauf in Berlin für fremde Rechnung (Briefkurse):

250 Eagles (10$), 4,170 kg schwer und

500 20 Frs.-Stücke, 3,2175 kg schwer.

$\frac{1}{4}\,^0/_{00}$ Maklergeb. (Mindergew. beachten! Vgl. S. 102).

3. Verkauf an die Reichsbankhauptstelle Dresden (Mittelkurse):

1500 hfl. holländische Noten, 7500 Kč. tschech. Noten (in kl. Abschnitten), 3200 S österr. Noten. Gebühr $\frac{1}{4}$%.

4. Verkauf an eine Privatbank:

450 Kr. schwedische, 330 Kr. dänische und 650 Kr. norweg. Noten; $\frac{1}{2}\,^0/_{00}$ Maklergeb., $\frac{1}{8}$% Prov. (obwohl nicht zum Mittelkurs).

5. Umwechselgeschäft in Berlin:

Man verkauft 500 Sovereigns, 3,979 kg schwer (Mindergewicht!) mit $\frac{1}{2}\,^0/_{00}$ Maklergeb. und kauft für den Reinertrag (große) Dollar-Noten (kleinste Stücke = 5$).

a) Welchen Reinertrag bringt der Verkauf?

b) Wieviel Dollar kann man kaufen, und welcher Überschuß ergibt sich?

c) Wieviel 1$-Noten kann man für diesen Überschuß noch kaufen (anderer Kurs), und welcher Rest verbleibt nun noch?

*6. Verkauf an der Wiener Börse mit $\frac{1}{2}$ %₀ Maklergeb.:

250 Zwanzigmarkstücke, 1,985 kg schwer, zu 33.90 S je Stck. und
375 Zwanzigfrankstücke, 2,412 kg schwer, zu 27.50 S je Stck.

Anm. Mindestgewicht der 20 ℳ-Stücke   = 3.975 kg für 500 Stück,
      „   „   20 Frs.-Stücke = 3.220 kg für 500 Stück.
Vergütung für jedes halbe Gramm Fehlgewicht = S 2.125.

*7. Gewechselt in Paris: 720 mexikan. Piaster zu 2.45 und 150 Guillaumes (20 ℳ-Stck.) zu 24.65 gegen schwed. 10 Kr.-Goldstücke zu 27.55; Rest in Francs und Centimes. (Kurse in Frs. je Stück.)

*8. In Paris al marco verkauft im Juli 1914: 5,245 kg Imperiale (10 Rbl.-Stck.) zu 3148.29 Frs. für 1 kg r. und 4,7135 kg Golddollars zu 3093.30 Frs. für 1 kg r.; Provision $\frac{1}{4}$%, Maklergebühr $\frac{1}{8}$%.

*9. London. Kauf an der Börse: 1500 türk. Pfund = 347,32 oz., zu 77/8 d, 2000 amerikan. Eagles = 1075,1 oz., zu 76/3$\frac{1}{2}$ d je oz.

*10. In London wurden für Rechnung von Zürich begeben (verkauft): 5000 20-Frs.-Stücke, 1037 oz. schwer, zu 76/4$\frac{3}{4}$ d. Wie groß ist **a)** der Bruttoertrag in engl. Gelde, **b)** der Reinertrag in Francs, wenn $\frac{3}{4}$ %₀ Fracht und kl. Spesen, sowie $\frac{1}{2}$ %₀ Versicherungsprämie in Abzug gebracht werden und 1 £ = 25.30 Frs. zu rechnen ist, **c)** der hieraus für Zürich sich ergebende Gewinn?

Zusatz: Agio- und Disagio-Berechnungen.

Man kann die heutigen Notenkurse in zwei Gruppen bringen: Sie entsprechen entweder nahezu den Preisen der Goldstückeinheiten — das ist der Fall bei denjenigen Ländern, die in den Weltkrieg nicht verwickelt waren oder die durch günstige Finanzlage oder durch Umstellung (Stabilisierung) der Währung ihre Noten hinreichend durch Gold und Golddevisen gedeckt haben (Holland, Schweiz, Schweden; England, Vereinigte Staaten, Canada; Deutschland, Österreich, Danzig u. a.) — oder sie offenbaren eine mehr oder weniger starke Minderwertigkeit der Papiereinheiten gegenüber den Goldmünzen, sind „entwertet", tragen ein „Agio".

Unter „Agio" (Goldagio) versteht man (vgl. Teil I S. 110) den Aufschlag (das Aufgeld) bei Zahlung in schlechteren Geldeinheiten anstatt in Goldeinheiten. Man drückt es in der Regel durch einen Prozentsatz aus. Ein Land hat ein Goldagio von 150% bedeutet z. B., daß dort 100 Goldeinheiten gleichwertig sind mit (100 + 150 =) 250 Papiergeldeinheiten. Man kann diese Unterwertigkeit des Papiergeldes aber auch so kennzeichnen, daß man den 100 Papiergeldeinheiten eine geringere Anzahl von Goldeinheiten gegenüberstellt, also einen Abschlag macht. Man spricht dann von einem (Papier-) Disagio. Im vorstehenden Beispiele besteht ein Papierdisagio von 60%, d. h. es sind 100 Papiergeldeinheiten gleichwertig mit $(100 \div 60 =)$ 40 Einheiten in Gold. Es ist leicht einzusehen, daß der die gleiche Minderwertigkeit ausdrückende Disagiosatz stets hinter dem Agiosatze zurückbleiben muß; während das Agio theoretisch über alle Werte wachsen kann, ist das Disagio an den Grenzsatz 100 gebunden.

Ein noch einfacheres Maß dieser Unterwertigkeit bildet der — namentlich in der Inflationszeit vielgenannte und -benutzte — Entwertungsfaktor, d. i. der Quotient aus den einander entsprechenden Papier- und Goldeinheiten. Waren im August 1922 10 Goldeinheiten gleichwertig mit 2100 Papiergeldeinheiten, oder — wie das nach außen hin zur Geltung kam — stand der seinem innern Werte nach konstante (daher damals als Münzstandard dienende) amerik. Dollar gleich 882 Papiermark, statt 4,20 Goldmark, so war der Entwertungsfaktor der Mark $= 2100 : 10$ bzw. $= 882 : 4,20 = 210$; in unserm oben behandelten Beispiele würde der Entwertungsfaktor $= 250 : 100$ oder $= 100 : 40 = 2,5$ sein.

Beispiele.

1. Wieviel Goldlire sind 18900 £ Pap. bei einem ital. **a)** Goldagio von 440%, **b)** Papierdisagio von 82%? (Kette!) Wie groß ist in beiden Fällen der Entwertungsfaktor?

a) x £ G. = 18900 £ P.	**b)** x £ G = 18900 £ P.	Entw.-F. bei
540 = 100 £ G.	100 = 18 £ G.	**a)** 5,4 **b)** $5\frac{5}{9}$
x = 3500.— £ G.	x = 3402.— £ G.	

2. Zur Zeit werden für 100 Leï Pap. $\mathcal{RM}$ 1.95 bezahlt; wie groß sind Goldagio, Papierdisagio und Entwertungsfaktor für rumänisches Geld? (100 Leï Gold $= 81\ \mathcal{RM}$).

a) x Leï P. = 100 Leï G.	**b)** x Leï G. = 100 Leï P.
100 „ = 81 $\mathcal{RM}$	100 „ = 1,95 $\mathcal{RM}$
1,95 „ = 100 Leï P.	81 „ = 100 Leï G.
x = 4153.8	x = 2,407
Agio = $(4153,8 \div 100) = 4053,8\%$	Disagio = $(100 - 2,407) = 97,593\%$

c) Entw.-F. $= 81 : 1,95 = 41,54$

*Übungsaufgaben § 80 a.

1. Berechne Goldagio, Papierdisagio und Entwertungsfaktor (2 Dezim.) im Aug. 1926:

    a) für Frankreich: Kurs 177.50 (Pap.-Frs. f. 1 £); Goldparität   25.22

    b) „ Griechenland: „   4.74 ($\mathcal{RM}$ f. 100 Dr. Pap.); „   81.—

    c) „ Prag: Kurs 1360.— (Kč. Pap. f. 100 hfl);   „   198.375

    d) „ Brasilien: Kurs 7⅝ (d f. 1 Milr. Pap.);   „   26.935

2. Umzurechnen:

    a) Franz. Goldfrs. 885.— in Pap.-Frs. bei α) 560% Goldagio; β) 85% Pap.-Disagio.

    b) Port. Pap.-Esc. 126800.— in Gold-Esc. bei α) 95½% Disagio β) 1950% Agio.

3. Juli 1922 bis Juni 1923 stand der Dollar in Papiermark durchschnittlich:

Juli 492.60,   Aug. 1133.20,   Sept. 1464.—,   Okt. 3180.70,
Nov. 7183.10,   Dez. 7589.30,   Jan. 17662.30,   Febr. 27427.10,
März 21145.—,   Apr. 24538.20,   Mai 47782.80,   Juni 110242.30.

    a) Berechne überall Entwert.-Faktor (E), Goldagio (a) und Papierdisagio (d) (2 Dezim.).

    b) Stelle die Entwertung der Mark in einer fallenden Kurve dar. (Horizontale: Monate, je 1 cm; Senkrechte: umgekehrter Entwertungsfaktor (1 : E) in selbstgewählter passender Einheit.)

4. Umzurechnen: (Kettensatz).

    a) £ 445.30 in $\mathcal{RM}$, zu 81.— ($\mathcal{RM}$ f. 100 £ Gold) bei 500% ital. Goldagio.

    b) Frs. 5672.80 Gold in £, zu 176,50 (Frs. Pap. f. 1 £) bei. 605% franz. Goldagio.

    c) Peset. 1450.— Gold in hfl. zu 38.35 (hfl. f. 100 Pes. P.) bei 20% span. Pap.-Disagio.

    d) Kč. 2560.— Pap. in Frs. Pap. zu 105 (Goldfrs. f. 100 Kč. Gold) bei 560% tschechosl. und 600% franz. Goldagio.

5. Welches Papierdisagio entspricht **a)** 360%, **b)** allgemein a % Goldagio? (Formel!)

6. Welches Goldagio entspricht **a)** 82½%, **b)** allgemein d % Papierdisagio? (Formel!)

7. Welche allgemeine Beziehung besteht zwischen Entwertungsfaktor (E) einerseits und dem Agio (a) und Disagio (d) andrerseits? (Formeln!)

XI. Devisenrechnung.

Einführung.

Im internationalen Wirtschaftsverkehr — mag er sich vollziehen im Austausch von Waren oder in der Besorgung von Frachtgeschäften oder aber in der Hingabe von Kapitalien — entstehen Forderungen und Verbindlichkeiten zwischen verschiedenen Ländern. Der Ausgleich kann herbeigeführt werden entweder durch Geldsorten (Münzen oder Papiergeld) oder durch Wechsel, Schecke und Zahlungsanweisungen. Alle diese auf Auslandswährung lautenden Zahlungsmittel bezeichnet man im weiteren Sinne als Devisen. Von den Sorten wurde in der Münzrechnung bereits gehandelt. Die Devisenrechnung hat es nur zu tun mit den übrigen Zahlungsmitteln in fremder Währung, mit den Devisen im engeren Sinne: Zahlungsanweisung, Scheck und Wechsel.

Ihre Entstehung und Verwendung sei an einem einfachen Beispiele kurz gezeigt: Der Leipziger Kaufmann A. hat für 1200 £ Chemikalien nach London geliefert. Er zieht diese Forderung ein, indem er einen Wechsel (Tratte) über 1200 £ auf London ausstellt und ihn an seine Bank in Leipzig verkauft. Diese steht in laufender Verbindung mit einer Londoner Bank, durch die sie den Wechselbetrag am Verfalltage zu ihren Gunsten einziehen läßt. Auf dem Wege über die Devise entsteht somit aus der Warenausfuhr ein deutsches Bankguthaben im Auslande, über das jederzeit verfügt werden kann. — Der Leipziger Kaufmann B. dagegen steht mit 1000 £ in Londons Schuld, die er durch Anschaffung ausgleichen will. Er kauft deshalb zwecks Übersendung nach London von seiner Bank in Leipzig (es sei die gleiche) einen Wechsel (Rimesse) oder einen Scheck oder bittet um telegraphische Auszahlung. Bezogener ist in allen drei Fällen die Londoner Bank, bei der die Leipziger Bank (Aussteller) das Guthaben besitzt, aus dem also die Schuld des B. beglichen wird. — Wechsel und Scheck dürfen hier als bekannt vorausgesetzt werden: das Wesen der telegraphischen Auszahlung (T. T. = Telegraphic Transfer oder C. T. = Cable Transfer) wird aus folgendem Satze klar werden: Wenn die X-Bank an B. eine telegraphische Auszahlung über 1000 £ a/London verkauft, so verpflichtet sie sich, eine Londoner Bank am gleichen Tage auf drahtlichem Wege anzuweisen, der von B. genannten Firma 1000 £ sofort auszuzahlen.

Auch die Devisen sind, wie die Sorten, Gegenstand des Börsenhandels. Ein besonderes Kursblatt (vgl. die Beilage) enthält die täglichen Devisenpreise, die in einem Geld- und einem Briefkurs[1]) notiert werden. Während die Geschäfte an der Börse zum Mittelkurse, also zum Durchschnitts-

---

1) Vgl. dazu die Erklärung auf S. 102.

kurse der beiden Notierungen, abgeschlossen werden, rechnen die Privatbanken Kaufaufträge ihrer Kunden zum Briefkurse, Verkaufaufträge dagegen zum Geldkurse ab und sehen von der Einstellung einer Provision häufig ab. Die Reichsbank dagegen erteilt Abrechnung zum Mittelkurs und setzt als besonderen Posten eine Gebühr ein. Vgl. S. 110.

Und was bedeuten die Kurse? Die deutschen Devisenkurse geben den Preis in Reichsmark an für eine bestimmte Anzahl (meist 100) sofort fälliger ausländischer Geldeinheiten. Die Menge der ausländischen Geldeinheiten ist also feststehend — „die feste Valuta ruht im Auslande“ — der Preis in Reichsmark dagegen veränderlich, weil von der Marktlage abhängig. Dabei bedeutet naturgemäß das Steigen des Kurses eine Höherbewertung, sein Fallen eine Minderbewertung der betreffenden Auslandswährung. Man bezeichnet diese Notierungsweise, die auch sonst vorherrschend ist, als Preis- oder direkte Notierung. Eine andere Notierungsart wird teilweise von England und einigen überseeischen Staaten angewendet. (Vgl. S. 126.)

A. Die Devisenrechnung in Deutschland.
1. Berechnung des Wechselpari.

Da es sich bei den Wechselkursen im wesentlichen um die Vergleichung der Geldsorten zweier Länder handelt, so bilden auch die Ausmünzungsverhältnisse (Münzfüße) die Grundlage für den Wechselkurs. Ermittelt man nach diesen Verhältnissen für die in dem Kurse liegende feste Valuta die Anzahl der Geldeinheiten des andern Landes, so stellt man damit das sogenannte Wechselpari fest. Soll also z. B. das deutsche Pari für Wechsel auf Holland ermittelt werden, so ist zu untersuchen, wieviel $\mathscr{R}\mathscr{M}$ Gold dem Golde in 100 hfl. entsprechen. Diese Goldgleichheit (Parität) stellt den Angelpunkt der Kursbewegung dar. Die durch Angebot und Nachfrage hervorgerufenen Abweichungen nach unten und oben können nicht erheblich sein, wenn Gold die Währungsgrundlage der beiden in Vergleich tretenden Länder bildet. Dagegen erleiden die Wechselkurse dann bedeutende Schwankungen, wenn in einem der Vergleichsländer statt des Goldes eine weniger feste Geldgrundlage (Silber oder gar Papier) vorhanden ist; denn in diesem Falle müssen die Veränderungen des Silberpreises oder des Goldagios (vgl. S. 104) auch im Wechselkurse zum Ausdruck kommen. Dann kann von einem festen Pari nicht mehr die Rede sein.

Beispiele.

1. Berechne das deutsche Pari
   a) für Wechsel auf Zürich, b) für Wechsel auf Spanien bei Berücksichtigung von 30 % spanischem Goldagio!
   Über die Ausmünzungsverhältnisse vgl. S. 90.

a) x $\mathscr{RM}$ Gold = 100 Frs. Gold   **b)** x $\mathscr{RM}$ = 100 Pes. Pap.

    3100 = 1000 g r.   130 = 100 ,,   Gold

    1000 = 900 g f.   3100 = 900 g f.

    1000 = 2790 $\mathscr{RM}$ Gold   1000 = 2790 $\mathscr{RM}$

       x = 81 $\mathscr{RM}$ x = $\mathscr{RM}$ 62.31

2. Ermittle das (schwankende) Pari für Londoner Wechsel in Shanghai (in s und d für 1 Sh.-Taël, der 33,91 g Feinsilber enthält; Silberpreis 30 d für 1 oz Stand.).

$$x\,d = 1 \text{ Sh.-Taël}$$
$$1 = 33,91 \text{ g f.}$$
$$222 = 240 \text{ g Stand.}$$
$$31,1035 = 1 \text{ oz.} \quad ,,$$
$$1 = 30 \text{ d}$$
$$x = 35,36 = \text{ca. } 2 \text{ s } 11\tfrac{5}{16} \text{ d.}$$

Übungsaufgaben. § 81.

1. Berechne den deutschen Parikurs für Wechsel

   a) auf Amsterdam,   **b)** auf Wien,   **c)** auf Danzig,

   d) ,, Stockholm,   **e)** ,, Neuyork,   **f)** ,, London.

2. Ermittle das (schwankende) Pari in Berlin für Wechsel

   a) auf Paris bei 500 % Goldagio (April 1926),

   b) ,, Italien bei 400 % Goldagio,

   c) ,, Prag bei 575 % Goldagio,

   d) ,, Lissabon bei 1900 % Goldagio!

3. Welches Pari ergibt sich für (Reichsmark-)Wechsel auf Deutschland:

   a) in Amsterdam,   **b)** in Wien,   **c)** in Danzig,

   d) ,, Stockholm,   **e)** ,, Zürich,   **f)** ,, Neuyork?

Anm. Zu fragen ist: wieviel hfl., S usw. = 100 $\mathscr{RM}$?

4. Welches (schwankende) Pari ergibt sich für deutsche Wechsel

   a) in Madrid bei 30 % span. Goldagio,

   b) ,, Prag bei 550 % tschechosl. Goldagio,

   c) ,, Paris bei 450 % franz. Goldagio?

***5.** Ermittle das Pari:

   a) für Schweizer Wechsel in Amsterdam (hfl. für 100 Frs.),

   b) ,, Londoner Wechsel in Wien (S für 1 £),

   c) ,, Londoner Wechsel in Yokohama (s und d für 1 Yen).,

   d) ,, Amsterdamer Wechsel in Prag (Kč. für 100 hfl.; tschech. Goldagio 540 %).

***6.** Um wieviel Promille (2 Dezim.) über oder unter pari stehen folgende Berliner Kurse:

    a) auf Amsterdam 168,91,   **b)** auf Japan 1,98,

    c) ,, London   20,42,   **d)** ,, Danzig 81,55.

***7.** Wieviel Prozent (1 Dezim.) beträgt das brasil. Goldagio bei einem Kurse von 0,62 in Berlin?

2. Berechnung des Wertes von Devisen.

Spesen in der Devisenrechnung:

Maklergebühr (vom ausmachenden Betrage zu berechnen; mindestens $\mathscr{RM}$ 0.30):

$\frac{1}{4}{}^0/_{00}$ bei Käufen von Golddevisen sowie der Devisen Danzig, Helsingfors, Prag und Wien (Verkäufe sind gebührenfrei).

$\frac{1}{2}{}^0/_{00}$ bei An- und Verkäufen der Devisen Athen, Budapest, Bukarest, Jugoslawien und Sofia.

$1{}^0/_{00}$ bei An- und Verkäufen der Devisen Warschau, Kowno, Reval und Riga.

Bei den zwischen Bank und Kunden unmittelbar getätigten Devisengeschäften wird gewöhnlich von der Berechnung einer Maklergebühr abgesehen.

Provision:

Privatbanken erledigen größere Aufträge meist provisionsfrei; für Aufträge bis 300 $\mathscr{RM}$ werden $\mathscr{RM}$ 0.25 berechnet. Ihr Verdienst liegt, wie schon angedeutet (S. 108), im Unterschied zwischen dem Mittelkurs einerseits und dem Brief- oder Geldkurs andererseits. Die Reichsbank rechnet zum Mittelkurs ab und beansprucht an Provision $1{}^0/_{00}$, mindestens $\mathscr{RM}$ 0.50 für jede Währung, bei Aufträgen im Werte von über 50000 $\mathscr{RM}$ für den überschießenden Betrag $\frac{1}{2}{}^0/_{00}$.

Börsenumsatzsteuer:

Seit 1. 4. 26 ist die Umsatzsteuer auf Devisen und Sorten aufgehoben.

a) Telegraphische Auszahlungen.

Beispiele.

1. A. kauft von seiner Bank eine telegraphische Auszahlung von £ 684.96 a/London zu 20.455 (Briefkurs).

£ 684,75 tel. Ausz. a/London zu 20,455 = $\underline{\mathscr{RM}\ 14000.93}$.

2. B. verkauft durch seine Bank an der Börse Esc. 18340 telegr. Auszahlung a/Lissabon zu 21.425 (Geldkurs).

Esc. 18340.— zu 21.425 (für 100 Esc.) $= \mathscr{RM}\ 3929.35$

$\div \frac{1}{2}\,{}^0/_{00}$ Maklergeb. $=$ „   1.96

$= \mathscr{RM}\ 3927.39.$

b) Schecke und Wechsel.

Für Wechsel und Schecke werden keine besonderen Kurse notiert; sie werden vielmehr auch zu den Kursen für telegraphische Auszahlungen gehandelt. Da sie aber wegen der räumlichen Entfernung des Zahlungslandes erst eine gewisse Zeit nach dem Kauftage eingelöst werden können, ist ihr wirklicher Wert (ausmachender Betrag) um die Zinsen (Diskont) vom Kauftage bis zum Einlösungstage geringer als ihr Kurswert. Die Anzahl dieser Diskonttage (Reisetage) für Schecke, Sichtwechsel und briefliche Auszahlungen ist abhängig von der Entfernung des Zahlungslandes.

Die Reichsbank rechnet für Schecke:

  auf Japan . . . . 42 Tage.
  „ Brasilien, Argentinien, Uruguay . 36 „
  „ USA. und Canada . . . . 18 „
  „ Spanien, Portugal, Jugoslawien,
    Bulgarien, Türkei, Finnland . . . 8 „
  „ das übrige Europa[1] . . . . . . 5 „

Für Wechsel mit bestimmtem Verfalltage berechnet sie die wirkliche Laufzeit; bleibt diese jedoch hinter den aufgeführten Tagen zurück, so ist Diskont für die angegebenen „Mindesttage“ zu berechnen. Für unakzeptierte Zeitsichtwechsel erfolgt ein Zuschlag von 10—47 (Japan) Tagen, der in den Aufgaben genau bezeichnet ist.

Der Zinsenberechnung wird der offizielle Diskontsatz des Zahlungslandes — mindestens jedoch 5% — zugrunde gelegt.

Für Schecke, welche die Bank an die Kundschaft abgibt. erfolgt keine Zinsvergütung.

Die Privatbanken passen sich diesen Bedingungen an, doch kommen auch Abweichungen vor.

1. Beispiel.

Welchen Ertrag geben G 8327.50 f. 13. Mai a/Danzig, verkauft am 1. Mai zu 80.40 frei Spesen (Bankdiskont $7\frac{1}{2}$%)?

---

1) Schecke auf Griechenland, Rumänien, Rußland und die neuen Oststaaten werden z. Zt. nicht angenommen.

Drei Wege sind für die Lösung möglich:

a) G 8327.50 f. 13. 5. zu 80.40 . . . . = $\mathscr{RM}$ 6695.31

      $\div$ Zinsen 12/7½% (= ¼%) . . . = ,,   16.74

              Wert 1. 5. . . . . . . = $\mathscr{RM}$ 6678.57

b)   G 8327.50 f. 13. 5

  $\div$,,   20.82 Zinsen 12/7½%

    G 8306.68 f. 1. 5. zu 80.40 . . . . = $\mathscr{RM}$ 6678.57

c)   G 8327.50 f. 13. 5. zu 80.40 (für 100 G f. 1. 5.)

         $\div$ 0,201 Zinsen 12/7½%

      = zu 80,199 (für 100 G f. 13. 5.) = $\mathscr{RM}$ 6678.57

Anm. Man nennt den auf den Wechselverfalltag gestellten Kurs (vgl. c), der also „so, wie er ist" zur Berechnung benutzt werden kann, einen „tel quel-Kurs"; er bedeutet hier also, daß 100 G fäll. 13. 5. durch b a r e (am 1. 5. fällige) $\mathscr{RM}$ ausgeglichen werden. — Von den drei Arten der Berechnung ist die 3. (unter c) entschieden die unbequemste, weil man zur Erzielung einer hinreichenden Genauigkeit des Endergebnisses den Kurs meist bis auf eine größere Anzahl von Dezimalen berechnen muß. Die Methoden a) und b) sind im allgemeinen gleich einfach; da die ausländische Wechselsumme aber häufig ein runder Betrag ist, der sich bequem umrechnen läßt, und da man die Zinsenberechnung gewohntermaßen leichter am inländischen Geldbetrage ausführt, so bevorzugt man in der Praxis mit Recht den 1. Weg, rechnet also erst um und subtrahiert dann die Zinsen. Sind indes m e h r e r e Devisen derselben Währung zum gleichen Kurse zu berechnen, so verdient die 2. Methode vor der 1. entschieden den Vorzug (vgl. Beispiel 3).

2. B e i s p i e l.

Am 16. März werden an die Reichsbankhauptstelle in Leipzig verkauft: £ 312.16.6 Scheck a/London, $ 9000.— Scheck a/Neuyork und hfl. 1850.— f. 10. April a/Amsterdam; Gebühr 1°/₀₀.

Leipzig, 16. März 19. .

Verkauf:

£ 312.16.6 Scheck a/London zu 20.405 = $\mathscr{RM}$ 6383.19

          $\div$ Zinsen 5/5% =   ,,   4.43 $\mathscr{RM}$ 6378.76

$ 9000.— Scheck a/Neuyork zu 4.195 = $\mathscr{RM}$ 37755.—

          $\div$ Zins. 18/5% =   ,,   94.39   ,,   37660.61

hfl. 1850.— f. 10. April a/Amsterdam

       zu 168.70 . . . . = $\mathscr{RM}$ 3120.95

          $\div$ Zs. 24/5%   =   ,,   10.40   ,,   3110.55

                             $\mathscr{RM}$ 47181.86

          $\div$ 1°/₀₀ Gebühr . . ,,   47.15

                             $\mathscr{RM}$ 47102.77

3. Beispiel.

Kauf am 5. Nov.:

		Tage	Nr.
Frs.	6 456.50 Scheck a/Paris	—	—
„	14 750.— f. 10. Nov. „	5	738
„	8 420.— f. 11. Dez. „	36	3030
„	12 000.— f. 23. Dez. „	48	5760
Frs.	41 626.50		9528
÷ „	198.50 Zs. zu $7\frac{1}{2}\%$		

Frs. 41 428.— f. 5. Nov. zu 14.275 . . . . = $\mathscr{R}\mathscr{M}$ 5913.85

+ Maklergeb. $\frac{1}{2}\,^0/_{00}$ . . . . = „   2.96

$\mathscr{R}\mathscr{M}$ 5916.81

Anm. Der Vorteil dieses Verfahrens liegt darin, daß nur eine Umrechnung nötig ist. — Auf den Scheck erfolgt kein Zinsabzug, da er von der Bank verkauft wird (vgl. S. 111).

Übungsaufgaben. § 82.

Kurse und Diskontsätze sind, soweit die Aufgaben sie nicht enthalten, der Beilage zu entnehmen; die Tageberechnung soll nach den Bestimmungen der Reichsbank (vgl. S. 111) erfolgen; Monat 30 Tage.

1. Zur Begleichung einer Warensendung aus Amsterdam kauft A. von seiner Bank hfl. 7324.50 telegr. Auszahlung a/Amsterdam zum Briefkurse vom 27. Mai. Mit welchem Betrage wird sein Konto belastet?

2. Verkauf am 28. Mai: Kř. 21 975. — telegr. Auszahlg. a/Prag.

3. Verkauf am 27. Mai: Belga 2520.— telegr. Auszahlg. a/Brüssel; Maklergebühr $\frac{1}{2}\,^0/_{00}$.

4. Verkauf am 28. Mai: £ 364.15.6 telegr. Auszahlung a/London; Maklergebühr $\frac{1}{4}\,^0/_{00}$.

5. B. verkauft am 28. Mai einen für eine Warensendung nach Wien erhaltenen Scheck über S 8250.— a/Wien an seine Bank. Welchen Betrag schreibt diese ihm gut?

6. Verkauf am 27. Mai: Peso 1437.50 Scheck a/Buenos Aires; Diskont 8%; Maklergebühr $\frac{1}{2}\,^0/_{00}$.

7. Kauf am 28. Mai: $ 1280.— f. 25. Juni a/Neuyork; Prov. $1\,^0/_{00}$.

8. Verkauf am 28. Mai: Esc. 7360.— Scheck a/Lissabon; Maklergebühr $\frac{1}{2}\,^0/_{00}$, Prov. $1\,^0/_{00}$.

9. Verkauf am 27. Mai: Kr. 5617.50 f. 1. Juli a/Oslo; Spesen $\mathscr{R}\mathscr{M}$ 2.50.

10. Verkauf am 27. Mai an die Reichsbank zum Mittelkurs: G 2425.—
f. 21. Juni a/Danzig; Prov. $1\,^0/_{00}$.

11. Kauf am 28. Mai: Kr. 975.— f. 60 Tage nach Sicht (Mon. genau!)
a/Stockholm, akzept. am 3. Mai; Maklergebühr $\frac{1}{4}\,^0/_{00}$.

12. Verkauf am 21. Febr. an die Reichsbank: \$ 1064.50 f. 90 Tage nach
Sicht a/Neuyork zu 4.20; nicht akzeptiert, deshalb 23 Tage Zuschlag
(für Reise u. Akzepteinholung); Gebühr $1\,^0/_{00}$; deutsche Wechselsteuer (halber Satz[1])).

13. Kauf am 27. Mai: Zloty 3460.— f. bei Sicht a/Warschau; Disk. auf
5 Tage zu 8%; Maklergebühr $1\,^0/_{00}$.

14. Verkauf am 1. Dez.: Frs. 13500.— f. 3 Mon. dato a/Zürich zu 80.95,
ausgestellt am 30. Nov.; deutscher Wechselstempel (halber Satz).

15. Verkauf am 28. Mai: Pengö 4660.— Scheck a/Budapest; Maklergebühr $\frac{1}{2}\,^0/_{00}$, Prov. $1\,^0/_{00}$.

16. Kauf am 30. Aug.: £ 209.13.— f. 1. Okt. a/London zu 20.43; Maklergebühr $\frac{1}{4}\,^0/_{00}$, Prov. $\frac{1}{8}\%$.

17. Kauf am 27. Mai: Milreis 15240.— Sichtwechsel a/Rio de Janeiro;
Maklergeb. $\frac{1}{2}\,^0/_{00}$.

18. Verkauf am 29. Jan.: Peso 825.— (Gold), f. 24. März a/Montevideo
zu 4.33; Prov. $\frac{1}{8}\%$.

19. Kauf am 28. Mai: Fmk. 19500.— Scheck a/Helsingfors. Maklergebühr $\frac{1}{4}\,^0/_{00}$; kleine Spesen RM 1.50.

20. Verkauf am 27. Mai: 3300 türk. Pfund f. 30. Juni a/Konstantinopel;
Provision $\frac{1}{8}\%$.

21. B. übergiebt seiner Bank am 28. Mai:
Lewa 62525.— telegr. Auszahlg. a/Sofia,
Dinar 28750.— Scheck a/Belgrad und
Drachmen 46475.— f. 28. Juni a/Athen.
Welchen Betrag schreibt ihm die Bank gut, wenn sie $\frac{1}{2}\,^0/_{00}$ Maklergeb.
und $\frac{1}{8}\%$ Prov. berechnet?

22. C. verkauft an seine Bank am 27. Mai:
Yen 3500.— Scheck a/Tokio und
Lei 40000.— Scheck a/Bukarest (10 Tage).
Mit welchem Betrage erkennt sie ihn bei Anrechnung von $\frac{1}{2}\,^0/_{00}$
Maklergebühr und $\frac{1}{8}\%$ Provision?

---

1) Für die Berechnung der deutschen Wechselsteuer (10 Rpf für je angef.
100 RM) ist der zum amtlichen Mittelkurse in Reichsmark umgerechnete Betrag maßgebend. Für Wechsel, die vom Inland auf das Ausland gezogen
und im Auslande zahlbar sind, beträgt die Steuer die Hälfte des Inland-
satzes; sie ist auf volle 10 Rpf aufzurunden. Steuerfrei sind derartige Wechsel,
wenn sie bei Sicht oder innerhalb 10 Tagen zahlbar sind und vom Aussteller
unmittelbar ins Ausland gesandt werden.

23. Kauf am 27. Mai mit $1\,{}^0/_{00}$ Maklergebühr und $\frac{1}{8}\%$ Provision:
Estn. Mk. 84500.— Scheck a/Reval (keine Zinsvergütung),
Lat 2365.— f. 10. Juli a/Riga und Lit 1850.— f. 1. Aug. a/Kowno.

24. Kauf am 9. Oktober mit $\frac{1}{4}\,{}^0/_{00}$ Maklergebühr:
£ 427.15.6 telegr. Auszahlg. a/London zu 20.465,
$ 1200.— f. 3. Nov. a/Neuyork zu 4,21,
hfl. 2925.— f. 1. Dez. a/Rotterdam zu 169.18.

25. Kauf am 25. Febr. mit $\frac{1}{4}\,{}^0/_{00}$ Maklergeb. (Kurse vom 27. 5.):
Frs. 575.— f. 7. März a/Zürich, Kr. 692.50 f. 1. April a/Stockholm.

26. Verkauf an die Reichsbank am 28. Mai (Mittelkurse) mit $1\,{}^0/_{00}$ Gebühr:
Peset. 4837.50 Scheck a/Madrid, Frs. 13640.— f. 13. Juni a/Paris,
£ 15185.— f. 1. Aug. a/Mailand.

27. Welches wäre der Ertrag vorstehender Verkäufe (Aufg. 26) bei einer
Privatbank, die den Geldkurs des gleichen Tages zugrunde legt und
von Gebühren absieht? Welcher Weg ist also für den Verkäufer
vorteilhafter?

28. Folgende Devisen auf Amsterdam werden am 27. Januar zu 168.85
mit $\frac{1}{8}\%$ Provision von einer Dresdner Bank übernommen:
hfl. 2624.50 Scheck,   hfl. 1297.80 f. ult. Febr.,
„ 3640.— f. 13. Febr.,   „ 6400.— f. 1. März.
Welcher Betrag ist dem Verkäufer gutzuschreiben?

29. Kauf am 18. Sept. zu 81.27 mit $\frac{1}{4}\,{}^0/_{00}$ Maklergebühr:
Frs. 8100.— telegr. Auszahlung.,   Frs. 1540.— f. 17. Okt.
„ 5000.— f. 3. Okt.,   „ 2470.— f. 31. Okt.
Zahlungsort für alle 4 Devisen ist Zürich.

30. Verkauf am 28. Mai mit $\frac{1}{2}\,{}^0/_{00}$ Maklergeb. und $1\,{}^0/_{00}$ Prov.:
Pes. 4500.— Scheck,   Pes. 1328.75 f. 4. Juni (Mindesttage!),
„ 3181.50 f. 12. Juni,   „ 1500.— f. 30. Juni,
„ 640.— f. 5. Juli; alle auf Barcelona.

31. Welchen Reinertrag ergeben folgende am 23. März zu 59.20 mit $\frac{1}{8}\%$
Provision verkaufte Wiener Wechsel:
S 1487.50 f. 31. März,   S 1000.— f. 29. April,
„ 720.— f. 15. April,   „ 650.— f. 1. Mai.

32. D. erbittet von seiner Bank am 27. Mai folgende Devisen auf Prag:
Kč. 6250.— telegr. Auszahlg.,   Kč. 12000.— f. 27. Juni,
„ 9400.— Scheck (keine Zinsen),   „ 3280.— f. 12. Juli.
Für welchen Betrag ist D. zu belasten bei Berechnung von $\frac{1}{4}\,{}^0/_{00}$
Maklergeb., $\mathscr{RM}$ ... deutsche Wechselsteuer (auf die beiden Wechsel
halber Satz) und $\mathscr{RM}$ 3.75 sonstige Spesen?

8*

33. Verkauf folgender Devisen auf Paris am 28. Mai mit $\frac{1}{2}{}^0/_{00}$ Maklergebühr und $1{}^0/_{00}$ Provision:

Frs. 5825.— Scheck, Frs. 11920. — f. 21. Juni,
„ 4760.— f. 60 Tage nach Sicht (nicht akz., + 10 Tage).

34. Kauf am 1. März zu 4.215 mit $\frac{1}{4}{}^0/_{00}$ Maklergebühr:

$ 415.—telegr. Auszahlg., $ 621.50 f. bei Sicht,
„ 1064.— f. 2 Mon. dato (ausgest. am 28. Febr.).

35. Verkauf am 6. Okt. mit $1{}^0/_{00}$ Maklergeb. und $\frac{1}{8}\%$ Prov. zu 214.80,
Diskont $7\frac{1}{2}\%$, folgende Moskauer Papiere:

Rbl. 1560. telegr. Auszahlg.,　　Rbl. 5500.— Scheck (10 Tage),
„ 2483.50 f. 21. Okt.,　　　　　　„ 3000.— f. 31. Okt.

In den Aufgaben Nr. 36—40 handelt es sich um Devisen auf englische
Plätze. Für die Diskontberechnung sind die Zinsnummern auf 1 Dezimale
zu ermitteln.

36. Verkauf am 28. Mai, spesenfrei:

£ 309.10. 2 telegr. Auszahlg., £ 796. 4.— Scheck,
„ 261.—.10　„　　　　　„　　„ 888.15.8 f. 10. Juni.

37. Kauf am 3. Okt. zu 20.445 (Disk. $4\frac{1}{2}\%$) mit $\frac{1}{4}{}^0/_{00}$ Maklergebühr:

£ 609.—.8 telegr. Auszahlung, £ 373. 4. 5 f. 9. Okt.,
£ 435. 2. 9 Scheck (keine Zs.),　„ 533.14.— f. 16. Okt.

38. Kauf am 1. August zu 20.464 (Disk. 4%) mit $\frac{1}{4}{}^0/_{00}$ Maklergebühr:

£ 323.12.4 f. 18. Aug.,　£ 503.17. 6 f. 25. Aug.,
„ 944.—.8 f. 29. Okt.,　　„ 218.15.10 f. 31. Okt.

39. Verkauf am 23. Febr. zu 20.385 (Disk. $3\frac{1}{2}\%$) mit $\frac{1}{8}\%$ Provision:

£ 845.13. 6 telegr. Ausz.,　　　£ 449.18. 2 Scheck,
„ 311. 6. 4 f. 1. März,　　　　„ 375.—.10 f. 4. März,
„ 219.17.— f. 60 Tage n. S. (akz. am 28. Jan.).

40. Verkauf zum Mittelkurs vom 27. Mai mit $1{}^0/_{00}$ Gebühr:

£ 62.12.— telegr. Ausz.,　　　£ 108. 9. 6 Scheck,
„ 87.15. 7 f. 1. Juni,　　　　„ 73.18.— f. 17. Juni.

Der auf S. 112, Beisp. 1 unter c) gezeigte Weg, den notierten Kurs
dem Verfalltage der zu berechnenden Devise anzupassen, ihn in einen
telquel-Kurs zu verwandeln, findet in der Praxis nur selten Anwendung.
Rechnerische Gründe veranlassen uns jedoch, auch dazu einige Aufgaben folgen zu lassen.

***41.** Verwandle **a)** den amtlichen Geldkurs 168.73, **b)** den Briefkurs
169.15 a/Amsterdam in einen Scheckkurs! (5 Diskonttage, $3\frac{1}{2}\%$).

***42.** Rechne den Briefkurs 60.68 a/Spanien in einen Scheckkurs um (8 Diskonttage, 5%) und erkläre seine Bedeutung.

***43.** Welcher telquel-Kurs ergibt sich für einen am 3. August fälligen Wechsel a/Zürich aus dem amtlichen Geldkurs 81.07 vom 27. Juni? ($3\frac{1}{2}$%.) Deutung dieses Kurses!

***44.** Der amtliche Briefkurs a/Danzig vom 19. Jan. lautet auf 81.12; welcher telquel-Kurs ergibt sich daraus für einen am 4. März fälligen Wechsel a/Danzig? (7%.)

***45.** Eine Leipziger Bank übernimmt von ihrem Kunden am 23. Sept. £ 514.8.6 f. 7. Nov. a/London und legt der Abrechnung den telquel-Kurs zugrunde. Geldkurs vom 23. Sept. = 20,405; Disk. $4\frac{1}{2}$%.

a) Zu welchem Kurse rechnet sie ab?

b) Welchen Betrag schreibt sie dem Kunden gut bei Berücksichtigung von 1 $^0/_{00}$ Provision?

Zusatz. Die frühere Notierungsweise der Devisenkurse in Deutschland.

Hinsichtlich der Notierungsweise der Devisenkurse wichen die verschiedenen deutschen Börsenplätze vor dem Kriege erheblich voneinander ab. Wir beschränken uns hier auf eine kurze Darstellung der Berliner Usanzen. Berlin notierte im allgemeinen für jedes Land zwei Kurse: einen für baldfällige (kurzfristige) Papiere unter der Bezeichnung „kurze Sicht" (k. S.) und einen für langfristige Papiere unter dem Ausdruck „lange Sicht" (l. S.). Der „kurze Sicht-Kurs" war (von einigen Ausnahmen abgesehen) ein 8 Tage-Kurs, der „lange Sicht-Kurs" ein 2 Monat-Kurs. Die Deutung dieser Begriffe läßt sich am besten an ein Beispiel anschließen.

Beispiel. Berliner Kurse vom 1. Juli 1914 auf Amsterdam: 169.20 k. S. und 168.30 l. S.

```
                    Stichtag der k. S.            Stichtag der l. S.
          1/7.        ←— 9/7. —→                    ←— 1/9. —→
Schaubild.  |——————————————|————————————————————————|———————————
                  + Zins 169.20 ÷ Zins         + Zins 168.30 ÷ Zins.
```

Erklärung. Am 1. 7. 14 waren die in Berlin gehandelten kurzfristigen Devisen auf Amsterdam zu 169.20, die langfristigen zu 168.30 umzurechnen. War ein Wechsel 8 Tage nach dem 1. 7., also am 9. 7. (am „Kursstichtage") fällig, so entsprach der umgerechnete Betrag (Kurswert) seinem wirklichen Werte; lag der Verfalltag vor dem 9. 7., so war der Kurswert um die Zinsen vom Verfalltage bis zum Kursstichtage zu vermehren; lag der Verfalltag nach dem 9. 7., so war der Kurswert um die Zinsen vom Kursstichtage bis zum Verfalltage zu vermindern. — Kursstichtag der langen Sicht war der 1. 9.; bei früher fälligen Wechseln kam ein Zinszuschlag, für später fällige Wechsel ein Zinsabzug in Betracht. Zum k. S.-Kurse wurden Wechsel mit 5 bis 14 tägiger, zum l. S.-Kurse solche mit $1^1/_2$- bis 3 monatiger Laufzeit gehandelt; die in der Zwischenzeit fälligen („mittelsichtigen") Wechsel unterlagen besonderer Vereinbarung.

Der Unterschied der beiden Kurse entsprach etwa dem Zinsbetrag von $\mathcal{RM}$ 169.20 auf 52 Tage (2 Mon. ÷ 8 Tage). Vgl. dazu in dem Kapitel „Arbitrage" den Abschnitt „Wahl zwischen kurzer und langer Sicht".

Über die künftige Entwicklung der Devisennotierungen in Deutschland geht die Meinung in Bankkreisen dahin, daß:

1. die Einheitlichkeit der Notierungsweise an allen deutschen Börsenplätzen beibehalten werden wird;
2. die Kurse für telegraphische Auszahlungen bleiben werden (an Stelle der früheren kurzen Sicht);
3. neben diese aber vielleicht eine zweite Notierung für langfristige Papiere treten wird.

Der letzte Gesichtspunkt hat uns veranlaßt, die frühere Notierungsweise wenigstens in den Grundzügen — unter bewußter Ausschaltung aller Einzelheiten und Ausnahmen — darzustellen.

3. Ausgleichsdevisen (Netto appoints).

In allen Beispielen und Übungen des vorigen Abschnitts handelt es sich darum, Devisenwerte, also Beträge in Auslandswährung in Reichsmark umzurechnen. Nicht selten aber wird der Kaufmann auch vor die Aufgabe gestellt, für eine gegebene Reichsmarksumme den entsprechenden Devisenbetrag zu ermitteln. A. in Dresden schuldet z. B. an Prag 2000 $\mathscr{RM}$. Im Einverständnis mit seinem Gläubiger will er dieses Schuld durch Anschaffung und Übersendung einer Kronendevise (telegr. Auszahlung, Scheck oder Wechsel) auf Prag tilgen. Für den Ankauf der Devise einschließlich aller Spesen will A. genau 2000 $\mathscr{RM}$ aufwenden. Der Kronenbetrag ist zu errechnen.

Oder: A. hat eine Forderung von 3000 $\mathscr{RM}$ an Wien. Er will sein Guthaben dadurch einziehen, daß er einen Schillingwechsel auf Wien zieht und an seine Bank in Dresden verkauft. Es ist klar, daß er aus diesem Verkauf nach Abzug aller Spesen genau 3000 $\mathscr{RM}$ lösen will. Der Schillingbetrag des Wechsels ist zu ermitteln.

Über die Berechnungsweise dieser dem Ausgleich einer Forderung oder Schuld dienenden Wechsel (Ausgleichstratten, Ausgleichsrimessen, Netto appoints, Netto appunto) geben die folgenden Beispiele Aufschluß.

a) Der Ausgleich erfolgt spesenfrei.

1. Beispiel. Telegr. Auszahlung.

Zur Begleichung einer fälligen Schuld von $\mathscr{RM}$ 31500.— in Amsterdam kauft B. von seiner Bank am 21. Juni eine telegr. Auszahlung; auf wieviel hfl. lautet diese beim Kurse von 169.20?

Mit 1 hfl. telegr. Auszahlung deckt er 1,692 $\mathscr{RM}$ seiner Schuld; um $\mathscr{RM}$ 31500.— zu decken, muß er demnach soviel hfl. aufwenden als 1,692 in 31500 enthalten ist, d. i. 18617,02 mal; also telegr. Ausz. = hfl. 18617.02.

(Probe: hfl. 18617.02 telegr. Ausz. zu 169.20 = $\mathscr{RM}$ 31500.—).

Merke: Den Auslandsbetrag der telegr. Ausz. erhält man durch Division des angegebenen Reichsmarkbetrages durch den Kurs (bzw. durch 1% des Kurses).

2. Beispiel. Wechsel oder Scheck.

Die im vorigen Beispiele angegebene Schuld von $\mathscr{RM}$ 31 500.— soll durch einen Guldenwechsel (Rimesse), fällig 1 Mon. dato a/Amsterdam getilgt werden; auf wieviel hfl. lautet dieser?

Für die Lösung derartiger Aufgaben benutzen wir eine vorläufige Aufstellung (nach der Art der Abrechnung über An- und Verkäufe von Devisen), die wir vom gegebenen Endbetrage her, rückwärtsschreitend (vgl. die Pfeilrichtung!) ausfüllen. Die auf S. 112 gezeigten drei Wege sind auch hier möglich.

1. Weg:

Berlin, 21. Juni 19..

hfl. ...... f. 1 Mon. dato a/Amsterdam zu 169.20 $\mathscr{RM}$ . . . . ↑
    ÷ Disk. 30/4% (= $\tfrac{1}{3}$%) „ . . . . |
              $\mathscr{RM}$ 31 500.— |

Erl. 1. Diskont $= \tfrac{1}{3}$ % i/H. v. $\mathscr{RM}$ 31 500.— $= \mathscr{RM}$ 105.36 (vgl. I. Teil S. 206).

2. Kurswert $= \mathscr{RM}$ 31 500.— $+ \mathscr{RM}$ 105.35 $= \mathscr{RM}$ 31 605.35.

3. Devisenbetrag $=$ 31 605.35 : 1,692 $=$ hfl. 18 679.29.

Die ausgefüllte Rechnung lautet also:

hfl. 18 679.29 f. 1 Mon. a/A'dam zu 169.20 . . . . . . $\mathscr{RM}$ 31 605.35
        ÷ Disk. 30/4% . . . . . „ 105.35
       Wert heute . . . . . . $\mathscr{RM}$ 31 500.—

2. Weg:

  hfl. 18 679.29 f. 1 Mon. ↑
÷ „   62.27 Disk. 30/4% |
 hfl. 18 617.02 Wert heute | zu 169.20 . . . . . $\mathscr{RM}$ 31 500.—

Erl. 31 500 : 1,692 $=$ 18 617.02, dazu $\tfrac{1}{3}$ % i/H.; Ergebnis wie oben.

3. Weg:

hfl. 18 679.29 f. 1 Mon. zu 169.20 f. heute |
  ↑ ÷ 0,564 Disk. 30/4% |
  | = zu 168 636 f. 1 Mon. $=$ ↓ $\mathscr{RM}$ 31 500.—

Erl. Zunächst wurde der gegebene Kurs durch Verminderung um den Diskont in einen telquel-Kurs umgewandelt, sodann ergibt

$$31 500 : 1,686 36 = 18 679.29.$$

In der Praxis benutzt man meist den 1. Weg; aus denselben Gründen, die S. 112 dargelegt wurden. Übrigens steht hier der 3. Weg rechnerisch keineswegs hinter den anderen zurück; er liefert zwar nur selten einen bequemen Kurs als Divisor, umgeht aber die Schwierigkeit des Rechnens mit Zinsen auf und im 100.

Wie aus den Beispielen hervorgeht, ist es für den Schuldner gleichgültig, ob er durch telegraphische Auszahlung oder durch Wechsel (oder Scheck) ausgleicht: er wendet in jedem Falle $\mathcal{R}\mathcal{M}$ 31500.— auf. Ob die Wahl des Zahlungsmittels auch für den Gläubiger gleichgültig sein wird?

Untersuchung: Durch telegr. Auszahlung erhält er hfl. 18617.02 bar (vgl. Beisp. 1); durch Wechsel erhält er hfl. 18679.29 fällig nach 1 Mon. (vgl. Beisp. 2); der Barwert dieses Wechsels aber beträgt hfl. 18617.02 (vgl. die Diskontierung in Beisp. 2, 2. Weg).

Urteil: Die Wahl der Ausgleichsdevise ist für Schuldner und Gläubiger gleichgültig. Nach dem vorliegenden Beispiel hat in jedem Falle der Schuldner $\mathcal{R}\mathcal{M}$ 31500.— sofort zu zahlen und der Gläubiger hfl. 18617.02 sofort zu beanspruchen.

Anm. Bei diesem Urteil ist allerdings die mögliche Verschiedenheit der Zinssätze in beiden Ländern außer Betracht geblieben. Ausführlich wird diese Frage im III. Teil unter „Devisenarbitrage" behandelt.

b) Der Ausgleich ist mit Spesen verknüpft.

1. Beispiel. Kauf einer telegr. Auszahlung.

Auf wieviel Dinar lautet eine telegr. Auszahlung a/Belgrad, durch welche eine fällige Schuld von $\mathcal{R}\mathcal{M}$ 4365.— ausgeglichen werden soll? Kurs 7,425; Maklergeb. $\frac{1}{2}\,^0/_{00}$, Prov. $\frac{1}{8}\%$.

Kauf:

$$
\begin{array}{l}
\text{Dinar } \underline{58685.12} \text{ telegr. Ausz. a/Belgrad zu } 7,425 = \mathcal{R}\mathcal{M}\ 4357.37 \\[4pt]
+ \left\{ \begin{array}{ll} \frac{1}{2}\,^0/_{00} \text{ Maklergeb. } \mathcal{R}\mathcal{M}\ 2.18 \\ \frac{1}{8}\% \text{ Prov.} \qquad\quad ,,\ \ 5.45 \end{array} \right. ,,\quad \underline{7.63} \\[10pt]
\hfill \mathcal{R}\mathcal{M}\ 4365.—
\end{array}
$$

Erl.: Zunächst wurden die Spesen ($\frac{1}{2}\,^0/_{00} + \frac{1}{8}\,^0/_0 = 1\frac{3}{4}\,^0/_{00}$ a/T.) berechnet (= $\mathcal{R}\mathcal{M}$ 7.63) und abgezogen. Der Betrag (4357.37) war durch 0,07425 zu dividieren; Ergebnis = 58685.12. Als Probe auf die Richtigkeit wurden die Spesenbeträge nachträglich einzeln berechnet und eingestellt.

2. Beispiel. Verkauf einer Ausgleichstratte.

D. in Hamburg hat an London eine Forderung von $\mathcal{R}\mathcal{M}$ 25248.60, die er am 16. Aug. durch Tratte, fällig am 1. Okt., a/London einzieht. Wie hoch muß er den Wechsel stellen, wenn $\frac{1}{4}\,^0/_{00}$ Maklergeb. und $\mathcal{R}\mathcal{M}$ 8.60 sonstige Spesen in Anrechnung kommen? (Geldkurs 20,40; Disk. 4%.)

Verkauf:

Hamburg, 16. Aug. 19..

$£$ 1244.12.7$\frac{1}{2}$ f. 1. Okt. a/London zu 20,40 . . . . .$\mathscr{R\!M}$ 25 390.47

$\div$ Disk. 45/4 % . . =   ,,   126.95

$\mathscr{R\!M}$ 25 263.52

$\div \begin{cases} \frac{1}{4}\,^0/_{00}\ \text{Maklergeb.}\ \mathscr{R\!M}\ 6.32 \\ \text{Sonst. Spesen} \quad ,,\quad 8.60 \end{cases}$,,   14.92

$\mathscr{R\!M}$ 25 248.60

Erl. Addition der nichtprozentualen Spesen (25 248.60 + 8.60); aus der Summe $\frac{1}{4}\,^0/_{00}$ i/T. und addiert; aus der Summe 45/4 % Disk. i/H. und addiert; diese Summe durch den Kurs dividiert.

3. Beispiel. Berechnung einer Restausgleichsdevise (Restappoint).

E. in Plauen i/V. schuldet Wien (Kommittent) $\mathscr{R\!M}$ 6374.20, fällig 8. Nov. Er übersendet an diesem Tage aus seinem Devisenbestande S 3840.— f. 5. Dez. und S 4105.— f. 14. Dez. und erbittet zum Ausgleich des Restes von seiner Bank einen Scheck a/Wien. Auf wieviel Schillinge lautet dieser Scheck? Kurs 59.42, Disk. 6$\frac{1}{2}$%. Spesen (zu Lasten von Wien): auf alle drei Abschnitte $\frac{1}{4}\,^0/_{00}$ Maklergeb., auf den Scheck 1$^0/_{00}$ Prov.

a) Berechnung der beiden Wechsel (Kauf):

Plauen, 8. Nov. 19..

S 3840.— f. 5. Dez.	27 Tg.	1037 Nr.
,, 4105.— f. 14. ,,	36 ,,	1478 ,,
S 7945.—		2515

$\div$,,   45.41 Disk. 6$\frac{1}{2}$%

S 7899.59 f. 8. Nov. zu 59.42 . . . .$\mathscr{R\!M}$ 4693.93

+ $\frac{1}{4}\,^0/_{00}$ Maklergeb. . . . . . ,,   1.17

$\mathscr{R\!M}$ 4695.10

b) Restschuld = $\mathscr{R\!M}$ 6374.20

$\div$,,   4695.10

= $\mathscr{R\!M}$ 1679.10

c) Berechnung des (Ausgleichs-)Schecks:

S 2822.28 Scheck a/Wien zu 59.42 . . . .$\mathscr{R\!M}$ 1677.—

$+ \begin{cases} \frac{1}{4}\,^0/_{00}\ \text{Maklergeb.}\ \mathscr{R\!M}\ 0.42\ .\ .\ . \\ 1\,^0/_{00}\ \text{Prov.}\ .\ .\ .\quad ,,\quad 1.68\ .\ .\ . \end{cases}$,,   2.10

$\mathscr{R\!M}$ 1679.10

Anm. Keine Zinsvergütung auf den Scheck; vgl. S. 111.

Übungsaufgaben. § 83.

Kurse und Diskontsätze sind, soweit nicht angegeben, der Beilage zu entnehmen.

1. Leipzig gleicht am 27. Mai folgende fällige Schuldposten durch telegraphische Auszahlungen aus:

   a) $\mathscr{RM}$ 1684.50 an Zürich,

   b) „ 927.— „ Brüssel,

   c) „ 3482.25 „ Kopenhagen.

   Wie hoch stellen sich die telegr. Auszahlungen, wenn Spesen nicht berechnet werden?

2. Chemnitz schuldet und gleicht am 28. Mai durch telegr. Auszahlungen aus:

   a) $\mathscr{RM}$ 13540.— an London, $\frac{1}{4}\,^0/_{00}$ Maklergeb.;

   b) „ 2385.— „ Lissabon, $\frac{1}{2}\,^0/_{00}$ „

   c) „ 1750.— „ Kowno, $1\,^0/_{00}$ „

   Auf welche Beträge lauten die telegr. Auszahlungen?

3. Wieviel Dollars in Scheck a/Newyork muß Berlin am 27. Mai remittieren[1]), um eine dort fällige Schuld von $\mathscr{RM}$ 15600.— zu tilgen? Abrechnung durch die Reichsbank zum Mittelkurs. Keine Zinsvergütung. $1\,^0/_{00}$ Gebühren (zu Lasten von Newyork).

4. Um eine fällige Forderung von $\mathscr{RM}$ 4760.— einzuziehen, trassiert[2]) Frankfurt a. M. am 28. Mai auf Mailand, fällig 28. Juni. Auf welchen Lire-Betrag lautet die Tratte bei Einrechnung von $\frac{1}{2}\,^0/_{00}$ Maklergeb.?

5. Zum Ausgleich einer fälligen Schuld von $\mathscr{RM}$ 8975.20 remittiert Hamburg am 27. Mai nach Oslo einen Kronenwechsel, fällig nach 3 Monaten; auf welchen Betrag lautet dieser bei Einrechnung von $\frac{1}{4}\,^0/_{00}$ Maklergebühr?

6. Dresden entnimmt am 28. Mai den Wert einer Warensendung von $\mathscr{RM}$ 14596.50 durch Tratte, fällig 13. Juli a/Amsterdam; auf wieviel Gulden lautet sie, wenn die deutsche Wechselsteuer (halber Satz) einzurechnen ist? (Keine weiteren Spesen.)

7. Zwickau tilgt am 28. Mai eine fällige Schuld von $\mathscr{RM}$ 4337.50 in Budapest durch Pengö-Rimesse, fällig 2 Mon. dato. Auf welchen Betrag lautet diese? Maklergeb. $\frac{1}{2}\,^0/_{00}$, sonstige Spesen $\mathscr{RM}$ 6.10.

---

1) Um den Scheck remittieren zu können, muß man ihn zuvor kaufen.
2) Trassieren bedeutet hier: einen Wechsel ausstellen, um ihn zu verkaufen.

8. Berlin schuldet an London fällige $\mathcal{RM}$ 17 465.—. Auf wieviel Pfund Sterling lautet die am 27. Mai gekaufte Ausgleichsrimesse, fällig 1. Aug.? Maklergeb. $\frac{1}{4}{}^0/_{00}$ (zu Londons Lasten).

9. Stuttgart zieht ein am 23. Febr. fälliges Guthaben von $\mathcal{RM}$ 11 650.— an diesem Tage durch Tratte, fällig 8. März a/Basel zum Kurse von 81.15 ($3\frac{1}{2}\%$) ein. Auf wieviel Franken lautet die Tratte? Spesen $\mathcal{RM}$ 11.70 (zu Basels Lasten).

10. Hamburg begleicht am 28. Mai eine Schuld in Buenos Aires von $\mathcal{RM}$ 8376.— durch Wechsel, fällig 4. Juli. Auf wieviel Pap.-Pesos lautet er? Disk. 8%; Maklergeb. $\frac{1}{2}{}^0/_{00}$, sonstige Spesen $\mathcal{RM}$ 3.60 (zu Lasten von Buenos Aires).

11. Köln schuldet an Brüssel fällige $\mathcal{RM}$ 2438.50. Auf wieviel Belga lautet die am 27. Mai berechnete Ausgleichsrimesse, fällig 31. Juli a/Brüssel? Maklergeb. $\frac{1}{2}{}^0/_{00}$, Prov. $\frac{1}{8}\%$, kleine Spesen $\mathcal{RM}$ 2.50 (zu Lasten von B.).

12. Zum Ausgleich seiner Forderung von $\mathcal{RM}$ 4680.— trassiert Magdeburg am 13. Okt. a/Danzig, fällig 4. Dez., zu 80.90 (6%). Auf wieviel Danz. Gulden lautet die Tratte bei Einrechnung von $1{}^0/_{00}$ Prov. und der (deutschen) Wechselsteuer (halber Satz)?

13. Zur Tilgung einer Schuld von $\mathcal{RM}$ 13736.— sendet Bremen am 3. Sept. eine am 24. Nov. fällige Rimesse a/Tokio (Kurs 2,024; $5\frac{1}{2}\%$). Auf wieviel Yen lautet der Wechsel bei Berechnung von $\frac{1}{4}{}^0/_{00}$ Maklergebühr, $1{}^0/_{00}$ Prov. und $\mathcal{RM}$ 14.50 sonstigen Spesen?

14. Frankfurt a. M. hat von London $\mathcal{RM}$ 48100.— zu fordern und soll auf dessen Wunsch dafür spesenfrei fällig 31. Juli a/London trassieren. Auf wieviel Pfund Sterling lautet die Tratte, die Frankfurt am 2. Mai zu 20,405 (4%) zieht, wenn es $\frac{1}{8}\%$ Prov. und $\mathcal{RM}$.... deutsche Wechselsteuer (halber Satz) einrechnet?

15. Berlin erhält den Auftrag, $\mathcal{RM}$ 12350.— in einem Scheck a/Amsterdam spesenfrei zu remittieren; es kauft ihn unter Einrechnung von $1{}^0/_{00}$ Prov., $\frac{1}{4}{}^0/_{00}$ Maklergeb. und $\mathcal{RM}$ 1.50 für Porto zu 169.10 (keine Zinsen). Auf welchen Betrag lautet der Scheck?

16. Leipzig verkauft im Auftrage von Wien am 20. Sept. Frs. 18325.60, fällig 3. Okt. a/Zürich, zu 81.15 ($3\frac{1}{2}\%$) und remittiert den Reinertrag in einer 3 Monats-Rimesse a/Wien, die es zu 59.40 (7%) kauft. Auf wieviel Schilling lautet die Rimesse bei Berechnung von $\frac{1}{8}\%$ Prov. für den Verkauf, sowie von $\frac{1}{4}{}^0/_{00}$ Maklergeb. und $\mathcal{RM}$... Wechselsteuer (halber Satz) für die Rimesse?

17. Zürich beauftragt Frankfurt a. M., £ 815.10.— fällig 15. März zu kaufen und sich dafür durch direkte Sicht-Tratte zu erholen. Frankfurt führt den Auftrag am 4. Jan. aus, kauft Londoner zu 20.46 (3 %) mit ⅛% Prov. und ¼°/₀₀ Maklergeb. und trassiert bei Sicht auf Zürich zu 80.90 (4 %) unter Berechnung von *ℛℳ* 9.80 Spesen. Wie groß ist die Ausgleichstratte? (5 Reisetage.)

18. Hamburg verkauft für Rechnung von Amsterdam am 12. Dez. £ 312.16.4 fällig 22. Febr., £ 198.17.6 fällig 26. Febr., £ 560.—.— fällig 1. März, sämtlich auf London, zu 20,406 (3½ %) mit ¼°/₀₀ Maklergeb. und ⅛% Provision. Den Reinertrag remittiert es auftraggemäß in Amsterdamer 2 Mon.-Papier, das es zu 169.12 (3 %) mit ¼°/₀₀ Maklergebühr und *ℛℳ* 12.50 sonstigen Spesen berechnet. Wie groß ist der Betrag der Rimesse?

19. Madrid wünscht von Berlin Frs. 16000.— Scheck a/Paris und £ 500.—.— Scheck a/London gegen direkte 3 Mon.-Tratte. Berlin führt den Auftrag am 28. Mai aus und berechnet auf die Käufe 1°/₀₀ Prov. und ½°/₀₀ Maklergeb. und auf die Tratte die deutsche Wechselsteuer (halber Satz). Auf welchen Betrag lautet die Tratte?

20. München schuldet Zürich fällige *ℛℳ* 21640.— und remittiert zum teilweisen Ausgleich Frs. 10400.— bei Sicht (5 Tage). Wieviel Franken, fällig 2 Mon. dato, muß es weiterhin senden, wenn Zürich mit 81.20 (3 %) notiert ist?

21. Von London übernimmt Berlin am 13. Mai *ℛℳ* 12360.— auf Breslau, fällig 1. Juli, mit 5½% Diskont und ⅛% Prov. (je angefangenen Zeitmonat). Für den Ertrag remittiert es £ 250.—.— telegr. Auszahlung und den Rest in einem Scheck a/London. Wie groß ist letzterer beim Kurse von 20.46 und bei Berechnung von ¼°/₀₀ Maklergebühr auf beide Käufe und *ℛℳ* 4.50 sonstigen Spesen?

22. Zum teilweisen Ausgleiche einer Schuld von *ℛℳ* 17245.85 remittiert Leipzig am 27. Mai nach Kopenhagen: Kr. 2400.— fällig 9. Juni, Kr. 3000.— fällig 11. Juni, Kr. 1576.50 fällig 14. Juni, Kr. 4200.— fällig 15. Juni; wie groß wird die Restrimesse, fällig 19. Juni, bei Einrechnung von ¼°/₀₀ Maklergebühr auf alle fünf Abschnitte sein müssen?

23. Dresden hat von Wien *ℛℳ* 26400.— zu fordern und soll dafür in 5 Abschnitten mit 2- bis 3 monatiger Laufzeit trassieren. Es schreibt daher am 11. Mai folgende Wechsel aus: S 8000.— fällig 20. Juli, S 8500.— fällig 31. Juli, S 9000.— fällig 3. Aug. und S 7500.— fällig 9. Aug. Wieviel muß es zum völligen Ausgleiche fernerhin, fällig 3 Mon. dato, trassieren, wenn Wien mit 59.40 (6½ %) notiert ist und 1°/₀₀ Prov., ¼°/₀₀ Maklergeb. und *ℛℳ* 21.50 Spesen (zu Lasten Wiens) eingerechnet werden?

24. M. verkauft am 28. Mai an die Reichsbank zum Mittelkurse für Noten mit $\frac{1}{4}\%$ Gebühr folgende ausländische Noten: 1500 hfl., 750 $ (große) und 250 £ (große). Für den Reinertrag läßt er sich einen Scheck a/Stockholm (Mittelkurs) ausstellen. Gebühr $1^0/_{00}$. Auf welchen Betrag lautet der Scheck?

25. Chemnitz übersendet Leipzig zu bestmöglichem Verkaufe: hfl. 1800.— fällig 31. März, hfl. 6000.— fällig 3. April, hfl. 6665.— fällig 15. April, hfl. 2480.— fällig ult. April a/Amsterdam und erbittet sich für den Reinertrag zu gleichen Teilen Londoner Scheck, Wiener 2 Mon.- und Züricher 3 Mon.-Papier. Leipzig führt den Auftrag am 6. Febr. aus, verkauft Amsterdamer zu 168.70 ($3\frac{1}{2}\%$), kauft Londoner zu 20.45$\frac{1}{2}$, Wiener zu 59.45 ($6\frac{1}{2}\%$) und Züricher zu 81.30 ($3\frac{1}{2}\%$). Wie groß sind die drei zu remittierenden Papiere, wenn $\frac{1}{8}\%$ Prov. auf die Verkäufe, je $\frac{1}{4}^0/_{00}$ Maklergeb. auf die Käufe und insgesamt $\mathscr{RM}$ 3.60 Auslagen gerechnet werden?

B. Die Devisenrechnung an Auslandsplätzen.

Auch im Auslande ist in der Devisennotierung im Vergleich zu Vorkriegszeiten eine wesentliche Vereinfachung eingetreten. Bis auf wenige Ausnahmen stimmen die Kurse an den ausländischen Börsenplätzen mit den deutschen Notierungen darin überein, daß sie sich auf telegraphische Auszahlungen beziehen. Einen Ausnahmefall in dieser Richtung, die Notierung für eine spätere Sicht, behandeln wir bei Neuyork. Rechnerische Schwierigkeiten sind übrigens damit nicht verbunden. Von größerer Bedeutung in dieser Hinsicht ist dagegen die grundsätzliche Wesensverschiedenheit der Notierungsweise einiger Auslandsplätze, die man als Waren- oder Mengennotierung zu bezeichnen pflegt. Diese zu erklären, zwingt uns der Londoner Kurszettel. Wir behandeln also im folgenden von den europäischen Börsenplätzen London, von den überseeischen Neuyork ausführlicher und begnügen uns bei den übrigen Plätzen mit kürzeren Hinweisen.

1. Die europäischen Börsenplätze.
a) London.

Der Inhalt der meisten und wichtigsten Londoner Kurszahlen steht in scharfem Gegensatz zu der Bedeutung der deutschen Notierungen. Um diese Verschiedenheit deutlich zu machen, stellen wir die Kurse der beiden Plätze einander gegenüber. Der Berliner Mittelkurs auf London stellte sich am 16. 6. 26 auf 20,442. Er ist eine Preisnotierung (vgl. S. 108) und beantwortet die Frage, wieviel Reichsmark eine telegraphische Auszahlung über 1 Pfund Sterling kostet. Tritt eine Höherbewertung des Pfund Sterling ein, so wird der Kurs steigen, und er wird fallen, wenn der Wert des Pfund Sterling sinkt. Veränderlich ist also der inländische Preis.

London notierte am gleichen Tage Berlin mit 20.44 ($\mathcal{RM}$ für 1 £). Das bedeutet: Für 1 £ konnte man $\mathcal{RM}$ 20.44 telegr. Auszahlung auf Berlin kaufen (oder verkaufen). Der Kurs beantwortet also die Frage: Welche Menge (von der Ware „telegr. Auszahlung Berlin") erhält man für den festen Geldbetrag von 1 £? Man bezeichnet deshalb diese Notierung als Waren- oder Mengen- oder indirekte Notierung. Da man für den gleichen Betrag von einer besseren Ware weniger, von einer schlechteren Ware aber mehr kaufen (oder verkaufen) kann, ist die Kursbewegung bei der Warennotierung von entgegengesetzter Bedeutung im Vergleich zur Preisnotierung. Wenn in London die Reichsmark höher bewertet wird, so sinkt der Kurs und umgekehrt. Die feste Valuta ruht also im Inlande, veränderlich ist die (ausländische) Devisenmenge. Für die Beurteilung der Mengennotierung beachte man also: Je höher der Kurs, desto billiger ist die ausländische Wechselware und umgekehrt. (Weise nach, daß am genannten Tage die Reichsmark in London um eine Kleinigkeit höher bewertet wurde als in Berlin!)

Londoner Devisenkurse.

Auf:	Kurs	Erklärung	auf:	Kurs	Erklärung
Berlin	20.43½	$\mathcal{RM}$ für 1 £	Budapest . . .	27.80	Pengö für 1 £
Neuyork . .	4.8653	$ „ 1 „	Riga	25.28	Litas „ 1 „
Zürich. . . .	25.12¼	Frs. „ 1 „	Reval.	1820	Est. Mk. „ 1 „
Paris	124.03	„ „ 1 „	Kowno	49⅜	Lit. „ 1 „
Belgien . . .	34.95	Ba. „ 1 „	Konstantinopel	940	Pi „ 1 „
Italien. . . .	89.635	£ „ 1 „	Lissabon	2 17/32	d „ 1 Esc.
Holland . . .	12.10¼	hfl. „ 1 „	Argentinien . .	47.81	„ „ 1 Goldpeso
Kopenhagen	18.16½	Kr. „ 1 „	Brasilien	5.90	„ „ 1 Pap.-Milr.
Stockholm .	18.175	„ „ 1 „	Kanada	4.86	$ „ 1 £
Oslo	18.36	„ „ 1 „	Japan	1/11¼	s u. d „ 1 Yen
Wien	34.45	S „ 1 „	Montevideo . .	50.50	d „ 1 Goldpeso
Prag.	164.25	Kč „ 1 „	Alexandria . .	97.53	Pi „ 1 £
Spanien . . .	32.08	Peset. „ 1 „	Mexiko.	23.5	d „ 1 m. Doll.
Helsingfors .	193.125	Fmk. „ 1 „	Valparaiso. . .	39.80	Peso (90 Tg.) f. 1 £
Athen	365.50	Dr. „ 1 „	Lima	31¼% pr.	(90 Tg.)
Belgrad . . .	276.00	Din. „ 1 „	Bombay	1/5 5/16	s u. d f. 1 Rup.
Bukarest . .	792	Lei „ 1 „	Hongkong . . .	2/1⅜	„ „ „ „ 1 Doll.
Sofia.	678.00	Lew. „ 1 „	Manila	2/ 5/16	„ „ „ „ 1 „
Moskau . . .	9.44	$\mathcal{R}$ „ 1 „	Shanghai . . .	2/8⅝	„ „ „ „ 1 Tael
Warschau. .	43.50	Zl. „ 1 „	Singapore . . .	2/3 31/32	„ „ „ „ 1 Doll.

Erl. Die Londoner Kurse auf die europäischen (Ausnahme Lissabon) und nordamerikanischen Plätze sowie auf Alexandria und Valparaiso sind Warennotierungen, die übrigen Preisnotierungen. — Die Kurse auf Valparaiso und Lima verstehen sich für 90 Tage-Papiere (vgl. S. 138). — Der Kurs auf Lima bezeichnet das Aufgeld (premium), um welches das englische Pfund höher bewertet wird als das peruanische; der obige Kurs bedeutet also 100 engl. £ bar $= 131\frac{1}{4}$ per. £ fäll. n. 90 Tg.

Beispiele.

a) Preisnotierung.

Verkauf: London, 28. Mai 19..

Esc. 64500.— f. 3. Juli a/Lissabon zu $2\frac{17}{32}$	£ 680. 5. 6
÷ Zinsen 36/8 %	„ 5. 7. 4
	£ 674. 18. 2
÷ 1 °/₀₀ Maklergeb.	„ —. 13. 6
	£ 674. 4. 8

Erl. Da Preisnotierung vorliegt, entspricht der Gang der Rechnung der deutschen Devisenberechnung. Zinsenberechnung nach englischer Art (Mon. genau, Jahr 365 Tage) zum Diskontsatze des Zahlungslandes.

b) Mengennotierung.

1. Kauf: London, 18. Febr. 19..

hfl. 4450.— f. 2. März a/A'dam zu 12,10$\frac{1}{4}$	£ 367. 13. 10
÷ Zinsen 12/3 %	„ —. 7. 3
	£ 367. 6. 7
$\left\{\begin{array}{l}1 °/₀₀ \text{ Maklergeb.} \\ \frac{1}{8}\% \text{ Prov.} \\ \text{Sonstige Spesen}\end{array}\right.$	„ —. 7. 4 „ —. 9. 2 „ —. 5. 5
	£ 368. 8. 6

Erl. Der Kurs bedeutet: für hfl. 12,10$\frac{1}{4}$*) telegraphische Auszahlung hat man 1 £ zu zahlen; der Kaufpreis für hfl. 4450.— ist also soviel mal 1 £, wie 12,10$\frac{1}{4}$ in 4450 enthalten ist (367,693mal), also £ 367. 13. 10. Das wäre der Wert einer telegr. Auszahlung auf 4450 hfl.; der vorliegende Wechsel ist erst nach 12 Tagen fällig, daher Zinsabzug.

Merke: Bei Mengennotierung erfolgt die Umrechnung des Devisenbetrags durch Division (mit dem Kurse). Die Zinsenverrechnung wird wie bei der Preisnotierung durchgeführt.

Anm. Wollte man hier erst den Kurs dem Wechselverfalltage anpassen (tel quel) und dann umrechnen (vgl. S. 112 und S. 119 unter 3), so müßten Zinsen für 12 Tage zugeschlagen werden, denn von der schlechteren Ware

---

*) Die frühere Usanz, den Kurs in Gulden und Stüber (1 St. $= \frac{1}{20}$ Gulden) anzugeben, ist in Wegfall gekommen.

erhält man mehr. Die Division mit dem auf diese Weise vergrößerten Divisor liefert alsdann ein kleineres (richtiges) Ergebnis. — Der Weg empfiehlt sich jedoch nicht, da die zuzuschlagenden Zinsen im Hundert gerechnet werden müßten.

2. Berechnung einer Ausgleichstratte.

London hat von Berlin £ 3622. 16. 6 zu fordern, die es durch Tratte, fällig nach einem Monat, einzieht. Kurs 20.43½ (6%); Maklergeb. 1⁰/₀₀, Stempel und Porto £ 1. 17. —. Auf welchen Betrag lautet die Tratte?

Verkauf:

$$\mathscr{RM}\ \textbf{74511.89}\ \text{f. 1 Mon. a/Berlin zu 20.43½} \dots\dots\quad £\ 3646.\quad 5.\quad 9$$
$$\div\ \text{Zinsen 30/6\%}\quad,,\quad 17.\ 19.\ 8$$
$$£\ 3628.\quad 6.\quad 1$$
$$\div\ \begin{cases}\text{Maklergeb. 1⁰/₀₀}\ £\ 3.\ 12.\ 7\\ \text{Stempel usw.}\quad,,\ 1.\ 17.\text{—}\end{cases}\quad,,\quad 5.\quad 9.\quad 7$$
$$£\ 3622.\ 16.\ 6$$

Erl.: Zunächst wurden zum Endbetrage (£ 3622. 16. 6) die nicht prozentualen Spesen addiert, dann der Reihe nach 1⁰/₀₀ im 1000, sowie Zinsen im 100 (nach englischer Art) berechnet und eingestellt. Der sich ergebende Betrag £ 3646. 5. 9 wurde dann mit 20,435 multipliziert. Zur Probe verfolge man das Rechnungsschema noch von oben nach unten.

b) Die übrigen europäischen Plätze.

Devisenkurse.

in:	Zürich	Amster-dam	Kopen-hagen	Stockholm	Oslo	Prag	Paris	Wien
auf:	Frs.	fl.	Kr.	Kr.	Kr.	Kč.	Frs.	S
Berlin	123.00	59.23	90.60	89.00	89.59	805.25	607.50	168.03
London . . .	25.13	12.10¼	18.50	18.17½	18.36	164.70	124.03	34.33½
Neuyork. . .	5.1663	248.75	3.81½	373.75	376.75	33.85	25.44	705.65
Zürich	—	48.17	73.90	72.45	72.70	655.75	490.75	136.67
Paris	20.3825	9.725	14.80	14.25	14.85	132.65	—	27.90
Belgien . . .	72.36	34.555	52.15	51.90	52.60	—	355.00	—
Italien	28.19	13.455	20.45	20.35	20.55	183.60	138.35	38.38
Holland . . .	207.65	—	153.40	150.30	52.25	1365 50	10.275	283 78
Kopenhagen	135.65	65.35	—	98.30	101.00	890.—	—	185.20
Stockholm .	138.35	66.62½	102.05	—	101.50	906.25	684.50	—
Oslo	137.75	65.75	99.15	98.70	—	897.50	—	—
Wien	72.90	35.20	53.85	52.80	53.25	478.63	—	—
Prag	15.30	7.37	11.30	11.05	11.20	—	75.50	20.88
Spanien . . .	78.60	37.95	—	—	—	508.—	432.75	—
Helsingfors .	13.00	6.26	9.60	9.43	9.50	—	—	—

Mit Rücksicht auf die Gleichartigkeit der Notierungsweise und der sich daraus ergebenden Berechnungsart der Devisen kann von einer ausführlichen Wiedergabe der Kursblätter der übrigen europäischen Börsenplätze und von der Darbietung weiterer Berechnungsbeispiele abgesehen werden. Es genügt, die wichtigsten Notierungen der bedeutenderen Börsen tabellenmäßig zusammenzustellen und für die einzelnen Plätze einige Erläuterungen anzufügen, um die Lösung der Übungsaufgaben dieses Gebietes (vgl. S. 131) zu ermöglichen.

Sämtliche Kurse der Tabelle (S. 128) sind Preisnotierungen für telegr. Auszahlungen. An allen genannten Plätzen ist für die Zinsberechnung der jeweilige Diskont- satz des Zahlungslandes maßgebend. Im einzelnen ist noch folgendes zu bemerken:

Zürich.

Kursbedeutung: Frs. für 100 ausländische Geldeinheiten.
Ausnahmen: auf London für 1 £, auf Neuyork für 1 $.
Zinsenberechnung: deutsche Art (Mon. 30 Tg., Jahr 360 Tg.) ebenso in Basel; in Genf franz. Art (Mon. genau, Jahr 360 Tg.).
Maklergebühr: in der Regel $\frac{1}{2}\,^0/_{00}$.

Amsterdam und Rotterdam.

Kursbedeutung: hfl. für 100 ausl. Geldeinheiten; Ausnahme: auf London wie in Zürich.
Zinsenberechnung: franz. Art.
Maklergebühr: Devisen werden amtlich „netto Kasse", also ohne Maklergebühr gehandelt. Ausnahmen im privaten Verkehr.

Kopenhagen.

Kursbedeutung: Kr. für 100 ausländ. Einheiten; Ausnahmen: a/London und Neuyork: siehe Zürich.
Zinsenberechnung: deutsche Art.
Maklergebühr: $\frac{1}{2}\,^0/_{00}$—$1\,^0/_{00}$.

Stockholm.

Kursbedeutung: Kr. für 100 ausländische Einheiten; Ausnahme: a/London: siehe Zürich.
Zinsenberechnung: deutsche Art.
Maklergebühr: Kurse meist „franko Gebühr".

Oslo.

Kursbedeutung: Kr. für 100 ausl. Einheiten; Ausnahme: a/London: siehe Zürich.
Zinsenberechnung: deutsche Art.
Maklergebühr: $\frac{1}{2}\,^0/_{00}$—$1\,^0/_{00}$.

Paris.

Kursbedeutung: Frs. für 100 ausl. Einheiten; Ausnahmen: a/London: für 1 £, a/Neuyork: für 1 $.
Zinsenberechnung: Monate genau, Jahr 360 Tage.
Maklergebühr: meist $1\,^0/_{00}$.

Wien.

Kursbedeutung: S für 100 ausl. Einheiten, Ausnahme: a/London für 1 £.
Zinsenberechnung: franz. Art.
Maklergebühr: $\frac{1}{2}$ $^0/_{00}$.

Prag.

Kursbedeutung: Kč für 100 ausl. Einheiten; Ausnahmen: a/London für
1 £, a/Neuyork für 1 $.
Zinsenberechnung: franz. Art.
Maklergebühr: $\frac{1}{2}$ $^0/_{00}$.

Auch die in der Kurstabelle nicht enthaltenen europäischen Plätze notieren
für telegraphische Auszahlung; im einzelnen sei folgendes bemerkt:

Antwerpen und Brüssel.

Preisnotierungen (in Belga); Zinsenberechnung nach franz. Art.

Athen.

Preisnotierungen (in Drachmen); Zinsenberechnung (meist) nach deutscher
Art; 1 $^0/_{00}$ Maklergebühr.

Belgrad.

Preisnotierungen (in Dinar). Zinsenberechnung nach engl. (oder franz.)
Art; Maklergebühr 2 $^0/_{00}$.

Budapest.

Preisnotierungen (in Pengö); Zinsberechnung wie in Wien.

Bukarest.

Preisnotierungen (in Leï); Zinsenberechnung nach engl. (oder franz.) Art;
Maklergebühr 1 $^0/_{00}$.

Helsingfors.

Preisnotierungen (in Fmk.); die veröffentlichten Kurse sind Verkaufskurse;
Zinsenberechnung nach deutscher Art.

Italienische Plätze.

Preisnotierungen (in Lire); Zinsenberechnung nach franz. Art; Maklergeb. $\frac{1}{2}$ $^0/_{00}$.

Lissabon.

Preisnotierungen (in Esc.), nur für Londoner Wechsel Mengennotierung
(d für 1 Esc.). Zinsenberechnung nach engl. Art. Maklergeb. je $\frac{1}{4}$ $^0/_{00}$.

Madrid.

Preisnotierungen (in Peseten); Zinsenberechnung nach franz. Art, Makler-
gebühr 1 $^0/_{00}$ für Devisen, die unter pari, $1\frac{1}{2}$ $^0/_{00}$ für Devisen, die über pari
notieren.

Moskau.

Preisnotierungen in Tscherwonetz (zu je 10 Rbl.) für 1000 £, 1000 $, 1000 Kr.
usw. Zinsenberechnung nach deutscher Art; bei Datierung nach „altem
Stil" (selten) ist die Kalenderdifferenz (13 Tage) zu berücksichtigen. Maklergebühr 1 $^0/_{00}$.

Sofia.

(Ohne eigentliche Börse.) Notierung in Lewas; Zinsenberechnung nach
engl. Art.

Konstantinopel.

Einige Preisnotierungen: a/London (Piaster für 1 £) und a/Bukarest (Piaster für 20 Leï); meist aber Mengennotierungen: $, $\mathcal{RM}$, hfl. usw. für 1 türk. Pfund. Zinsenberechnung meist nach deutscher (seltener nach franz.) Art. Maklergebühr $1\,^0/_{00}$ bis $\frac{1}{8}\%$.

Übungsaufgaben. § 84.

London. (Die Kurse sind dem Kursblatt auf Seite 126 zu entnehmen.)

1. Kauf am 28. Mai: $\mathcal{RM}$ 8463.50 telegr. Auszahlung a/Hamburg; Maklergeb. $1\,^0/_{00}$, sonstige Spesen 2/6 d.

2. Verkauf am 19. Aug.: hfl. 3424.50 f. 9. Sept. a Amsterdam; Disk. 3%, Maklergeb. $1\,^0/_{00}$.

3. Kauf am 12. Febr. mit $\frac{1}{8}\%$ Provision, $1\,^0/_{00}$ Maklergebühr und 5/6 d sonstigen Spesen:

   $\mathcal{RM}$ 6320.— f. 18. Febr. a/Bremen (6%),

   S   9318.75 „   1. Mai a/Wien (7%),

   Frs. 31500.— „   5. Mai a/Paris (6%).

4. Verkauf am 3. Nov. mit $\frac{1}{4}\%$ Prov. und $1\,^0/_{00}$ Maklergeb.:

   Esc.   26750.— f.   9. Dez. a/Lissabon (8%),

   Pesos   1320.— „ 18. Dez. a/Montevideo (8%),

   Yen   6380.— „   8. Jan. a/Yokohama (6%).

5. Auf wieviel Goldpesos lautet die Tratte, fällig 2 Mon. dato a/Buenos Aires, die London am 15. Febr. für eine fällige Forderung von £ 647. 13. — bei Berücksichtigung von 8% Diskont, $1\,^0/_{00}$ Maklergeb. und 6/6 d sonstigen Spesen zieht?

6. London verkauft am 1. November im Auftrage eines Kunden Peset. 11340.— fällig 12. Nov. a/Madrid (5%) mit $\frac{1}{8}\%$ Prov. und $1\,^0/_{00}$ Maklergebühr und kauft dagegen Esc. 30000.— fällig ult. Dez. a/Lissabon 7% mit $1\,^0/_{00}$ Maklergeb. und 7/6 d Spesen. Wie groß ist das Restguthaben des Kunden?

7. London kauft für Rechnung von Berlin am 17. April Kr. 9600.— fällig 30. Mai a/Stockholm (4%) und S 7500.— fällig 1. Juli a/Wien ($6\frac{1}{2}\%$), berechnet darauf $\frac{1}{4}\%$ Prov., $1\,^0/_{00}$ Maklergeb. sowie 15/8 d Spesen und trassiert den Gesamtbetrag, fällig 25. April a/Berlin (6%). Auf wieviel Reichsmark lautet die Tratte?

8. London schuldet Zürich fällige £ 1024. 10. 6 und verwendet zum teilweisen Ausgleich am 1. Mai folgende Rimessen: Frs. 4400.— f. 6. Juni, Frs. 8000.— f. 10. Juni und Frs. 3680.— f. 15. Juni; wieviel Francs f. 20. Juni muß es zum völligen Ausgleiche noch remittieren? (Disk. $3\frac{1}{2}\%$; $1\frac{1}{2}\,^0/_{00}$ Spesen auf den Ausgleichswechsel.)

Die in den folgenden Aufgaben fehlenden Kurse sind der Tabelle S. 128 zu entnehmen.

Zürich.

9. Verkauf: $\mathscr{R\!M}$ 6412.60 Scheck a/Leipzig. 5 Tage, 6% Disk.; Maklergebühr $\frac{1}{2}\,^0/_{00}$.

10. Kauf am 18. Jan. mit $\frac{1}{4}$% Prov. und $\frac{1}{2}\,^0/_{00}$ Maklergeb.:
S 8212.40 f. 26. Jan., S 1385.60 f. 31. Jan.,
„ 3000.— „ 29. „ „ 6600.— „ 1. Febr.,
sämtlich a/Wien; 6% Disk.

11. Verkauf am 24. Okt. mit $\frac{1}{2}\,^0/_{00}$ Maklergebühr:
Frs. 16560.— f. 31. Okt. a/Paris (6%),
hfl. 3600.— f. 12. Jan. a/Amsterdam ($3\frac{1}{2}$%),
£ 107. 18. 6 f. 31. Dez. a/London ($4\frac{1}{2}$%). Keine Respekttage.

12. Wieviel Reichsmark, fällig 3 Mon. dato, muß Genf zu 123.10 (6%) am 26. Okt. trassieren, um eine fällige Forderung von Frs. 12425.60 einzuziehen, wenn es $\frac{1}{4}$% Spesen zu berücksichtigen hat? (Franz. Zinsrechnung.)

Amsterdam.

13. Verkauf am 28. Mai: $\mathscr{R\!M}$ 8430.75, fäll. 5. Juni a/Hamburg. 6% Disk.; $1\,^0/_{00}$ Prov.

14. Kauf am 21. Jan.: £ 315. 18. 6, fällig 31. März a/London. $4\frac{1}{2}$% Disk.; $\frac{3}{4}\,^0/_{00}$ Maklergebühr.

15. Wieviel Kronen, fällig 2 Mon. dato, a/Prag trassiert Amsterdam, um eine fällige Forderung von hfl. 7615.— einzuziehen? Disk. 6%, $1\,^0/_{00}$ Maklergebühr.

16. Zur Tilgung einer Schuld in Oslo von hfl. 10315.— verwendet Amsterdam am 12. Aug. folgende Rimessen:
Kr. 4500.— f. 6. Okt., Kr. 5500.— f. 20. Okt., Kr. 6400.— f. 25. Okt.
Wieviel Kronen, fällig 31. Okt. muß es weiterhin remittieren, wenn $\frac{1}{4}$% Spesen (vom Gesamtbetrage) einzurechnen sind? (Disk. $5\frac{1}{2}$%).

Kopenhagen.

17. Verkauf am 17. April: Belga 18960.— f. 5. Mai a/Antwerpen; 7% Disk., $1\,^0/_{00}$ Maklergebühr.

18. Kopenhagen verkauft für fremde Rechnung am 11. Sept.: $\mathscr{R\!M}$ 9676.50 f. 25. Sept., $\mathscr{R\!M}$ 3680.— f. 30. Sept., $\mathscr{R\!M}$ 4211.75 f. 4. Okt. und $\mathscr{R\!M}$ 5000.— f. 8. Okt. a/Hamburg (6%) mit $\frac{1}{8}$% Prov. und $\frac{1}{2}\,^0/_{00}$ Maklergeb. und remittiert den Reinertrag in Scheck a/London (keine Zinsberechnung), auf den es $\frac{1}{2}\,^0/_{00}$ Spesen rechnet. Auf welchen Betrag lautet der Scheck?

Stockholm.

19. Kauf am 21. Aug.: Fmk. 17350.— f. 3. Okt. a/Helsingfors. Disk. $7\frac{1}{2}\%$; Spesen Kr. 3.75.

20. Um eine fällige Forderung von Kr. 6815.— einzuziehen, trassiert Stockholm a/Lübeck, fällig 2 Mon. dato (6%). Auf wieviel Reichsmark lautet die Tratte bei Einrechnung von $\frac{1}{8}\%$ Prov. und Kr. 3.50 sonstigen Spesen?

Oslo.

21. Verkauf: $ 1340.— Scheck a/Neuyork (15 Tage, $8\frac{1}{2}\%$); $1\,^0/_{00}$ Maklergebühr.

22. Oslo verkauft für Londoner Rechnung am 9. März mit $\frac{1}{8}\%$ Prov. und $\frac{1}{2}\,^0/_{00}$ Maklergeb.:

S 13850.— f. 1. April a/Wien ($6\frac{1}{2}\%$),

Kč. 24600.— ,, 12. April a/Prag (6%).

Den Reinertrag remittiert es auftraggemäß in einem Sichtwechsel a/London (5 Tg., $4\frac{1}{2}\%$). Auf wieviel Pfund Sterling lautet diese Rimesse bei Einrechnung von $\frac{1}{2}\,^0/_{00}$ Maklergebühr?

Paris.

23. Verkauf am 6. Febr. mit $1\,^0/_{00}$ Maklergeb. und Frs. 15.60 sonst. Spesen:

Peset. 2950.— f. 5. März a/Barcelona (5%),

£ 12380.— ,, 11. März a/Mailand (7%),

Ba. 9520.— ,, 1. April a/Antwerpen (7%).

24. Auf welchen Betrag lautet die Rimesse, fällig 25. April a/London ($4\frac{1}{2}\%$), deren Einkauf in Paris am 13. April mit $\frac{1}{8}\%$ Prov. und $1\,^0/_{00}$ Maklergeb. Frs. 40680.— erfordert? (Keine Respekttage.)

Wien.

25. Kauf am 27. Febr.: $\mathcal{RM}$ 3612.75 f. 31. März a/Dresden (6%); $\frac{1}{2}\,^0/_{00}$ Maklergeb., sonst. Spesen S 2.75.

26. Verkauf am 21. Dez. mit $\frac{1}{8}\%$ Prov. und $\frac{1}{2}\,^0/_{00}$ Maklergeb.:

$ 2400.— Scheck (18 Tg.)

,, 3550.— f. 1. Febr.   a/Neuyork (Disk. 5%).

,, 1620.— ,, 15. Febr.

27. Wien verkauft am 5. April £ 615. 12. 6, f. 15. Juni a/London ($4\frac{1}{2}\%$, 3 Respekttage!) und überweist den Reinertrag telegraphisch an Leipzig. Auf wieviel Reichsmark lautet die telegr. Auszahlung, wenn für den Verkauf $\frac{1}{8}\%$ Prov. und $\frac{1}{2}\,^0/_{00}$ Maklergeb. und für die Überweisung S 8.50 Spesen eingerechnet werden?

Prag.

28. Verkauf: $\mathcal{RM}$ 2640.— Scheck a/Plauen i. V. (5 Tg., 6%); Maklergebühr $\frac{1}{2}\,^0/_{00}$.

29. Im Auftrage von Amsterdam verkauft Prag am 17. August:

Frs. 6500.— f. 1. Okt. a/Zürich (3½%),

S 9320.— ,, 4. ,, a/Wien (6½%),

Kr. 4800.— ,, 10. ,, a/Oslo (5%).

Es berechnet ⅛% Prov., ½⁰/₀₀ Maklergeb. sowie Kč 17.50 sonstige Spesen und remittiert den Reinertrag je zur Hälfte in einem Scheck (5 Tg.) und in einem Wechsel, fällig 1. Sept. a/Amsterdam (3½%). Auf wieviel Gulden lauten die beiden Papiere?

30. Genua trassierte am 26. August für gelieferte Waren im Werte von £ 28312.— a/Wien, fällig 2 Mon. dato. Auf wieviel Schilling lautete die Tratte beim Kurse von 412.— (6½%) unter Einrechnung von ½⁰/₀₀ Maklergebühr sowie £ 28.50 Auslagen.

31. Madrid kauft am 29. Juni $\mathscr{RM}$ 15600.— f. 31. Aug. a/Hamburg zu 140.50 (5%) mit 1⁰/₀₀ Maklergeb. und sendet die Rimesse zum Verkaufe nach Zürich, das sie am 1. Juli zu 122,875 (5%) mit 1⁰/₀₀ Prov. und 1⁰/₀₀ Maklergeb. berechnet. Wie groß ist der Gewinn für Madrid, wenn es sein Guthaben in Zürich zu 115.60 einziehen kann? (Von Versendungsspesen und Zinsverlust ist abzusehen.)

32. Lissabon will am 15. Jan. eine fällige Forderung von Esc. 19328.— durch Tratte, fällig 1. März a/London einziehen. Kurs 2½ d (für 1 Esc.; 4%). Auf wieviel £ lautet die Tratte bei Berücksichtigung von 1½⁰/₀₀ Prov. und Maklergeb. sowie Esc. 12.— weiteren Spesen? (Keine Respekttage; engl. Zinsenberechnung.)

33. Brüssel verkaufte am 11. Okt. zu 288.40 (3½%) mit ¼% Provision und ⅛% Maklergebühr:

hfl. 4211.50 telegr. Auszahlung a/Amsterdam,

,, 3620.— Scheck (5 Tage) ,,

,, 925.— f. 1. Nov. ,,

,, 4000.— f. 5. Dez. ,,

Wieviel Belgas betrug der Reinertrag?

34. Athen verkauft am 7. Jan. £ 355.16. — f. 13. Febr. a/London zu 375 (Drachm. für 1 £; 4%) und beschafft für den Reinertrag Scheck a/Berlin zu 1818.— (8 Tage; 6%). Auf welchen Betrag lautet der Scheck, wenn beim Verkauf ⅛% Prov. und 1⁰/₀₀ Maklergeb. und auf den Scheck 1⁰/₀₀ Maklergeb. gerechnet werden? (Deutsche Zinsenberechnung.)

35. Konstantinopel. Wieviel Francs, fäll. 16. Okt., hat Konstantinopel am 8. Okt. an Zürich zu remittieren für den Reinertrag aus dem Verkaufe von 960 äg. Pfund, f. 31. Dez. a/Alexandrien, die es zu 970

(Pi. für 1 äg. Pfd.) (5%) mit $\frac{1}{4}$% Prov. begab, wenn das Züricher Papier zu 2,655 (Frs. für 1 türk. Pfd.) mit $4\frac{1}{2}$% Diskont beschafft werden kann? (Deutsche Zinsenberechnung.)

36. **Moskau** kauft am 16. Mai (n. St.) zu 944,20 (Tscherw. f. 1000 £):

£ 312. 8. 6 f. 15. Juli,   £ 544. —. 10 f. 31. Juli,

„ 136. 17. 5 „ 22.   „   „ 365. 6. 6 „ 1. Aug.

Disk. $3\frac{1}{2}$%, $\frac{1}{8}$% Maklergeb.

37. **Bukarest** verkaufte am 12. Juli (a. St.):

$\mathscr{RM}$ 6000.— b/Sicht a/Berlin (10 Tage) zu 3846 ($6\frac{1}{2}$%)

S 8460.— f. 13. Okt. (n. St.) a/Wien zu 2270 (7%).

Prov. $\frac{1}{4}$%, Maklergebühr $\frac{1}{2}$°/₀₀. (Engl. Zinsenberechnung.)

Anm. Den Verfalltag nach neuem Stil führe man auf alten Stil zurück (13 Tage).

38. **Danzig** verkaufte am 23. Juni mit $\frac{1}{2}$°/₀₀ Maklergeb. und $\frac{1}{8}$% Prov.:

Kr. 1500.— f. 3. Juli a/Stockholm zu 138.82 ($4\frac{1}{2}$%)

Zloty 2875.— f. 31. Juli a/Warschau zu 57.40 (7%)

und beschaffte für den Reinertrag Scheck a/Berlin zu 122.33 (5 Tg., 6%) mit $\frac{1}{4}$°/₀₀ Maklergeb. Ermittle den Scheckbetrag!

39. **Budapest** trassiert am 8. Dezember für gelieferten Mais im Werte von Pengö 9744.50 a/Dresden, fällig 2 Mon. dato. Auf wieviel Reichsmark lautet die Tratte beim Kurse von 136.80 (7%) unter Einrechnung von $\frac{1}{2}$°/₀₀ Maklergebühr und Pengö 12.30 sonstigen Spesen?

2. Die überseeischen Plätze.

Allgemeines.

Infolge des Krieges hat London sein Übergewicht auf dem internationalen Geldmarkte zu einem erheblichen Teil an Neuyork, den Hauptbörsenplatz des Weltgläubigerlandes, das heute mehr als 50% des gesamten Weltgoldbestandes besitzt, abtreten müssen. Der überseeische Zahlungsverkehr hat damit an Umfang und Bedeutung außerordentlich gewonnen. Als Zahlungsmittel beherrschen Dollar- und Pfund-Sterling-Devisen den Markt. Denn noch immer ist London der wichtigste europäische Zahlungsvermittler nach und von Überseeplätzen. Daneben sind aber auch die deutschen Überseebanken[1]) mit Erfolg

---

1) Die wichtigsten, dem deutschen Handel dienenden Überseebanken sind: die Deutsche Überseeische Bank (Hauptsitz in Berlin, Filialen in Argentinien, Chile, Brasilien, Uruguay, Mexiko, Peru, Bolivia, Spanien), die Bank für Chile und Deutschland (Hauptsitz in Hamburg, Niederlassungen in Chile und Bolivia), die Brasilianische Bank für Deutschland (Hauptsitz in Hamburg, Filialen in Rio de Janeiro, Santos, Sao Paolo), die Deutsch-Asiatische Bank (Hauptsitz in Shanghai, Niederlassungen in Berlin, Köln,

bemüht, durch die Wiederanknüpfung und den Ausbau der durch den Krieg zerstörten überseeischen Beziehungen den Zahlungsverkehr zwischen Deutschland und Übersee zu pflegen.

Der deutsche **Exporteur** zieht über den Betrag seiner Forderung auf den überseeischen Schuldner einen meist auf Reichsmark lautenden Wechsel und übergibt ihn mit oder ohne Vermittlung seines heimischen Bankhauses der Überseebank zur Einziehung nach den im Wechsel angegebenen Bedingungen.[1]) Der deutsche **Importeur** andrerseits läßt auf sich durch das überseeische Haus, dem er schuldet, trassieren; der Trassant kann den Wechsel an die im Lande befindliche Niederlassung der Überseebank verkaufen.

Die an den überseeischen Plätzen notierten Kurse sind keine amtlichen; vielmehr geben die einzelnen Banken die Preise bekannt, zu denen sie für Europawechsel Käufer oder Verkäufer sind. Angebot und Nachfrage führen jedoch auch hier eine fast völlige Übereinstimmung der Kurswerte untereinander herbei. Die Kurse verstehen sich meist für telegraphische Auszahlungen (Cable Transfers; Telegraphic Transfers), doch kommen auch Zeitkurse vor (vgl. das folgende Kursblatt sowie S. 138).

a) Neuyork.

Devisenkurse in Neuyork.

London C. T. .	$4.86\frac{11}{16}$	Amsterdam	40.17	Buenos Aires . .	40.12
London 60 Tg.	$4.82\frac{1}{4}$	Stockholm . .	26.75	Rio de Janeiro .	12.06
Paris.	3.935	Oslo	26.60	Japan	46.00
Brüssel	13.95	Kopenhagen .	26.67	Valparaiso . . .	12.10
Rom	5.445	Budapest . .	17.50	Montreal	100.20
Madrid	16.65	Belgrad . . .	1.765	Manila.	49.50
Bern	19.30	Athen	1.31	Shanghai	64.62
Prag	2.96	Berlin (Geld)	23.80	Hongkong. . . .	50.60
Wien	14.10	Berlin (Brief)	23.82	Singapore	56.75

Hamburg, Tientsien, Tsingtau, Peking, Hankau, Tsinanfu, Yokohama, Hongkong und Kalkutta), die **Zentralamerika-Bank** (Hauptsitz in Berlin, Filialen in Guatemala), die **Deutsch-Südamerikanische Bank** (Hauptsitz in Berlin, Filialen in Hamburg, Buenos Aires, Santiago, Valparaiso, Rio de Janeiro, Mexiko und Torreon), ferner auch die **Honkong and Shanghai Banking Corporation** (Hauptsitz in London, Filialen in Hamburg, Shanghai, Hongkong), für den Verkehr mit dem Orient und den Mittelmeerplätzen die **Deutsche Orientbank** (Berlin, Hamburg, Konstantinopel, Adrianopel, Aleppo, Brussa, Adana, Alexandrien, Kairo, Tanger, Casablanca u. a.), die **Deutsche Palästina-Bank** (Berlin, Hamburg, Beirut, Jerusalem, Haifa, Jaffa, Tripolis, Damaskus).

1) Diese Bedingungen betreffen insbesondere den Umrechnungskurs, z. B.: „Sechzig Tage nach Sicht zahlen Sie $\mathcal{RM}$ 6000.—, zahlbar zum Ziehungskurse der Deutsch-Asiat. Bank für deren Sichtwechsel auf Deutschland usw." Häufig kommt auch eine (im deutschen Wechselverkehr unzulässige) Zinsklausel vor, z. B.: „Zahlen Sie $\mathcal{RM}$ 3000.—, zuzüglich 6 % Zinsen vom Tage der Ausstellung bis zum Tage des Eintreffens des Gegenwertes."

Erl. Alle Kurse sind Preisnotierungen in Dollar für 100 ausländische Einheiten (auf London für 1 £). Die Kurse sind Mittelkurse; nur für Berlin wird ein Geld- und Briefkurs bekanntgegeben. Für London wird neben der telegr. Auszahlung (Cable Transfer) ein 60 Tage-Sicht-Kurs notiert. Er bedeutet im vorliegenden Falle: 1 £ auf London, fällig 60 Tage nach Sicht, wurde mit 4,82$\frac{1}{4}$ $ bar bezahlt; vgl. dazu Beispiel 2 und 3. Der Kurs a/Buenos Aires bezieht sich auf 100 Pap. Pesos. — Bestimmungen über die Höhe der Maklergebühr gibt es in Neuyork nicht; auch der Zinsfuß unterliegt besonderer Vereinbarung; Zinsenberechnung nach engl. Art. Als börsenmäßige Überfahrtstage rechnet man gewöhnlich 15, im Verkehr der Banken untereinander meist nur 8—10.

Beispiele.

1. Verkauf: Neuyork, 28. Mai 19..

$\mathcal{RM}$ 14625.— Scheck a/Berlin zu 23,80. . . . . . $ 3480.75

÷ Zinsen 15/6 % . . . . „ 8.58

$ 3472.17

÷ Spesen $\frac{1}{4}$ % . . . . „ 8.68

Wert 28. 5. $ 3463.49

2. Kauf: Neuyork, 28. Mai 19..

£ 746.14.— f. 30 Tage n./Sicht a/London zu 4.82$\frac{1}{4}$. $ 3600.96

+ Zinsen 30/4$\frac{1}{2}$ % . . . . . . „ 13.32

$ 3614.28

+ $\frac{1}{8}$ % Spesen . . . . „ 4.52

Wert 28. 5. $ 3618.80

Erl. Da der Wechsel 30 Tage n. Sicht fällig ist, aber zum 60 Tage-Sicht-Kurs umgerechnet wurde, ist der Kurswert um die Zinsen für 30 Tg. zu vermehren. Vgl. auch S. 117.

3. Kursberechnung.

Welcher 60 Tage-Sichtkurs a/London ergibt sich aus dem C.T.-Kurse 4,86$\frac{11}{16}$? (15 Reisetage, 4$\frac{1}{2}$ % Zinsen.)

1 £ C. T. . . . . = $ 4,8669 bar

÷ Zs. 75/4$\frac{1}{2}$ % . . . . = „ 0,0450 „

1 £ f. 60 Tg. S. . . . . = $ 4,8219 bar

Beachte: Bei der Zinsberechnung (engl. Art) sind die 15 usanzmäßigen Überfahrtstage zu berücksichtigen.

b) Andere wichtigere Überseeplätze.

Devisenkurse

in: auf:	Neuyork	London	Deutschland	Tage	Zinsen
Montreal	$\frac{1}{8}$ % Disk.	4,86 ($ f. 1 £)	4,201 (ℛℳ f. 1 kan. Doll.)	15	engl.
Mexiko	48,95 ($ f. 100 mex. Pes.)	24$\frac{1}{8}$ (d f. 1 Pes.)	2,05 (ℛℳ f. 1 Peso)	30	deutsch
Guatemala	60,08 (Pes. f. 1 $)	292,00 (Pes f. 1 £)	—	30	franz.
Nicaragua	98,75 (Cordobas f 100 $)	4,80 (Cord. f. 1 £)	—	30	„
San Salvador	199,95 (Colones f. 100 $)	9,70 (Col f. 1 £)	—	30	„
Buenos Aires	108,65 (Goldpes. f. 100 $)	47 $\frac{7}{16}$ (d f. 1 Goldpeso)	3,90 (ℛℳ f. 1 Goldpeso)	30	„
Montevideo	99,73 (Goldpes. f. 100 $)	49 $\frac{1}{2}$ (d f. 1 Goldpeso)	4,18 (ℛℳ f. 1 Goldpeso)	30	„
Rio de Janeiro	631,90 (Milr. f. 100 $)	$\left\{ \begin{array}{ll} 5\,\frac{3}{4} & \text{T. T.} \\ 5\,\frac{27}{32} & 90\,\text{Tg.} \end{array} \right\}$ (d. f. 1 Milr.Pap.)	0,675 Sicht(ℛℳ f. 1 Milr.-P.bar)	30	„
Valparaiso	835,40 Pap.-Pes.f.100 $)	$\left\{ \begin{array}{ll} 40,60 & \text{T. T.} \\ 40,10 & 90\,\text{Tg.} \end{array} \right\}$ (Pap.-Pes. f.1 £)	0,51 Sicht(ℛℳ f. 1P.-Pes. bar)	45	„
Lima	26,32 (*L per.* f. 100 $)	32 $\frac{1}{4}$ % prem.	15,96 Sicht(ℛℳ f. 1 *L per* bar.)	30	„
Ecuador	5,97 (Sucres f. 1 $)	24 (Sucres f 1 £)	—	30	„
Caracas (Venez.)	5,15 (Boliv. f. 1 $)	25,20 (Bol. f. 1 £)	—	30	„
Bogota (Columbien)	101,08 (Doll. f. 100 $)	98,25 (Doll. f. 20 £)	—	30	„
Alexandria	—	97 $\frac{1}{2}$ (Pi. f. 1 £)	20,95 Sicht (ℛℳ f.1 äg. £ bar)	10	„
Kapstadt	—	$\frac{1}{4}$ % prem.	—	30	engl.
Bombay (Kalkutta)	—	1/5 $\frac{7}{8}$ (s u. d f. 1 Rup.)	1,525 (ℛℳ f. 1 Rup.)	30	„
Singapore	—	2/3 $\frac{15}{16}$ (,, ,, ,, 1 Str.-$)	2,39 (,, ,, 1 Str -$)	45	„
Hongkong	—	2/0 $\frac{1}{2}$ (,, ,, ,, 1 Hongk.-$)	2,234 (,, ,, 1 Hongk.-$)	45	„
Shanghai	—	2/7 $\frac{7}{8}$ (,, ,, ,, 1 Tael)	3,05 (,, ,, 1 Tael)	45	„
Yokohama	—	1/11 (,, ,, ,, 1 Yen)	1,955 (,, ,, 1 Yen)	45	e.od.dtsch

Bem.: Die Kurse sind englischen und deutschen Tageszeitungen sowie Berichten der Deutschen Bank in Berlin entnommen worden; einige wenige wurden paritätisch berechnet. Soweit sie nicht ausdrücklich als Zeitkurse bezeichnet sind, handelt es sich um T. T.-Kurse. Kurs in Montreal $\frac{1}{8}$ % Disk. bedeutet: 99$\frac{7}{8}$ kanad. $ = 100 USA $; die Notierung $\frac{1}{4}$ % prem. in Kapstadt heißt: 100$\frac{1}{4}$ £ in Kapstadt = 100 £ in London. Zur Beurteilung, ob Preis- (direkte) oder Mengen- (indirekte) Notierung vorliegt, wiederhole man die Ausführungen S. 126.
Die vorletzte Spalte enthält die Anzahl der usanzmäßigen Überfahrtstage nach Europa, die letzte Spalte gibt die Art der Zinsenberechnung an dem betreffenden Platze an.

Beispiele.

1. Valparaiso zieht eine Forderung von Pap.-Pesos 12560.— durch Sichttratte a/Hamburg ein. Auf wieviel Reichsmark lautet sie, wenn $\frac{1}{2}$% Spesen einzurechnen sind? Kurs s. Tabelle.

$\mathcal{RM}$ 6437.79 b/Sicht a/Hamburg zu 0,51 . .Pap.-Pes.　12623.12
$\div$ $\frac{1}{2}$% Spesen . . . .　63.12
Pap.-Pes.　12560.—

Erl. Der um $\frac{1}{2}$% (im 100) vermehrte Peso-Betrag ist mit 0,51 zu multiplizieren, da indirekte Notierung vorliegt. Eine Zinsberechnung kommt nicht in Frage, weil Wechselsicht und Kurssicht übereinstimmen.

2. Zahlungsausgleich bei einem Einfuhrgeschäfte.

Im Auftrage von Berlin kauft Kalkutta Waren im Betrage von Rup. 7825.10.6; es berechnet an Fracht bis Hamburg und sonstigen Spesen Rup. 218.8.—, ferner $2\frac{1}{2}$% Prov. (vom Betrag einschließlich Spesen) und trassiert am 4. Sept. den Gesamtbetrag, fällig 60 Tage n. Sicht auf die Diskontogesellschaft in Berlin.

a) Wie groß ist die am 4. Sept. zu 1.525 T.T. (6%) von der Deutsch-Asiatischen Bank übernommene Tratte?

b) Wieviel Reichsmark zahlt der Berliner Importeur am Fälligkeitstage der Tratte (26. Nov.), wenn die Diskontgesellschaft $\frac{1}{4}$% Prov. (vom Wechselbetrage) und $\mathcal{RM}$ 12.40 Stempel in Rechnung stellt?

a) Einkaufspreis . . . .Rup. 7825.10. 6
$+$ Spesen . . . . . . „　218. 8.—
Rup. 8044. 2. 6
$+ 2\frac{1}{2}$% Prov. . . . „　201. 1. 8
Rup. 8245. 4. 2

$\mathcal{RM}$ 12762.84 f. 60 Tg. n. Sicht zu 1.525 T.T.　.Rup. 8369. 1. 3
$\div$ Zinsen 90/6% . . . . „　123.13. 1
Rup. 8245. 4. 2

b) Tratte f. 60 Tage n/Sicht $\mathcal{RM}$ 12762.84
$\frac{1}{4}$% Prov. . . . . „　31.91
Stempel . . . . . . „　12.40
Wert 26. Nov. . $\mathcal{RM}$ 12807.15

3. Zahlungsausgleich bei einem Ausfuhrgeschäfte.

Ein Hamburger Exporteur trassiert bei Absendung der Ware (16. Mai) den Fakturabetrag von $\mathcal{RM}$ 16420.— Sicht a/Rio de Janeiro, „zahlbar zum dortigen Sichtkurse a/Deutschland"; er übergibt die Tratte mit den Verschiffungsdokumenten der „Brasilianischen Bank für Deutschland" zum Inkasso. Der Wechsel wird in Rio am 14. Juni vorgezeigt und auf Grund des Kurses 0,675 bezahlt. Die Bank rechnet Milr. 12.250 Inkassospesen ab und remittiert den Restbetrag zum gleichen Kurse in einem Scheck.

a) Wieviel Milreis zahlt der Trassat in Rio?

b) Wieviel $\mathcal{RM}$ beträgt der Scheck?

c) Wieviel $\mathcal{RM}$ erhält der Exporteur am Tage des Eintreffens des Schecks in Hamburg (11. Juli) von der Brasil. Bank ausgezahlt, wenn diese $\frac{1}{8}\%$ Prov. und $\mathcal{RM}$ 8.30 sonst. Spesen abzieht?

a) $\mathcal{RM}$ 16420.— zu 0,765 ($\mathcal{RM}$ f. 1 Milr.) .. . $=$ Milr. 24325.926

                                                Wert 14. Juni

b) Milr. 24325.926

$\div$ „   12.250 Spesen

    Milr. 24313.676 zu 0,675 . . . . $= \mathcal{RM}$ 16411.73

Oder einfacher:

Trattenbetrag . . . . $\mathcal{RM}$ 16420.—

$\div$ Spesen Milr. 12.250 zu 0.675 . . . . $=$ „   8.27

                Reinertrag . . . . $\mathcal{RM}$ 16411.73

c) Scheck a/Hamburg . . . . $\mathcal{RM}$ 16411.73

               $\div \frac{1}{8}\%$ Prov. $\mathcal{RM}$ 20.51

               $\div$ Spesen   „   8.30   „   28.81

      Wert 11. Juli $\mathcal{RM}$ 16382.92

Übungsaufgaben. § 85.

Die in den folgenden Aufgaben fehlenden Kurse und sonstigen Bestimmungen sind S. 136 und S. 138 zu entnehmen.

a) Kursberechnungen.

1. Welcher 60 Tage-Sicht-Kurs a/Berlin würde sich aus dem C.-T.-Kurs 23.81 in Neuyork ergeben? (15 Reisetage; 6%.)

2. Berechne aus den Sichtkursen auf Deutschland **a)** in Rio de Janeiro, **b)** in Valparaiso, **c)** in Lima, **d)** in Alexandria die entsprechenden C.-T.-Kurse. (Vgl. die Devisentabelle S. 138; 6% Zinsen.)

3. Welche 90 Tage-Sicht-Kurse auf London würden sich auf Grund der Devisentabelle ergeben:

a) in Guatemala, **b)** in Nicaragua, **c)** in San Salvador?

b) Wechselrechnungen.

4. Neuyork. Verkauf am 15. Sept.: $\mathscr{RM}$ 5000.— telegr. Ausz. a/Berlin, $\mathscr{RM}$ 4275.— Sicht a/Hamburg und $\mathscr{RM}$ 7255.50, 10 Tage n.Sicht a/Hamburg. Wie groß ist der Ertrag bei 4% Zinsabzug, $\frac{1}{8}$% Maklergebühr und $\frac{1}{4}$% Provision?

5. Neuyork. Kauf am 8. Mai: £ 725.—.— telegr. Ausz. und £ 461.12.6 fällig 90 Tage n/Sicht a/London zum 60 Tage-Kurs ($4\frac{1}{2}$%); Maklergeb. $\frac{1}{8}$%, Depesche und Porto $ 4.50.

6. Neuyork soll eine Schuld an Bremen von $ 8340.— durch telegr. Überweisung begleichen; wieviel Reichsmark sind dafür aufzuwenden, wenn $\frac{1}{8}$% Prov., sowie $ 5.25 für Depesche und sonst. Spesen berechnet werden?

7. Neuyork will eine bare Forderung von $ 11326.— durch Tratte, fällig 2 Mon. dato a/Bern einziehen. Auf wieviel Francs lautet die Tratte bei Einrechnung von $\frac{1}{4}$% Spesen? 4% Zinsen.

***8. Yokohama** hat an London £ 715.16.4 zum T.T.-Kurse a/London zu zahlen; wieviel Yen erfordert der Ausgleich?

***9. Montevideo** verkauft an die dortige Filiale der Deutschen Überseeischen Bank $\mathscr{RM}$ 15600.— Scheck a/Berlin mit $\frac{1}{4}$% Provision. Wieviel Pesos Gold beträgt der Reinertrag? (6%.)

***10. Buenos Aires** zieht den Betrag einer Faktur über Felle in Höhe von Pap.-Pes. 22375.— durch Sicht-Tratte a/Leipzig ein. Auf wieviel Reichsmark lautet diese bei Einrechnung von 1% Spesen? 6% Zinsen. (Man rechne zunächst die Papierpesos in Goldpesos um; 100 Pes. Pap. = 44 Pes. Gold.)

***11.** Eine Bank in **Kapstadt** zieht im Auftrage von Berlin £ 189.11.4 Sicht ein, berechnet $\frac{1}{4}$% Prov. (vom Wechselbetrag), sowie 15 s 7 d Inkassospesen und remboursiert (d. h. gleicht aus) zu 20.42$\frac{1}{2}$. Wie groß ist der Ertrag für Berlin, wenn es noch $\mathscr{RM}$ 3.55 für Porto usw. zu zahlen hat?

***12. Rio de Janeiro** hat von Hamburg für gelieferten Rio-Kaffee Milr. 15460.— zu fordern und entnimmt den Betrag durch Sichttratte a/Hamburg. Auf wieviel Reichsmark lautet der Wechsel, den die Brasilianische Bank für Deutschland unter Berechnung von $\frac{1}{2}$% Spesen übernimmt?

***13. Ecuador.** Wieviel Sucres zahlte der Banco del Ecuador für einen Wechsel von $ 3520.— f. 30 Tage nach Sicht a/Neuyork bei Berechnung von $\frac{1}{4}$% Ankaufsprovision?

***14. Shanghai** kauft für Rechnung von Krefeld Rohseide im Betrage von Taels 68426.— und trassiert dafür auftraggemäß bei Sicht auf die Diskontogesellschaft in Berlin. Auf wieviel $\mathcal{R}\mathcal{M}$ lautet der Wechsel, den es zu 2.96 Sicht (franko Spesen) an die Filiale der Deutsch-Asiatischen Bank in Shanghai verkauft?

***15. Hongkong.** Hamburg trassiert am 15. März $\mathcal{R}\mathcal{M}$ 9662.50, 60 Tage Sicht a/Hongkong, „zahlbar zum T.T.-Kurse der Shanghai and Hongkong Banking Corporation a/Deutschland, zuzüglich 6 % Zinsen vom Tage der Ausstellung bis zu dem Eintreffen des Gegenwertes in Hamburg". Die Tratte wird am 24. April zur Annahme vorgezeigt und vom Bezogenen akzeptiert. Am Fälligkeitstage beschafft Hongkong die Deckung durch telegr. Auszahlung a/Hamburg.

a) Auf wieviel Reichsmark (zuzüglich Zinsen zu 6 % vom 15. März bis 31. Juli) lautet die telegr. Auszahlung a/Hamburg?

b) Wieviel Hongkong-Dollars zahlt Hongkong dafür?

c) Wieviel Reichsmark erhält Hamburg für die telegr. Ausz. am 31. Juli, wenn die Bank $\frac{1}{8}$ % Prov., sowie $\mathcal{R}\mathcal{M}$ 7.50 sonst. Spesen vom Betrage kürzt?

***16.** Leipzig übergibt der Deutschen Überseeischen Bank in Berlin am 3. Mai $\mathcal{R}\mathcal{M}$ 3624.60, 90 Tage Sicht a/Bahia Blanka (Argent.) zum Inkasso. Die Bank erhält das Akzept am 8. Juni und rechnet nunmehr sofort mit dem Leipziger Kommittenten ab. Sie kürzt vom Betrage $\frac{1}{2}$ % Prov., sowie Pesos 1.75 für Porto und Stempel und überweist den Restbetrag in 90 Tage-Sicht-Papier zu 4.13$\frac{1}{2}$, 90 Tage Sicht, a/Deutschland. Wieviel Reichsmark erhält Leipzig am Tage des Eintreffens der Rimesse (9. Juli) ausgezahlt bei Abzug von 6 % Disk. und von $\mathcal{R}\mathcal{M}$ 2.80 sonstigen Spesen?

Anl. Man rechne die Reichsmark in Pesos um, ziehe Prov. und Stempel ab, führe den Betrag mit dem gleichen Kurse wieder auf Reichsmark zurück und vermindere ihn um den Diskont (auf 90 Tage) und die deutschen Spesen.

C. Zusammengesetzte Devisenrechnungen.

Von zusammengesetzten oder indirekten Devisenrechnungen spricht man dann, wenn zur Berechnung fremder Wechsel mehrere Kurse heranzuziehen sind. Das kann seinen Grund darin haben, daß ein Platz auf einen anderen, dessen Währung er umzurechnen hat, keinen Wechselkurs notiert, oder daß der Zahlungsausgleich auf einem Umwege sich trotz der etwa entstehenden größeren Spesen als vorteilhafter erweist. Die zusammengesetzte Devisenrechnung kommt daher namentlich in den folgenden Fällen zur praktischen Anwendung:

1. Man benutzt zur Berechnung der Wechsel die Kurse eines Zwischenplatzes (vgl. Beisp. 1).

2. Man nimmt die selbständige Vermittlung eines solchen Zwischenplatzes in Anspruch, läßt also zur Bezahlung einer Schuld diesen kommissionsweise remittieren, zur Einziehung einer Forderung diesen trassieren und rechnet in geeigneter Weise mit ihm ab (vgl. Beisp. 2).

3. Man verwendet für den Zahlungsausgleich statt direkter Wechsel solche, die an einem dritten Platze fällig sind, die also zugleich einen Einkauf an dem einen und einen Verkauf an dem anderen Orte nötig machen (vgl. Beisp. 3).

Bedient man sich nur der Kurse eines Mittelplatzes, so kommen besondere Spesen nicht in Betracht; benutzt man aber die selbständige Vermittlung dieses Platzes, so sind damit meist besondere Unkosten (Provision usw.) verbunden; auch die Verwendung fremder Papiere (Fall 3) hat gegenüber dem einfachen, direkten Ausgleiche in der Regel eine kleine Erhöhung der Spesen zur Folge.

Zur rechnerischen Durchführung der Aufgaben kann man vielfach bequem den Kettensatz benutzen, besonders dann, wenn die zu benutzenden Kurse keiner Zinsveränderung bedürfen.

Beispiel 1.

Amsterdam hat von Bombay hfl. 6750.—, zahlbar zum T.T.-Kurse in Bombay a/London zu fordern. Wieviel Rupien beträgt die Zahlung, wenn London T.T. $1/3\frac{15}{16}$ steht und London a/Amsterdam $12.12\frac{1}{2}$ notiert?

$$\left.\begin{array}{ll} \text{x Rup.} & = 6750 \text{ hfl.} \\ 12{,}125 & = 240 \text{ d} \\ 15\tfrac{1\,5}{16} & = 1 \text{ Rup.} \end{array}\right\} \quad x = \text{Rup. } 8383.4.2$$

In den meisten Fällen dürfte es jedoch praktischer sein, die Rechnung in einzelne Teile zu zerlegen; das empfiehlt sich namentlich da, wo Veränderungen durch Zinsen und Kosten vorzunehmen sind, und wird sogar notwendig, wenn in der Aufgabe auch nichtprozentuale Spesen vorkommen. Überdies hat der Praktiker häufig nicht nur an dem Endergebnis, sondern auch an den Zwischenposten der Rechnung ein gewisses Interesse.

Beispiel 2.

Leipzig hat an Barcelona Peset. 23300.— zu zahlen; es ersucht Zürich, den Betrag, fäll. 3 Mon. dato, zu remittieren und dafür fällig 2 Mon. dato a/Leipzig zu trassieren. Zürich beschafft Spanier zu 82.— (5 %) mit $\frac{1}{8}$ % Prov. und $1^0/_{00}$ Maklergeb. und begibt Berliner zu $123\frac{1}{4}$ ($5\frac{1}{2}$ %) mit $1^0/_{00}$ Maklergeb. Wie stellt sich die Abrechnung?

a) Berechnung der Rimesse an Madrid in Zürich:

```
Peset. 23 300.— f. n. 3 Mon. zu 82.— . . . . .Frs. 19 106.—
       ÷ Zsn. 90/5% (= 1¼%)  . . . . . „      238.83
                                        Frs. 18 867.17
     ⎧ Prov. ⅛%        Frs. 23.58
  + ⎨ Maklergeb. 1⁰/₀₀ „  18.87      „       42.45
                            Wert heute   Frs. 18 909.62
```

b) Berechnung der Tratte a/Berlin in Zürich:

```
ℛℳ 15 499.93 f. 2 Mon. zu 123¼  . . . . . .Frs. 19 103.66
       ÷ Zsn. 60/5½%  . . . . . . . . . „      175.11
                                        Frs. 18 928.55
       ÷ Maklergeb. 1⁰/₀₀ . . . . . . . „       18.93
                                        Frs. 18 909.62
```

Beispiel 3.

London verkauft am 18. April für Rechnung von Wien $ 5328.30
telegr. Ausz. a/Neuyork zu 4.8628 mit ¼% Provision und ⅛% Maklergeb.; den Reinertrag remittiert es auftraggemäß in Züricher 30 Tage-
Papier, das es zu 25.11 (3%) mit ⅛% Maklergeb. berechnet.

a) Wie groß ist für Wien der Reinertrag am 20. April, wenn es
Züricher zu 136.80 (3%) und mit S 25.— Spesen verkauft?

b) Welcher direkte Kurs a/Neuyork (S für 100 $) ergibt sich hieraus?

a) Verkauf des Neuyorker in London (am 18. April):

```
$ 5328.30 telegr. Ausz. zu 4.8628 . . . . . . .£ 1095.14.7
      ⎧ Prov. ¼%        £ 2.14.9
  ÷ ⎨ Maklergeb. ⅛%  „ 1. 7.5       „      4. 2.2
                                    £ 1091.12.5
```

Einkauf der Rimesse a/Zürich in London (am 18. April):

```
Frs. 27 444.08 fällig 18. Mai zu 25.11 . . . .£ 1092.19.1
       ÷ Zsn. 30/3%  . . . . . . . . „      2.13.11
                                     £ 1090. 5.2
    + Maklergeb. ⅛% . . . . . . . . „       1. 7.3
                                     £ 1091.12.5
```

Verkauf des Züricher in Wien (am 20. April):

Frs. 27444.08 f. 18. Mai zu 136,80 . . . . . . S 37543.49
     ÷ Zinsen 28/3% . . . . „   87.60
                                S 37455.89
     ÷ Spesen . . . . „   25.—
                                S 37430.89

b) Direkter Kurs in Wien auf Neuyork:

$ 5328.30 = S 37430.89
   „ 100   = „   702.49

*Übungsaufgaben. § 85a.

1. Bremen berechnet eine bare Forderung an Oslo von Kr. 4681.50 unter Annahme des Londoner Kurses a/Oslo 22.17 und des Bremer Kurses 20.42½ a/London. Auf wieviel $\mathcal{RM}$ stellt sich der Ertrag für Bremen? (Kettensatz.)

2. Wieviel Schillinge beträgt eine Zahlung Wiens an Alexandrien in Höhe von 11320 Piaster, wenn die Berechnung auf Grund des Tarifsatzes für 20 Frs.-Stücke in Alexandrien, nämlich 77,15 Pi., und des Wiener Kurses a/Zürich 136.50 erfolgt? (Kettensatz.)

3. Augsburg hat in Madrid 1000 Peset. zu fordern und läßt den Betrag zu 30.65 (Peset. für 1 £) telegraphisch an London überweisen, während es das Guthaben durch telegr. Auszahlung von London (Kurs 20.43) erhält. Wieviel Reichsmark bringt die Forderung ein? (Kettensatz.)

4. Moskau soll in Hamburg fällige 12000 $\mathcal{RM}$ zahlen; wieviel Tscherw. gibt es dafür aus, wenn es telegr. Auszahlg. a/London zu 943.— (Tscherwonetz für 1000 £) kauft und wenn London zu 20.39 ausgleicht? (Kettensatz.)

5. Wieviel Kronen kostet Stockholm der telegr. Ausgleich einer fälligen Schuld von £ per. 1208.40 unter Benutzung des Kurses in Lima a/London 32¼% prem. (100 engl. £ = 132¼ per. £) und des Kurses in London a/Stockholm 18.14? (Kettensatz.)

6. Köln schuldet an Amsterdam fällige hfl. 2560.—. Zum Ausgleich remittiert es Scheck a/Kopenhagen, den es zu 111.15 (tel quel) mit ¼⁰/₀₀ Maklergeb. kaufen kann, und der von Amsterdam zu 66.15 mit 1⁰/₀₀ Spesen berechnet wird.

a) Wieviel Reichsmark hat Köln aufzuwenden?

b) Welcher direkte Kurs in Köln a/Amsterdam ergibt sich hieraus?

7. Wien vergütet im Auftrage und für Rechnung von Frankfurt a/M. einem Prager Hause den Betrag von Kč 15740.— zu 20.81 unter Berechnung von $\frac{1}{8}\%$ Provision. Frankfurt deckt durch telegr. Auszahlung a/Wien zu 59.36.

a) Wieviel Reichsmark kostet Frankfurt diese Auszahlung?

b) Welchen direkten Kurs in Frankfurt a/Prag ergibt die Rechnung?

8. Leipzig will an London durch Vermittlung von Amsterdam zahlen und remittiert daher dorthin G 20000.— Scheck a/Danzig, den es zu 80.90 gekauft hat. Amsterdam verkauft ihn zu 47.80 (5 Tg., 6%), berechnet $\frac{1}{8}\%$ Prov. und $1^0/_{00}$ Maklergeb. und legt den Reinertrag in Londoner Sichtwechseln zu 12.10 tel quel an.

a) Wie groß ist der Reinertrag des Danziger Schecks in Amsterdam?

b) Wieviel £ hat Amsterdam zu kaufen?

c) Welcher direkte $\mathscr{R\!M}$ Kurs auf London (3 Dezim.) ergibt sich für Leipzig hieraus?

9. Bremen läßt eine Forderung an Genua in Höhe von £ 25384.— durch Paris zu 132.50 tel quel einziehen und trassiert auf letzteren Platz bei Sicht zu 11.05 (5 Tg., 5%). Wieviel Reichsmark bringt ihm seine Forderung ein, wenn Paris $\frac{1}{8}\%$ Prov. und $1^0/_{00}$ Maklergebühr berechnet?

10. Leipzig hat von Belgrad Dinar 21450.—, fällig 12. Mai zu fordern. Es läßt durch Wien am 1. März zu 12.76 f. 12. Mai (6%) auf Belgrad trassieren und sich dafür deutsches Sichtpapier zu 168.05 (5 Tg., 5%) remittieren. Wien berechnet für die Tratte $\frac{1}{8}\%$ Prov., $\frac{1}{2}^0/_{00}$ Maklergeb. und S 2.50 sonstige Spesen, ferner für die Rimesse $1^0/_{00}$ Spesen.

a) Wieviel Reichsmark erhält Leipzig?

b) Wie hoch stellt sich hier der Preis für 100 Dinar?

11. Berlin verkauft im Auftrage von Moskau am 18. Juni Frs. 8360.— f. 24. Juni und Frs. 9000.— f. 1. Juli a/Zürich zu 81.25 (3%), mit $\frac{1}{8}\%$ Prov. und RM 3.20 sonst. Spesen und remittiert für den Reinertrag Londoner, fällig ult. Juni, das es zu 20.44$\frac{1}{2}$ (4%) mit $\frac{1}{4}^0/_{00}$ Maklergeb. beschafft und das Moskau am 21. Juni zu 945.— (Tscherw. f. 1000 £, 4%) übernimmt.

a) Wie groß ist die £-Rimesse?

b) Welchen Ertrag hat Moskau?

c) Welcher direkte T.T.-Kurs a/Zürich (Tscherw. f. 100 Frs.) ergibt sich daraus für Moskau am 21. Juni?

Anm. zu c) Man ermittle den Gesamtbetrag der Frs.-Wechsel für 21. Juni und stelle ihn dem Moskauer Verkaufsertrage gegenüber.

12. Wien hat an Kopenhagen eine Forderung von Kr. 24680.— fällig
25. Okt.; es beauftragt Hamburg, den Betrag zu trassieren und dagegen £ 300.—.— fäll. 31. Okt. fix (d. h. ohne Respekttage) a/London
und für den Rest einen Guldenwechsel a/Danzig zu remittieren.
Hamburg führt den Auftrag am 3. Aug. aus, trassiert zu 111.35
(5%), berechnet ⅛% Prov. und RM 28.50 für Stempel und Auslagen, kauft Londoner zu 20.42½ (4%) und einen Guldenwechsel
a/Danzig, fällig 15. Okt. zu 81.— (6%) mit je ¼°/₀₀ Maklergebühr.

a) Wie groß ist letzterer?

b) Welchen Ertrag hat Wien am 5. Aug., wenn es die £-Rimesse zu
34.35½ und die G-Rimesse zu 135.40 verwerten kann?

13. Berlin übergibt London eine Sichttratte von £ 388.10.6 auf Kapstadt zum Inkasso; London berechnet sie mit ¾% Abschlag, zieht
noch ¼% Prov. (vom Wechselbetrage) sowie 11/6 d sonst. Spesen ab
und überweist den Restbetrag in einem Scheck a/Berlin, den es zu
20.42¾ (5 Tg., 6%; engl. Art) berechnet. Wieviel Reichsmark erhält Berlin?

14. A. in Wien übergibt der Anglo-Österr. Bank zum Inkasso £ 427.11.6
a/Kalkutta (zahlbar zum T.T.-Kurse a/London). Der Einziehungs-
kurs ist 1/5¼ d. Die einziehende Bank in Kalkutta berechnet ¼%
Prov., sowie Rup. 5.4.6 sonst. Spesen und remittiert den Reinertrag in Londoner Sichtpapier zum gleichen Kurse (ohne Zinsvergütung) an Wien. Die Anglo-Österr. Bank berechnet den Wechsel
zu 34.36 (5 Tg., 4½%) und kürzt S 2.10 für Porto. Wieviel Schillinge
erhält A?

15. Amsterdam schuldet an Yokohama fällige Yen 15720.— und beauftragt es, zum T.T.-Kurse a/London zu trassieren. Dies geschieht
zu 2/-⅛ d. Wieviel Gulden hat Amsterdam zu zahlen, wenn London
für seine Vermittlung ¼% Prov. sowie 17/6 d Spesen einrechnet und
seine Forderung zu 12.075 (tel quel) einzieht?

16. Stockholm läßt Kr. 1550.40 a/Rio Grande do Sul (Brasilien) einziehen. Die Berechnung dort erfolgt zum Kurse 0,585 (Kr. f. 1 Milr.)
und unter Abzug von Milr. 7.060 Spesen. Der Betrag wird in
90 Tage-Sichtpapier a/London zu 7⅞ (d für 1 Milr.; 90 Tage-Sicht)
nach Stockholm remittiert, das es zu 18.15 (90 Tage, 4½%) mit Kr. 2.20
Spesen verkauft. Wieviel Kronen erhält Stockholm?

17. Madras hat von Berlin Rup. 15380.—.— zu fordern. Es trassiert
am 25. Febr. den Betrag a/London zu 1/3¹⅝ tel quel unter Einrechnung von ¼% Prov. und Rup. 8.7.6 sonst. Spesen. Zur Deckung übersendet Berlin an London Frs. 9000.— Scheck a/Zürich und ersucht

London, den Rest durch Sichttratte a/Berlin einzuziehen. Wie groß ist

a) die Tratte von Madras a/London,

b) die Forderung Londons an Berlin in Pfd. Sterl., wenn es $\frac{1}{3}\%$ Vermittlungsgebühr berechnet,

c) die Restforderung Londons in Pfd. Sterl., wenn es die Francs zu 25.20 tel quel übernimmt,

d) die Tratte Londons a/Berlin, berechnet zu 20.45 tel quel,

e) der Gesamtaufwand für Berlin, wenn es den Züricher Scheck zu 81.10 mit $\mathscr{RM}$ 2.50 Spesen beschaffte? (Nirgends Zinsen zu rechnen.)

18. Wien hat eine Forderung von 1675 Goldpesos an Buenos Aires. Es beauftragt Neuyork, für diesen Betrag bei Sicht auf Buenos Aires zu trassieren und den Reinertrag des Trattenverkaufs in Scheck a/Berlin zu remittieren. Neuyork trassiert zu 93.85 (\$ für 100 Goldpesos; 18 Tage, 6%) unter Einrechnung von $\frac{1}{4}\%$ Prov. und \$ 1.50 Spesen und beschafft den Scheck a/Berlin zu 22.78 (15 Tg., 5%) mit $\frac{1}{2}\%_{00}$ Maklergeb.

a) Wieviel Dollars ergibt der Trattenverkauf in Neuyork?

b) Auf wieviel Reichsmark stellt sich der Scheck a/Berlin?

c) Welchen Schilling-Ertrag erzielt Wien beim Verkaufe des Schecks zu 168.20 (5 Tg., 5%) bei Anrechnung von S 3.50 Spesen?

D. Das Kurslimit im Devisengeschäft.
(Wechselkommissionsrechnung.)

In der Praxis des Devisenverkehrs kommt es oft vor, daß der Auftraggeber dem Kommissionär (Bankier) die Kurse begrenzt (limitiert), ihm also für den einzukaufenden Wechsel einen Höchstpreis, für den zu verkaufenden einen Mindestpreis vorschreibt. Es ist dann Sache des Kommissionärs, zu ermitteln, ob der Auftrag zu den am Tage der Abwicklung notierten wirklichen (effektiven) Kursen ausführbar ist oder nicht.

1. Wird ein einfacher Auftrag mit der Bedingung limitiert, daß die Ausführung frei von allen Spesen (franco tout, netto) erfolgen soll, so hat sich der Kommissionär für die Spesen an den Kursen zu erholen. Bei direkter Notierung muß er den limitierten Einkaufskurs als einen um die Spesen vermehrten, den limitierten Verkaufskurs als einen um die Spesen verminderten Betrag ansehen und daher jenen um die Spesen auf Hundert vermindern, diesen um solche im Hundert vermehren und den erhaltenen Wert mit dem wirklichen Tageskurse

vergleichen. Die Praxis pflegt übrigens durchgängig die Spesen nach Prozenten vom Hundert zu berechnen, weil der Unterschied in den Ergebnissen nach dieser und der genauen Berechnung in den meisten Fällen unerheblich ist. Bei **indirekter Notierung** dagegen ist es, auch vom streng mathematischen Standpunkt aus, stets richtig, die Spesen nach Prozenten **vom Hundert** aus dem limitierten Kurse zu berechnen; sie sind hier aber beim **Einkaufe zu addieren**, beim **Verkaufe zu subtrahieren**.

Beispiel 1.

Ein Berliner Kommissionär soll Amsterdamer Wechsel zu höchstens 169.40 spesenfrei kaufen; wird er den Auftrag ausführen, wenn er sie zu 168.95 beschaffen kann, aber $\frac{1}{4}\%$ Spesen decken muß?

a) Entweder:

Limitierter Kurs	= 169,40
÷ Spesen $\frac{1}{4}\%$ (a/100)	= 0,422
Angepaßter Kurs	= 168,978

Der wirkliche Tageskurs darf nicht über 168,978 hinausgehen; da er nur 168,95 beträgt, ist der **Auftrag mit Vorteil ausführbar**.

b) Oder auch:

Wirklicher Tageskurs	= 168,95
+ Spesen $\frac{1}{4}\%$ (v/100)	= 0,422
Kurs mit Spesen	= 169,372

Der limitierte Kurs darf nicht unter 169,372 liegen; da er 169,40 ist, so ist der **Auftrag ausführbar**.

Anm. In a) würden die Spesen zu $\frac{1}{4}\%$ vom 100 = 0,423, also nur unerheblich größer gewesen sein und daher keinesfalls die Entscheidung beeinflußt haben.

Beispiel 2.

London soll Reichsmarkwechsel spesenfrei zu $20.46\frac{1}{2}$ verkaufen. Ist der Auftrag bei einem wirklichen Verkaufskurse von 20.40 unter Berücksichtigung von $\frac{1}{4}\%$ Prov. und $1\%{}_{00}$ Maklergeb. ausführbar?

Limitierter Kurs	= 20,465
÷ Spesen $(\frac{1}{4}\% + 1\%{}_{00} =)$ $3\frac{1}{2}\%{}_{00}$ (v/1000)	0,072
Angepaßter Kurs	= 20,393

Der Tageskurs darf nicht über 20,393 liegen; da er 20,40 beträgt, ist der **Auftrag nicht ausführbar**.

2. Handelt es sich um einen Doppelauftrag, wobei ein Verkauf mit einem Einkaufe ve:bunden wird, so ist gegebenenfalls die Abweichung beider Tageskurse von den limitierten Kursen zur Beurteilung der Ausführbarkeit des Auftrags zu prüfen. Eine rechnerische Untersuchung erübrigt sich natürlich dann, wenn beide Tageskurse zugunsten oder beide zuungunsten der Auftragserfüllung von den Limiten abweichen; offenbar ist in jenem Falle die Ausführung möglich, in diesem nicht. Eine besondere Rechnung wird vielmehr nur dann nötig, wenn der eine Tageskurs zum Vorteil, der andere zum Nachteil vom limitierten Kurse abweicht, und der Auftrag wird ausführbar sein, wenn die nachteilige Abweichung von der vorteilbringenden mindestens ausgeglichen wird. Man vergleicht daher entweder den in Prozenten ausgedrückten Vorteil und Nachteil miteinander [vgl. a) in den folgenden Beispielen], oder man ermittelt durch Regeldetriansatz, wie sich infolge der Veränderung des einen Kurses der andere gestalten muß, und vergleicht den erhaltenen Wert mit dem wirklichen Tageskurse. Die Aufstellung des Ansatzes hat hierbei, wie sich aus den folgenden Beispielen ersehen läßt, unter Anwendung direkter Verhältnisse zu erfolgen, falls beide Kurse gleichartig (beide direkt oder beide indirekt) notiert sind, während mit indirekten Verhältnissen zu rechnen ist, wenn der eine Kurs ein direkter, der andere ein indirekter ist [vgl. b) in den folgenden Beispielen].

Beispiel 8.

Amsterdam soll Hamburger nicht unter 59.05 verkaufen und dafür Züricher nicht über 47.75 einkaufen. Bei Empfang der Order sind die Kurse 59.10 und 47.80. Ist der Auftrag ausführbar?

a) Der wirkliche Verkaufskurs ist 5 cs. höher, also, da direkte Notierung vorliegt, günstiger; der Vorteil beträgt

$$0{,}05 \times 100 : 59{,}05 = 0{,}085\%.$$

Der wirkliche Einkaufskurs ist 5 cs. höher, also, da direkte Notierung vorliegt, ungünstiger; der Nachteil beträgt

$$0{,}05 \times 100 : 47{,}75 = 0{,}105\%.$$

Da der Nachteil den Vorteil überwiegt, ist der Auftrag nicht ausführbar.

b) Die Erhöhung des einen Kurses muß zum Ausgleiche eine proportionale Erhöhung des anderen Kurses zur Folge haben; also ist anzusetzen:

$$59{,}05 \text{ limitierter Kurs entspricht } 59{,}10 \text{ Tageskurs}$$
$$47{,}75 \quad\quad ,, \quad\quad ,, \quad\quad ,, \quad\quad x \quad\quad ,,$$

$$x = \frac{59{,}10 \cdot 47{,}75}{59{,}05} = 47{,}79$$

Wenn somit der Verkaufskurs von 59,05 auf 59,10 steigt, darf sich der Einkaufskurs entsprechend von 47,75 auf 47,79 erhöhen. Der wirkliche Einkaufskurs ist aber 47,80, daher der Auftrag nicht ausführbar. — Man kann natürlich auch vom Einkaufskurse ausgehen und aus dem Ansatze

$$\frac{47,80 \cdot 59,05}{47,75}$$

den Ve kaufskurs x = 59,11 ermitte'n, unter den man keinesfalls heruntergehen dürfte. Da der wirkliche Verkaufskurs 59,10 ist, ergibt sich auch hier, daß der Auftrag nicht aus.ührbar ist.

Beispiel 4.

London soll Züricher Wechsel zu 25.30 verkaufen und Amsterdamer zu 12.21¼ einkaufen. Wie muß sich der Amsterdamer Tage kurs stellen, wenn der Pariser 25.35 steht?

a) Beide Notierungen sind indirekte. Die Erhöhung der ersten Kurszahl bedeutet einen Nachteil von

$$0,05 \times 100 : 25,3 = 0,1976\%.$$

Um mindestens ebensoviel Prozent muß sich daher der Einkaufskurs zum Vorteil verändern, d. h. vergrößern; es ist

$$12,2125 + (0,1976\% =) 0,0241 = \underline{12,2366 \text{ fl.}}$$

b) Da beide Notierungen gleichartige, nämlich indirekte sind, ergibt sich als Ansatz (mit geraden Verhältnissen):

$$x = \frac{25,35 \cdot 12,2125}{25,30} = \underline{12,2366 \text{ fl.}}$$

Beispiel 5.

London soll Mexikaner zu 24¼ verkaufen und den Ertrag in Berliner zu 20.41 anlegen. Wenn nun Mexikaner zu 24³⁄₁₆ begebbar und Berliner zu 20.47 zu beschaffen sind, kann dann London den Auftrag ausführen?

a) Der wirkliche Verkaufskurs (direkte Notierung) ist kleiner, also ungünstiger; der Nachteil beträgt:

$$\tfrac{1}{16} \times 100 : 24\tfrac{1}{4} = 0,258\%.$$

Der wirkliche Einkaufskurs (indirekte Notierung) ist größer, also günstiger; der Vorteil beträgt:

$$0,06 \times 100 : 20,47 = 0,293\%.$$

Da der Vorteil den Nachteil übertrifft, ist der Auftrag ausführbar.

b) Der wirkliche Einkaufskurs des Berliner ist günstiger, daher kann das Mexikaner entsprechend niedriger verkauft werden; das führt zu dem Ansatze (mit indirekten Verhältnissen):

$$x = \frac{20{,}41 \cdot 24{,}25}{20{,}47} = 24{,}179 \text{ d}.$$

Die Rechnung ergibt also, daß man 1 Peso nicht unter 24,179 d verkaufen darf; da der wirkliche Verkaufskurs 24,188 d ist, ist der Auftrag ausführbar.

Aus den Berechnungen ergibt sich, daß die Methode a) (Vergleichung in Prozenten) im allgemeinen einfacher, natürlicher und bequemer ist als die Methode b) (proportionale Änderung des einen Kurses).

3. Sind endlich bei einem solchem Doppelauftrage die Kurse **frei Spesen** limitiert, so verändert man entweder erst die Kurse um die Spesen (nach Beisp. 1 und 2) und vergleicht sie dann in der eben erörterten Art (s. Beisp. 6 a), oder man nimmt zunächst auf die Spesen beim Vergleiche der Kurse gar keine Rücksicht und untersucht erst dann, ob der sich ergebende prozentuale Vorteil groß genug ist, um den Gesamtbetrag der Spesen zu decken (s. Beisp. 6 b).

Beispiel 6.

Zürich erhält den Auftrag, Wiener zu 73.05 franco tout zu verkaufen und für den Ertrag Londoner zu 25.35 franco tout zu remittieren. Kann es den Auftrag ausführen bei den effektiven Kursen 73.10 und 25.29, wenn es für den Verkauf $\frac{1}{8}\%$ Prov. und $1\,^0/_{00}$ Maklergeb., für den Einkauf $1\,^0/_{00}$ Maklergeb. rechnen muß?

a)

Limitierter Verkaufskurs . . . . =	73,05
$+\ 2\frac{1}{4}\,^0/_{00}$ Spesen (i/1000) . . . . =	0,165
Angepaßter Kurs . . . . =	73,215
Wirklicher Kurs . . . . =	73,10
Also Nachteil . . . . =	0,115
d. i. =	0,158%
Limitierter Einkaufskurs . . . . =	25,35
$\div\ 1\,^0/_{00}$ Spesen (a/1000) . . . . =	0,025
Angepaßter Kurs . . . . =	25,325
Wirklicher Kurs . . . . =	25,29
Also Vorteil . . . . =	0,035
d. i. =	0,138%

Der Nachteil überwiegt den Vorteil um 0,02%, also ist der Auftrag nicht ausführbar.

b)

$$\text{Limitierte Kurse} \ \ldots\ldots\ldots = 73{,}05 \ \text{u.}\ 25{,}35$$
$$\text{Wirkliche Kurse} \ \ldots\ldots\ldots = 73{,}10 \ \text{,,}\ 25{,}29$$

$$\text{Vorteil} \ \ldots\ldots\ldots\ldots = 0{,}05 \ \text{u.}\ 0{,}06$$
$$\text{d. i.} = 0{,}068\% \ \text{u.}\ 0{,}237\%$$

$$\text{Also Gesamtvorteil} \ \ldots\ldots = 0{,}305\%$$
$$\text{jedoch Gesamtspesen} \ \ldots\ldots = 0{,}325\%$$

$$\text{Somit Nachteil} \ \ldots\ldots\ldots = 0{,}02\%;$$

also ist der Auftrag **nicht** ausführbar.

Auch in Verbindung mit Ein- und Verkäufen von Edelmetallen und Geldsorten finden solche Untersuchungen oft Anwendung.

Beispiel 7.

London soll für indische Rechnung Standardsilber zu 30 d für 1 oz. netto kaufen und den Betrag zu $1/3\tfrac{13}{16}$ d (für 1 Rupie) einziehen. Ist der Auftrag auszuführen, wenn der Silberpreis $29\tfrac{1}{4}$ d ist, für den Ankauf und Transport $1\tfrac{1}{2}\%$ Spesen zu rechnen sind und der zur Zeit notierte Trattenkurs $1/3\tfrac{3}{4}$ d ist?

Limitierter Preis	30 d	limitierter Kurs	$15\tfrac{13}{16}$ d
wirklicher ,,	$29\tfrac{1}{4}$ d	wirklicher ,,	$15\tfrac{3}{4}$,,
Vorteil . . . . $= \tfrac{3}{4}$ d		Nachteil . . . $= \tfrac{1}{16}$ d	
,, $= 2{,}5\%$		,, $= 0{,}397\%$	

$$\text{Gesamtvorteil} = 2{,}103\%$$
$$\text{Spesen} \ \ldots\ldots = 1{,}5\%$$

$$\text{Restvorteil} \ \ldots = 0{,}603\%; \ \text{der Auftrag ist also ausführbar.}$$

*Übungsaufgaben. § 85 b.

1. Leipzig soll Wiener zu 59.65 frei Spesen kaufen; kann es den Auftrag ausführen beim Tageskurse von 59,40, wenn an Spesen $\tfrac{1}{8}\%$ Prov. und $\tfrac{1}{4}\%_{00}$ Maklergeb. zu berechnen sind?

2. London soll Züricher zu 25.25 franco tout verkaufen. Ist der Auftrag bei einem Tageskurse von $25.12\tfrac{1}{2}$ unter Einrechnung von $\tfrac{3}{8}\%$ Spesen ausführbar?

3. Zu welchem Tageskurse muß Berlin Moskauer Papier verkaufen, wenn ihm zu 213.50 spesenfrei limitiert wurde und $\tfrac{1}{8}\%$ Prov. und $\tfrac{3}{4}\%_{00}$ sonstige Spesen zu berücksichtigen sind?

4. Frankfurt a. M. soll Genfer Wechsel zu 81.10 verkaufen und den Ertrag in Londoner zu 20.44 remittieren. Bei Empfang des Auftrags lauten die Kurse 81.15 bzw. $20.46\tfrac{1}{2}$. Ist der Auftrag ausführbar?

5. London erhält den Auftrag, Stockholmer zu 18.15 zu begeben und dafür Neuyorker zu 4.865 zu kaufen. Wenn der Verkauf nun tatsächlich zu 18.20, der Einkauf zu 4.875 möglich ist, wird London dann den Auftrag ausführen?

6. Wien soll für gleiche Schillingbeträge Deutsches Papier zu 168.20 und Amsterdamer zu 283.50 kaufen; ist der Auftrag ausführbar, wenn am Tage seines Eintreffens in Wien der Kurs a/Deutschland 168.10, der a/Amsterdam 283.65 notiert ist? (Berechnung und Vergleichung des prozentualen Vorteils und Nachteils.)

7. London erhält den Auftrag, Rotterdamer zu 12.11 zu begeben und für den Ertrag Reichsmarkpapier zu 20,42 zu remittieren. Wenn nun jenes tatsächlich zu 12,13 zu verkaufen, dieses zu $20.44\frac{1}{4}$ zu beschaffen ist, wird London dann den Auftrag annehmen?

8. Stockholm soll Kopenhagener Wechsel zu höchstens $99\frac{1}{2}$ anschaffen und sich für den Betrag durch Tratte a/Wien nicht unter 53.05 erholen; zu welchem Kurse müßte letzteres Papier wirklich begebbar sein, wenn Kopenhagener zu $99\frac{1}{4}$ zu haben ist?

9. Hamburg untersucht, ob es den Auftrag, Londoner zu 20.44 frei Spesen zu verkaufen und den Ertrag in Petersburger zu 214.10 frei zu remittieren, ausführen kann. Die wirklichen Kurse sind $20.46\frac{1}{2}$ und 213.90; die Verkaufsspesen betragen $\frac{1}{8}\%$ Prov. und $1\,^0/_{00}$ Maklergebühr, die Einkaufsspesen $1\,^0/_{00}$.

10. London soll für den gleichen Geldbetrag zu 25.25 netto a/Zürich und zu 49 netto a/Montevideo trassieren; es kann Züricher zu 25.20 und das Peso-Papier zu $49\frac{1}{16}$ begeben. Wieviel Prozent (2 Dez.) dürfen dann die Gesamtspesen höchstens ausmachen, damit der Auftrag ausführbar ist?

11. Für den Ertrag aus Wiener Wechseln, die nicht unter 35.20 verkauft werden sollen, hat Amsterdam zur einen Hälfte Berliner zu 59.05, zur anderen Londoner zu 12.05 anzuschaffen; wird es den Auftrag bei den effektiven Kursen 35.27, 59.10 und $12.07\frac{1}{2}$ ausführen?

12. Neuyork wird von Berlin beauftragt, für ca. 10000 $ Londoner zu höchstens $4.87\frac{1}{2}$ franco tout einzukaufen und dagegen Reichsmark zu $23.68\frac{3}{4}$ spesenfrei zu trassieren. Ist der Auftrag bei den Tageskursen 4.88 und 23.875 ausführbar, wenn der Einkauf $\frac{1}{4}\%$ Prov. und $\frac{1}{8}\%$ Maklergeb., der Verkauf der Tratte $\frac{1}{8}\%$ Maklergeb., das ganze Geschäft aber voraussichtlich noch $ 15.— bare Spesen erfordert?

Anm. Die baren Auslagen drücke man in Proz. (bezogen auf 10000 $) aus.

13. Die Deutsch-Asiatische Bank in Shanghai soll £-Papier zu 2/7⅛ netto verkaufen und den Ertrag an Zürich zu 3.24 spesenfrei telegraphisch überweisen. Wird sie den Auftrag ausführen bei den Tageskursen 2/6⅞ und 3.24⅛, wenn sie 1% für Prov. und sonst. Spesen rechnet?

14. Hamburg soll für Rechnung von Wien Goldbarren zu $\mathcal{RM}$ 2789.— für 1 kg f. spesenfrei einkaufen und sich durch Tratte 59.10 frei von Spesen erholen. Zu welchem Preise muß Hamburg Gold kaufen, wenn es 3⁰/₀₀ Einkaufsspesen und 1⁰/₀₀ Trattenspesen einrechnen muß und Wiener zu 59.274 begeben kann?

15. London soll mexikan. Pesos zu 26¾ franko Spesen verkaufen und den Ertrag an Zürich zu 25.35 franko remittieren. Wird es den Auftrag ausführen, wenn die Pesos zu 27 zu begeben und Züricher zu 25.30 zu kaufen sind, an Verkaufsspesen aber ¼% Prov. und ⅛% Maklergebühr, an Einkaufsspesen ⅛% Maklergeb. entstehen?

Zusammenfassende Übungsaufgaben. § 86.

Für Ankäufe von Schecken an deutschen Plätzen ist in den folgenden Aufgaben keine Zinsvergütung zu rechnen (vgl. S. 111).

1. Leipzig erhält den Auftrag, den Betrag von $\mathcal{RM}$ 3500.— durch telegraphische Auszahlung an London zu übersenden. Auf wieviel £ lautet diese beim Kurse 20.46, wenn ⅛% Prov., ¼⁰/₀₀ Maklergeb. und $\mathcal{RM}$ 1.50 Porto einzurechnen sind?

2. Frankfurt a. M. erhielt am 4. Juli zur Gutschrift Kr. 11584.— fällig 17. Juli a/Oslo zu 109.47 (5½%) und remittierte dagegen £ 521.10.4 fällig 25. Sept. a/London zu 20.42 (4½%). Wie groß war der Saldo?

3. Berlin kauft am 3. Oktober £ 654.8.3 telegr. Auszahlg. und £ 320.—. Scheck a/London zu 20.44½, ferner Frs. 6400.— Scheck a/Zürich zu 81.20 mit ¼⁰/₀₀ Maklergeb. und $\mathcal{RM}$ 1.50 sonst. Spesen.

4. Hamburg schuldet an Wien $\mathcal{RM}$ 9592.— und remittiert am 15. Juli S 8000.— f. 25. Sept., S 4800.— f. 3. Okt. und den Rest in einem Scheck a/Wien. Auf welchen Betrag lautet dieser? Kurs 59.31; Spesen: ⅛% Prov. und ¼⁰/₀₀ Maklergeb. (auf alle drei Abschnitte).

5. Berlin übernimmt am 30. Aug. von A. in Danzig zu 20.405 (4½%): £ 1000.—.— fällig 25. Sept., £ 1260.—.— fällig 30. Sept., £ 370.—.— fällig 2. Okt., £ 768.10.— fällig 17. Okt. Wieviel Reichsmark schreibt Berlin dem A. gut bei Abzug von ⅛% Provision und $\mathcal{RM}$ ... Wechselsteuer für alle 3 Abschnitte (voller Satz)?

6. Verkauf an die Reichsbankhauptstelle zu Leipzig am 17. April: £ 225.—.— Scheck a/London, Frs. 2460.— f. 30. April a/Le Havre, hfl. 2400.— bei Sicht a/Amsterdam und £ 1375.— f. ult. Juni a/Genua. Umrechnungskurse und Diskontsätze lt. Beilage. Gebühr $1\,^0/_{00}$ (mindestens $\mathscr{R}\mathscr{M}\,0.50$ für jede Währung). Wie hoch stellt sich der Reinertrag?

7. Leipzig läßt in Hamburg Peset. 4000.— fällig 1. Mai a/Madrid verkaufen und den Reinertrag in einem £-Scheck nach London remittieren. Hamburg verkauft am 1. März zu 68.25 (5%) mit $\frac{1}{8}$% Prov. und $\mathscr{R}\mathscr{M}\,1.25$ Spesen und kauft den Scheck a/London zu 20.44 mit $\frac{1}{4}\,^0/_{00}$ Maklergeb. Auf wieviel £ lautet der Scheck?

8. Ein von Wien remittierter Wechsel von $\mathscr{R}\mathscr{M}\,7324.50$ a/Berlin mußte M. Z. (= mangels Zahlg.) protestiert werden. Der Inhaber berechnete $\mathscr{R}\mathscr{M}\,16.50$ Protestkosten, 8%[1]) Zsn. a/7 Tg., $\frac{1}{3}$% Prov. sowie 50 $\mathscr{R}p\!f$ Porto und trassierte den Betrag bei Sicht a/Wien zu 59.33 (7%). Wie groß war der Rückwechsel?

9. Leipzig begibt am 20. März mit $\frac{1}{8}$% Prov.: Frs. 3000.— f. 16. Mai, Frs. 1500.— f. 22. Mai, Frs. 2400.— f. 31. Mai, Frs. 1950.— f. 5. Juni, sämtlich a/Schweizer Plätze zu 81.20 ($3\frac{1}{2}$%) und remittiert den Ertrag in Wiener 2 Mon.-Papier, das es zu 59.42 ($6\frac{1}{2}$%) mit $1\,^0/_{00}$ Maklergebühr kauft. Wie groß ist die Rimesse?

10. Frankfurt a. M. empfängt am 28. März zur Begebung: Frs. 3250.— f. 10. April a/Zürich, $ 5760.— f. 15. Juni a/Wien und hfl. 1850.— f. 21. Juni a/Amsterdam; den Reinertrag soll es in kurzfristigem Londoner remittieren. Die Begebung erfolgt am 28. März zu 81.30 ($3\frac{1}{2}$%), 59.32 (6%) und 168.60 ($3\frac{1}{2}$%) mit $\frac{1}{4}$% Prov., die Beschaffung des Londoner f. 9. April zu $20.44\frac{1}{2}$ (4%) mit $\frac{1}{4}\,^0/_{00}$ Maklergeb. Wie groß ist die Londoner Rimesse?

11. Die Reichshauptbank zu Berlin erhält von London zum Inkasso $\mathscr{R}\mathscr{M}\,15325$ — a/Berlin, berechnet $2\,^0/_{00}$ Einziehungsgebühr und remittiert für den Ertrag auftraggemäß G 5000.— Scheck a/Danzig und für den Rest einen Scheck a/Wien. Wie groß ist dieser, wenn die Berliner Mittelkurse vom 28. 5. a/Danzig und Wien (s. Beilage!) der Berechnung zugrunde gelegt werden, keine Zinsvergütung erfolgt, wohl aber für beide Schecke je $1\,^0/_{00}$ Gebühren, sowie $\mathscr{R}\mathscr{M}\,1.50$ an Porto einzurechnen sind?

12. Frankfurt a. M. hat am 12. Okt. für den Betrag von $\mathscr{R}\mathscr{M}\,12000.—$ Wechsel auf Zürich zu remittieren. Es führt den Auftrag aus unter Benutzung folgender Wechsel: Frs. 4000.— f. 15. Dez., Frs. 4000.— f. 20. Dez., Frs. 1500.— f. 23. Dez. Den Rest gibt es in einem Wechsel f. 31. Dez. von der Hand. Wie groß ist dieser bei einem Kurse a/Zürich von 81.10 (3%) und $\mathscr{R}\mathscr{M}\,17.50$ Auslagen für Stempel und Porto?

---

1) 2% über Reichsbankdiskont.

13. Leipzig verkauft am 27. Juni in fremdem Auftrage zu 80.95 (6%) mit $\frac{1}{8}$% Prov.: G 9240.— f. 15. Juli, G 6000.— f. 24. Juli, G 1735.50 f. 26. Juli, G 2452.60 f. 7. Aug. auf Danzig. Den Reinertrag legt es in Scheck a/Neuyork zu 4.205 unter Einrechnung von $\frac{1}{4}$°/$_{00}$ Maklergeb. an. Wie groß ist **a)** der Reinertrag, **b)** der Scheck a/Neuyork?

14. Hamburg soll Frs. 6850.— f. 15. Mai a/Bern trassieren und den Verkaufsertrag in Amsterdamer Scheck anlegen. Es führt den Verkauf am 30. März zu 81.25 (3$\frac{1}{2}$%) unter Berechnung von $\frac{1}{4}$% Prov. aus und remittiert am gleichen Tage zu 168.90 mit $\frac{1}{4}$°/$_{00}$ Maklergeb. Wie groß ist der Scheck a/Amsterdam?

15. Frankfurt a. M. erhält am 15. Mai zum Diskontieren $\mathcal{RM}$ 6000.— f. 15. Juni, $\mathcal{RM}$ 6000.— f. 30. Juni, $\mathcal{RM}$ 6000.— f. 18. Juli, ferner zur Begebung £ 252.10.— f. 29. Mai a/London. Den Reinertrag legt es in Wiener, fällig ult. Mai, an. Die Diskontierung erfolgt am 16. Mai zu 6%, am gleichen Tage der Verkauf des Londoner zu 20.40 (4%) und der Einkauf des Wiener zu 59.43 (6$\frac{1}{2}$%). Spesen: Prov. $\frac{1}{8}$% (vom Gesamtertrage), Maklergeb. für den Wiener Wechsel $\frac{1}{4}$°/$_{00}$. Wie groß ist **a)** der Reinertrag aus der Diskontierung und dem Verkaufe, **b)** die Rimesse a/Wien?

16. Berlin erhält zur Begebung Frs. 10000.— f. 27. Sept. a/Genf und soll den Reinertrag in Sichtwechseln a/Amsterdam remittieren. Es verkauft am 15. Sept. zu 81.20 (3$\frac{1}{2}$%) mit 1°/$_{00}$ Prov. und kauft zu 168.90 (3$\frac{1}{2}$%) unter Berechnung von $\frac{1}{4}$°/$_{00}$ Maklergeb. und $\mathcal{RM}$ ... Wechselsteuer (halber Satz). Wie groß ist die Rimesse a/Amsterdam?

17. A. in Leipzig löst am 24. Mai sein Kontokorrentverhältnis zu B. in Rotterdam. Der Debetsaldo für B. beträgt $\mathcal{RM}$ 9671.80. Nach Prüfung der Rechnung ersucht B. den A., am 7. Juni unter Einrechnung aller Spesen 3 Mon. dato a/Rotterdam zu trassieren. Auf wieviel Gulden lautet die Tratte, wenn A. zunächst auf den Saldo 4$\frac{1}{2}$% Zinsen (vom 24. 5. bis 7. 6.) rechnet, und am 7. Juni Rotterdamer zu 168.50 (3$\frac{1}{2}$%) unter Abzug von $\mathcal{RM}$ ... für Wechselsteuer (halber Satz) verkaufen kann?

18. Berlin hat von A. in London £ 894. 10. 6 f. 25. Sept. zu fordern und schuldet an B. daselbst £ 764. 12. 6 f. 3. Juli. Es trassiert daher am 1. Juli auf A., fällig 25. Sept. und remittiert den Wechsel an B., der ihn am 3. Juli zu 3% diskontiert. (Disk. auf 87 Tg.!) **a)** Wie groß muß der £-Wechsel sein, wenn er genau die Schuld an B. zum Ausgleich bringen soll? (Disk. im 100; engl. Zinsenberechnung.)

b) Wieviel Reichsmark löst Berlin am 3. Juli aus dem Verkaufe des über das Restguthaben auf A. gezogenen Wechsels fällig 25. Sept., beim Kurse von 20.395 (4%) und $\mathscr{R}\mathscr{M}$ 12.20 Spesen?

19. Frankfurt a. M. hat an London £ 1840.—.— bar zu zahlen und will entweder durch telegr. Anweisung ausgleichen, die zu 20.45 mit $\frac{1}{4}$ °/$_{00}$ Maklergeb. zu haben ist, oder Züricher 2 Mon.-Papier senden, das es zu 81.35 ($3\frac{1}{2}$%) spesenfrei kaufen kann und das London zu 25.15 ($3\frac{1}{2}$%) mit $\frac{1}{2}$ °/$_{00}$ Maklergeb. übernehmen würde. Wieviel Reichsmark ergibt jede der beiden Ausführungen und welche von beiden ist die günstigere? (um wieviel $\mathscr{R}\mathscr{M}$?).

20. In einer Begebungsnota Leipzigs vom 10. Febr. sind Frs. 24250.— fällig 15. April a/Brüssel bei 6% Diskont abzüglich $\frac{1}{2}$ °/$_{00}$ Maklergeb. und $\mathscr{R}\mathscr{M}$ 1.20 barer Auslagen mit $\mathscr{R}\mathscr{M}$ 2995.71 berechnet, die Angabe des Kurses aber fehlt. Welches ist dieser Kurs?

***21.** In Zürich begeben am 21. Febr.: $\mathscr{R}\mathscr{M}$ 3712.50 f. 27. Apr., $\mathscr{R}\mathscr{M}$ 4000.— f. 28. Apr., $\mathscr{R}\mathscr{M}$ 9208.75 f. 2. Mai, $\mathscr{R}\mathscr{M}$ 2500.— f. 5. Mai, $\mathscr{R}\mathscr{M}$ 5426.40 f. 12. Mai a/deutsche Bankpl. zum Kurse $123\frac{1}{2}$ (4%); Prov. $\frac{1}{4}$%, Maklergebühr $\frac{1}{8}$%. Berechne den Reinertrag!

***22.** Alexandrien trassierte am 15. April für gelieferte Waren im Betrage von 22368 Piastern auf London fäll. 14 Tage n/Sicht.

a) Wie groß war der Wechsel bei einem Sichtkurse von $97\frac{1}{2}$ (Pi. für 1 £) und $4\frac{1}{2}$% Diskont?

b) Wieviel £ bezahlte London am Tage der Vorzeigung des Wechsels, wenn es ihn zu 4% diskontierte? (3 Respekttage und engl. Zinsenberechnung berücksichtigen.)

***23.** Welches ist das Wechselpari auf Grund der Ausmünzungsverhältnisse (vgl. S. 90) zwischen

a) Neuyork und Wien ($ für 100 S),

b) London und Amsterdam (fl. für 1 £),

c) Yokohama und Berlin ($\mathscr{R}\mathscr{M}$ für 1 Yen),

d) Danzig und London (G für 1 £)?

***24.** Amsterdam hat am 1. April für hfl. 8250.— Kronenwechsel a/Oslo zu remittieren. Es benutzt dazu Kr. 4000.— f. 30. April, Kr. 1500.— f. 15. Mai, Kr. 1900.— f. 17. Mai und gibt den Rest in einem Wechsel fällig 31. Mai von der Hand; auf wieviel Kronen muß dieser lauten? (Kurs 65.52; 5%.)

***25.** Lima verkaufte am 19. Okt.: $ 1320.— telegr. Ausz. a/Neuyork, £ 518.6.9, 60 Tage Sicht a/London (4%), und $\mathscr{R}\mathscr{M}$ 8500.— bei Sicht a/Hamburg, Spesen $\frac{1}{2}$%. (Kurse und Reisetage siehe S. 138.)

***26.** Hamburg soll Petersburger zu 215.50 verkaufen und dagegen Danziger zu 81.10 kaufen; wenn nun bei Empfang des Auftrags Petersburger 215.35 steht, wie teuer muß dann Danziger eingekauft werden?

***27.** London soll an Madrid Peset. 4860.— zu 30.65 remittieren und den Betrag a/Prag zu 163.75 trassieren. Ist der Auftrag ausführbar, wenn bei seinem Eingange die Kurse 30.70 und 164.20 notiert sind, und wieviel £ ergibt die Berechnung der Wechsel nach den limitierten und den wirklichen Kursen?

***28.** B. in Wien beauftragt eine dortige Bank am 19. Mai £ 240.—.— an London telegraphisch zu überweisen, ferner an Berlin $\mathscr{RM}$ 3400.— durch Scheck und an Prag Kč. 6250.— f. 31. Juli zu remittieren. Die Bank führt den Auftrag am gleichen Tage zu den Kursen 34.36, 168.10 (5%) und 20.90 ($5\frac{1}{2}$%) aus und berechnet $\frac{1}{8}$% Prov. und S 6.80 sonstige Spesen. Wie stellt sich die Rechnung?

***29.** Buenos Aires kauft mit $\frac{1}{4}$% Prov. und 1⁰/₀₀ Maklergebühr:

$\mathscr{RM}$ 8000.— telegr. Auszahlung a/Berlin zu 3.875,

$ 3290.— Scheck a/Neuyork zu 108.65 (18 Tg., $3\frac{1}{2}$%),

£ 721.10.— fällig 60 Tage n/Sicht a/London zu $45\frac{3}{8}$ (90 Tg. $4\frac{1}{2}$%).
(Kursbedeutung S. 138.)

a) Wieviel Goldpesos hat es zu zahlen?

b) Wieviel Papierpesos sind dies, wenn 100 Pes. Pap. = 44 Pes. Gold sind?

***30.** C. übergibt seinem Bankier in Wien £ 75.—.— f. 30 Tage n/Sicht a/Madras zum Inkasso. Dieser kürzt $\frac{1}{2}$% Inkassospesen, 1 s 2 d fremden Stempel, 2 s Porto, sowie die Zinsen zu 5% auf (30 Tg. + 30 Reisetage =) 60 Tage und verrechnet den Restbetrag zu $34.35\frac{1}{2}$ mit 1⁰/₀₀ Prov., $\frac{1}{2}$⁰/₀₀ Maklergeb. und S 0.75 Porto. Wieviel Schillinge erhält C.?

***31.** London kauft Gold für Rechnung von Genf und versendet: 3 Barren = 486.900 oz., $911\frac{1}{3}$ Tsdtl. fein, 1 Barren = 148,400 oz., $903\frac{2}{3}$ Tsdtl. fein, 1 Barren = 146,300 oz., $942\frac{2}{3}$ Tsdtl. fein, zu 77/9 d für 1 oz. Stand. (Bankpreis) und berechnet $\frac{1}{16}$% Maklergeb., 2⁰/₀₀ Fracht, 1⁰/₀₀ Versicherung, 13/6 d für Verpackung und (vom Ganzen) $\frac{1}{8}$% Kommission. Zum Ausgleich trassiert es zu 25.20 (tel quel) mit 1⁰/₀₀ Maklergeb. und 31 s Stempel u. Spesen. Wie groß ist die Tratte?

***32.** Von Neuyork wurden nach Basel versandt: 5 Kisten, enthaltend 5000 mexik. Pesos, gekauft zu 46 cs. je Stück. Fracht bis Basel $\frac{3}{16}$% von $ 2200.—, für Kisten, Fuhr- und Arbeitslohn, sowie für Zolldeklaration $ 20.65. — Der Verkauf in Basel erfolgte zu Frs. 2.42 je Stück. Spesen in Basel: Versicherung von Neuyork nach Basel

Frs. 60.—, Transport beim Verkaufe Frs. 12.—, Kommission $\frac{1}{8}\%$. Wie groß ist **a)** der Einkauf in Neuyork unter Zuschlag der Zinsen zu 5% a/20 Tage (engl. Berechnung), **b)** der Reinertrag in Basel, **c)** der direkte Kurs a/Basel ($ für 100 Frs.), **d)** der Gewinn für Neuyork, wenn Basel den Ertrag zu $513\frac{1}{2}$ telegraphisch überweist?

***33.** Wien hat für Rechnung von London am 7. Mai S 15000.— und am 14. Mai S 6500.— gezahlt; es erholt sich dafür am 14. Mai (unter Zuschlag von 6% Zinsen auf den ersten Betrag bis 14. Mai) bei Sicht a/London zu 34.345 (4%) unter Berechnung von $\frac{1}{8}\%$ Prov., $\frac{1}{2}{}^0/_{00}$ Maklergeb. und S 2.50 baren Auslagen. Wie groß ist die Tratte?

***34.** London kaufte am 12. Sept. hfl. 16220.— fällig 30. Sept. a/Amsterdam mit 3% Disk. und $\frac{1}{4}\%$ Spesen für £ 1339.12.9; zu welchem Kurse (hfl. für 1 £) also? (Aufstellung!)

***35.** Ein Leipziger Exporteur übergibt am 16. Dezbr. seiner Bank Milr. 9325.250 Sicht a/Rio de Janeiro zur Einkassierung; diese erfolgt am 12. Januar durch die Brasilianische Bank, die $1{}^0/_{00}$ Inkassospesen und Milr. 6.500 Stempel und Auslagen berechnet und den Reinertrag telegraphisch an London überweist. Die Bank in Leipzig verfügt am 13. Jan. über ihr Guthaben durch Sichttratte a/London zu 20.44 (tel quel) und schreibt den Markbetrag abzügl. $\frac{1}{8}\%$ Provision und $\mathcal{RM}$ 4.50 Spesen ihrem Kommittenten gut. Wieviel erhält dieser **a)** insgesamt, **b)** für je 1 Milr. seiner Forderung?

***36.** Wien kauft am 18. Dez. für fremde Rechnung £ 448.15.6 f. 28. Dez. zu 34.37 ($4\frac{1}{2}\%$, 3 Resp.-Tage) mit $\frac{1}{8}\%$ Prov. und $\frac{1}{2}{}^0/_{00}$ Maklergeb. Es erholt sich in der Weise, daß es in 2 gleich großen Abschnitten a/Amsterdam, fällig am 25. Febr. und 15. März, trassiert. Wie groß sind die Wechsel beim Kurse 283.40 tel quel?

Anl. Statt der beiden Wechsel berechnet man zunächst den Gesamtbetrag für den gemeinschaftlichen Verfalltag (vgl. S. 213 Teil I).

***37.** Valparaiso hat von Leipzig Pesos (Pap.) 19328.— zu fordern und entnimmt den Betrag durch 90 Tage-Sichttratte a/London zum 90 Tage-Sichtkurse von 40.30 (Pes. f. 1 £) unter Einrechnung von $\frac{1}{4}\%$ Spesen. Leipzig sendet bei Eintreffen des Wechsels in London Deckung in telegr. Ausz. a/London, die es zu 20.44 mit $\frac{1}{4}{}^0/_{00}$ Maklergebühr kaufte? **a)** Wie groß ist die Tratte von Valparaiso a/London?

b) Wieviel £ hat London von Leipzig zu fordern, wenn es $\frac{1}{4}\%$ Akzeptprovision und 6/6 d Auslagen berechnet?

c) Wieviel Reichsmark muß Leipzig für die Deckung aufwenden?

d) Welcher direkte T.T.-Kurs in Valparaiso auf Leipzig ($\mathcal{RM}$ für 1 Peso) ergibt sich hieraus?

***38.** Bern empfängt von Neuyork Wechsel a/London, 60 Tage Sicht, und berechnet sie zum Kurse von 4.84. Welcher Neuyorker Sicht-Kurs a/Bern ergibt sich daraus, wenn das Londoner in Bern zu 25.20 (4%) begeben werden kann, und für Einholung des Akzepts noch 8 Tage in Rechnung zu bringen sind?

***39.** Welcher Wechselkurs von London a/Amsterdam (hfl. für 1 £) ergibt sich aus dem Vergleiche des holländ. und des Londoner Goldpreises, nämlich hfl. 1649.50 und 84/10 d, und welchen Londoner Goldpreis liefert der holländ. Bankpreis für Gold (s. S. 100), wenn Amsterdamer mit 12.05 notiert ist?

***40.** Wie muß London Standardsilber für Rechnung von Bombay zu kaufen suchen, wenn ein Einkaufspreis von 28 d limitiert ist, durch welchen 1% Fracht und Versicherung bis Kalkutta, 2/6 d% Kommission und 2 s % Maklergeb. gedeckt werden sollen? (Ergebnis bis auf 32stel Pence.)

***41.** Wieviel Rupien bringt in Kalkutta der Verkauf von £ 1864. 2. 6 Sicht a/London zu $1/5\frac{5}{8}$ (s u. d für 1 Rup.) T.T. (80 Tage, 4%) unter Abzug von $\frac{1}{4}$% Prov. und Rup. 3. 10. 5 sonst. Spesen?

***42.** Den Reinertrag aus dem Verkaufe von Frs. 21680.— f. 8. Sept. a/Basel zu 72.35 ($3\frac{1}{2}$%) und $\frac{1}{4}$% Spesen remittiert Stockholm am 27. Aug. auf Wunsch des Kommittenten zu gleichen Teilen in Berliner f. 7. Sept., Helsingforser f. 2 Mon. und Londoner f. 15. Nov. Wie groß sind die drei Rimessen bei den Kursen 88,95 (5%), 9.40 (7%), und 18.15 (4%), wenn 1‰ Maklergeb. und Kr. 18.50 für Stempel und Porto eingerechnet werden?

***43.** Wien hat aus einer Warenlieferung S 7325.90 f. 23. Juli von Frankfurt a. M. zu fordern und trassiert dafür am 13. Juli, fällig ult. Juli. Wie groß muß die Tratte sein bei 168.10 a/Deutschland, ferner bei $5\frac{1}{2}$% Frankfurter und $6\frac{1}{2}$% Wiener Bankdiskont?

Anl. Man diskontiere zunächst den Betrag zu $6\frac{1}{2}$% auf den 13. Juli.

***44.** Für Rechnung von Bombay sind in London 7 Barren Silber gekauft und versandt worden: 5 Barren = 5089,5 oz., rep. B. $17\frac{1}{2}$ dwts., 1 Barren = 1014 oz., rep. B. $15\frac{1}{2}$ dwts., 1 Barren = 1005 oz., rep. B. 16 dwts., zu $27\frac{7}{8}$ (d für 1 oz. Stand.). Spesen: Fracht und Versicherung 0,9% a/£ 1000. —. —; Schmelzen und Probe 5/3 d; Kisten, Verpackung, Fuhrlohn £ 1. 11. 6; Maklergeb. $\frac{1}{8}$%.

a) Wie groß ist der Betrag der Faktur?

b) Wie groß ist die Forderung Londons unter Einrechnung von $\frac{3}{4}$% für Zinsverlust?

c) Wieviel Rupien kostet Bombay der Ausgleich, wenn es zu 1/3¾ (s u. d f. 1 Rup.) einschl. Spesen an London überweist? (Wegen der Feinheitsangabe vgl. S. 74.)

***45.** Amsterdam hat von Frankfurt a. M. $\mathcal{RM}$ 20000 in Doppelkronen bezogen und die Deckung dafür zu 58.80 gemacht. Die Niederländische Bank, die das Gewicht der Stücke zu 7,9615 kg feststellte und ihre Feinheit tarifmäßig zu 899½ Tsdtln. rechnete, übernahm sie zum Bankpreise (hfl. 1650.— für 1 kg f.). Welcher Ertrag und welcher Gewinn oder Verlust ergab sich für Amsterdam?

***46.** Welches sind die festen Zahlen (vgl. S. 83) für die Verwandlung des Neuyorker Silberpreises in Londoner und Hamburger Notierung?

Die Preisnotierungen für Silber sind im Kettensatze durch P, die Wechselkurse in Neuyork durch K zu bezeichnen.

***47.** Es sind in Hamburg feste (Fix-) Zahlen für die Umrechnung der Gold- und Silberpreise aus denen in London, Paris und Amsterdam (bei letzterem nur Goldpreis) zu ermitteln.

Im Ansatze bezeichne man die Edelmetallpreise dieser Plätze durch P, die Wechselkurse durch K. Der gewandte Rechner suche ähnliche Vorteile aus festen Wechselkursen wie S. 83 Anm. zu ermitteln.

***48.** Berlin soll Züricher zu 81.10 frei von Spesen verkaufen und den Ertrag angenähert je zur Hälfte in Wiener zu 59.45 und Londoner zu 20.46 spesenfrei remittieren. Kann es den Auftrag ausführen, wenn tatsächlich zu 81.25 zu verkaufen und zu 59.40 bzw. 20.43 zu kaufen ist, aber ⅛% Verkaufs- und ½°/₀₀ Einkaufsspesen gedeckt werden müssen?

Anl. Der aus den angepaßten Einkaufskursen sich ergebende prozentuale Vorteil oder Nachteil ist zu halbieren und so mit dem Verkaufsvorteile zu vergleichen.

***49.** Berlin erhielt von Wien zum Verkauf an der Börse: 200 Stck. Sovereigns = 1586,5 g schwer und 200 Stck. Eagles = 3340 g schwer. Es verkaufte die Sorten zu 20.42½ und 41.95 je Stck. (Mindergewicht beachten!) mit ⅛% Prov. und ½°/₀₀ Maklergeb. Den Reinertrag remittierte es auftraggemäß in 3 Mon.-Wiener, das es zu 59.40 (6%) mit ¼°/₀₀ Maklergeb. und $\mathcal{RM}$ ... Wechselsteuer (halber Satz) berechnete. Wie stellte sich die Abrechnung?

***50.** Amsterdam übersandte an Zürich 250 20 Frs.-Stücke, Frs. 5500.— in Schweizer Banknoten, ferner zum Verkaufe 150 Stck. deutsche Doppelkronen und $\mathcal{RM}$ 2800.— in Banknoten; dafür erbat es sich £ 450. —. — f. 2 Mon. a/London und für den Rest Amsterdamer 2 Mon.-Papier. Zürich verkaufte die deutschen Sorten zu 24.70

bzw. 123.30, kaufte Londoner zu 25.10 (3%) und Amsterdamer zu 208.30 (4½%) und berechnete ¼% Prov., ⅛% Maklergeb. und Frs. 10.50 Auslagen auf den Gesamtbetrag der Rimessen.

a) Wie stellte sich die Abrechnung von Zürich?

b) Welchen Gewinn zog Amsterdam aus diesem Geschäft, wenn es die Schweizer Sorten zu 47.70 (fl. für 100 Frs.), die deutschen zu 58.75 (fl. für 100 $\mathscr{RM}$) einschl. Spesen eingekauft hatte, das remittierte Londoner zu 12.02½ (tel quel) berechnete und den 2 Mon. dato fälligen Amsterdamer Wechsel zu 2% diskontierte? (Disk. a/60 Tage.)

***51.** Ein Hamburger Exporteur trassiert am 8. Juni a/Hongkong $\mathscr{RM}$ 21415.60 f. 60 Tg. Sicht, zahlbar zum Ziehungskurse der Deutsch-Asiat. Bank für deren Auszahlungen a/Deutschland zuzüglich 7% Zinsen vom Ausstellungstage bis zur voraussichtlichen Ankunft des Gegenwertes in Hamburg. Die Deutsch-Asiat. Bank erhält den Wechsel (und die ihn begleitenden Verschiffungsdokumente) am 19. Juli und zeigt ihn am selben Tage dem Trassaten zum Akzept vor. Am Zahlungstage (17. Sept.) überweist die Bank den Betrag einschließlich Zinsen vom 8. Juni bis 18. Sept. telegr. nach Hamburg. **a)** Wieviel britische Dollars hat Hongkong bei einem Kurse a/Deutschland von 2.55¼ unter Zuschlag von ½% Spesen und den Zinsen bis 18. Sept. zu zahlen? **b)** Wieviel Reichsmark erhält Hamburg einschl. der Zinsen und abzügl. $\mathscr{RM}$ 17.75 Kosten?

***52.** Fingierte Einkaufs- und Verkaufsrechnung über 20 Barren Silber von Zürich nach Shanghai; Deckung in Rimessen auf London. Angekauft: 5 Barren = 90,230 kg zu 990 mill. f., 5 Barren = 87,770 kg zu 992 mill. f., 4 Barren = 86,280 kg zu 991 mill. f., 6 Barren = 91,860 kg zu 994 mill. f. zu Frs. 99.50 für 1 kg f.; Schmelzen und Probe Frs. 40.—, Verpacken und kleine Kosten Frs. 30.—, Fracht und Assekuranz 1%. Verkauft: Dasselbe Gewicht, zu 117,30 Shanghai-Geldtaels für 100 Gewichtstaels (zu 37,573 g) Silber von der Feinheit 998 Tsdtl., mit ¼% Kommission und 5,45 Taels kleinen Kosten. — Der Reinertrag wird in Rimessen a/London, 4 Mon. Sicht, zu 2/7⅛ d (für 1 Tael) angelegt, die in Zürich zu 25.20 (2%) mit ½ cs. je 1 £ Maklergeb. begeben werden. Welcher Gewinn oder Verlust ergibt sich, vom Zinsverlust abgesehen, aus diesem Geschäft?

XII. Einführung in die Arbitrage.

Übungsaufgaben.[1]) § 87.

1. Devisen-Arbitragen.

a) Direkte Arbitragen.

α) Wahl zwischen Rimesse und Tratte.

1. Hamburg hat von Stockholm fällige 15000 Kr. zu fordern.

   a) Soll es telegraphische Auszahlung a/Stockholm verkaufen (trassieren) oder sich den Betrag von Stockholm überweisen (remittieren) lassen? Kurs in Hamburg a/Stockholm 112.56; Kurs in Stockholm a/Deutschland 89.05.

   b) Welcher Vorteil ergibt sich für Hamburg?

   c) Könnte auch Kopenhagen zur Erzielung eines Vorteils solche Wahl treffen? Warum nicht?

2. Leipzig schuldet an Amsterdam fällige 12000 hfl. Kurs in Leipzig a/Amsterdam 169.08, Kurs in Amsterdam a/Deutschland 59.24.

   a) Wird Leipzig remittieren oder auf sich trassieren lassen?

   b) Wie groß ist der Vorteil?

3. Berlin hat von London 2000 £ zu fordern. Kurs in Berlin 20.41, Kurs in London 20.46. Für welchen Weg wird sich Berlin entscheiden, und welcher Gewinn ergibt sich?

4. London schuldet Brüssel Belg. 44500.—; es kann zu 34.98½ remittieren oder zu 34.95 auf sich trassieren lassen.
   Welcher Ausgleich ist für Berlin günstiger, und wieviel £ beträgt der Gewinn?

5. Frankfurt schuldet an Neuyork 8000 $. Kurs in Frankfurt 4.215, in Neuyork 23.85. Für welchen Ausgleichsweg entscheidet sich Frankfurt, und wie groß ist sein Gewinn?

6. London hat von Neuyork 38500 $ zu fordern. Wird es vorteilhafter zu 4,8765 (T.T.) trassieren oder sich zu 4,8685 telegraphisch £ überweisen lassen? Wieviel £ beträgt der Gesamtvorteil?

7. Zürich schuldet an Dresden 10000 $\mathcal{RM}$. Kurs in Zürich 123.18, in Dresden 80.95. Auf welchem Wege wird Zürich ausgleichen, und welcher Vorteil ergibt sich?

8. Wien hat von Prag 15000 S zu fordern. Kurs in Wien 20.915, in Prag 476.65. Wie wird Wien arbitrieren, und wie groß ist sein Vorteil?

9. In Berlin stehen Amsterdamer Devisen 169.31, in Amsterdam deutsche Devisen 59.12½ (Mittelkurse). Berlin untersucht, ob es die Kurse zu einer gewinnbringenden Arbitrage benutzen kann, also entweder hfl. remittieren und sich zum Ausgleich $\mathcal{RM}$ schicken

---

[1]) Die eingehende Behandlung der Arbitrage bringt Teil III.

lassen oder aber a/Amsterdam trassieren und zum Ausgleiche auf sich von Amsterdam trassieren lassen soll. (Börsenarbitrage.)

a) Zu welchem dieser Doppelgeschäfte sind die Kurse geeignet?

b) Welcher Gewinn ergibt sich α) für 100 hfl., β) für 60000 hfl.?

Anm.: Man stelle für den letzteren Fall zur Probe die genaue Rechnung auf und ermittle insbesondere den Betrag der zum Ausgleiche benutzten $\mathscr{RM}$-Tratte oder $\mathscr{RM}$-Rimesse.

10. Wie kann Leipzig die folgenden Kurse zu einer Arbitrage verwerten?

a) in Deutschl. a/Madrid   71.55,   in Madrid a/Deutschl. 139.56$\frac{1}{2}$

b) „   „   a/Oslo   111.65,   „ Oslo   „   89.71

c) „   „   a/Neuyork   4,1975 „ Neuyork   „   23.84

Man bestimme den Gewinn für 100 Pes., 100 Kr., 1 $.

11. Kurs in Zürich a/Berlin 123.60, in Berlin a/Zürich 81,055. Welche vorteilhafte Arbitrage führt Zürich aus und welchen Reingewinn für 100 $\mathscr{RM}$ erzielt es, wenn es mit $1^0/_{00}$ Unkosten zu rechnen hat?

12. London arbitriert bei folgenden Kursen: in London a/Stockholm 18.14, in Stockholm a/London 18,1125.

a) Wie nutzt es die Kurse vorteilhaft aus, und wie groß ist sein Gewinn (in Öre für 1 £)?

b) Lohnt die Arbitrage noch, wenn $2^0/_{00}$ Spesen zu decken sind?

c) Zahlenmäßiger Nachweis für a) und b) bei einem Arbitragebetrage von 100000 Kr.!

β) **Wahl zwischen telegr. Auszahlung und Wechsel.**

13. Neuyork schuldet an London 2500 £. Es kann ausgleichen durch telegr. Anweisung zu 4.86$\frac{1}{2}$ oder durch 60 Tage-Sicht-Rimesse zu 4.82$\frac{1}{4}$ (60 + 15 Tg.; 4$\frac{1}{2}$%). Welcher Weg ist der vorteilhaftere, und wie groß ist die Ersparnis?

14. Alexandria hat von Bremen sofort fällige 30000 $\mathscr{RM}$ zu fordern. Kurse in Alexandria: 20.90 T.T. und 20.95 Sicht ($\mathscr{RM}$ für 1 äg. £; 10 Tg.; 6%). Läßt sich Alexandria telegraphisch Reichsmark überweisen oder wird es bei Sicht a/Bremen trassieren? Wie groß ist der Vorteil (in Piastern)?

15. Leipzig schuldet Danzig fällige G 48000.—; die Zahlung soll erfolgen entweder in telegr. Überweisung zu 81.65 (T.T.) oder in einem 2 Mon.-Wechsel von gleicher Höhe, den Leipzig zu 80.85 (tel quel) beschaffen kann. Wie wird es zahlen, wenn es in letzterem Falle 5$\frac{1}{2}$% Zinsen in laufender Rechnung entschädigen muß? Gesamtvorteil?

16. In Wien sind Amsterd. 1 Mon.-Wechsel entweder auf Grund des T.T.-Kurses 285.70 oder eines tel quel-Kurses 284.60 verkäuflich. Wird Wien eine Forderung von hfl. 30000.—, fällig nach 1 Mon., durch 1 Mon.-Tratte oder durch sofort fällige Tratte einziehen, wenn es im letzteren Falle 5% Kt.-Kt.-Zinsen schuldig wird?

b) Indirekte Arbitragen.

α) Benutzung fremder Devisen.

17. Hamburg schuldet Kopenhagen fällige 15000 Kr. Wird es besser direkt zu 112.44 überweisen oder aber Stockholmer oder Londoner Wechsel schicken, die es zu 112.82 bzw. 20.45½ kaufen kann und die Kopenh. zu 100.45 bzw. 18,2045 übernehmen würde? (Frage: x $\mathscr{RM}$ = 100 Kr. dän.). Man ermittle den Vorteil gegenüber dem direkten Ausgleiche.

18. Berlin hat von Brüssel sofort fällige Belg. 42600.— zu fordern. Es untersucht, ob es direkt a/Brüssel zu 58.65 trassieren oder sich von Brüssel $\mathscr{RM}$ — dort käuflich zu 170.80 — überweisen oder aber Amsterdamer oder Wiener Papiere schicken lassen soll, die dort 288.15 und 100.87½ stehen und in Berlin zu 169.20 und 59.15 verkäuflich sind. Wie entscheidet sich Berlin? (Frage: x $\mathscr{RM}$ = 100 Belg.)

19. Zur Deckung einer Schuld an Prag möchte London, statt direkt zu 164.50 zu überweisen, deutsche oder italienische Auszahlung veranlassen; beide sind in London zu 20,455 und 92.17½ zu kaufen und in Prag zu 803.30 und 178.— unterzubringen. Welchen Ausgleich wählt es? (Frage: x Kč. = 1 £; indirekte Notierung!)

20. Wien arbitriert mit Zürich zwecks Einziehung einer Frs.-Forderung; es sind notiert:

Züricher	T. T. in Wien:	136.55	in Zürich:	—		
Budapester	,, ,, ,,	123.64	,,	,,	90.50	(f. 100 Pengö)
Prager	,, ,, ,,	20.95	,,	,,	15.32	(,, 100 Kč.)
Belgrader	,, ,, ,,	12.45¼	,,	,,	9.13½	(,, 100 Din.)

Welcher Ausgleichsweg ist der beste?

21. Amsterdamer, Wiener und Neuyorker Auszahlungen sind notiert: in Berlin 169.12, 59.20 und 4,196, in London 12,085, 34.60 und 4,8765. Mit welchen dieser Papiere kann Berlin eine vorteilhafte Arbitrage ausführen, d. h. welches dieser Papiere wird es vorteilhaft in Berlin einkaufen und in London verkaufen, und welches andere Papier zum Ausgleiche dort kaufen und hier verkaufen? Direkter Kurs in Berlin a/London 20,445. Wie groß ist der Arbitragegewinn bei 6500 £? (Frage: x $\mathscr{RM}$ = 1 £).

β) Vermittlung durch fremde Plätze.

22. Leipzig hat von Budapest 40000 Pengö zu fordern; es kann auf Budapest entweder direkt zu 73.18½ trassieren oder auch durch Wien zu 123.90 trassieren lassen; die dadurch in Wien entstehende Forderung kann es zu 59.20 einziehen, für die Vermittlung aber muß es an Wien 1 %₀₀ Spesen zahlen. Wie wird Leipzig verfahren, und wie groß ist sein Reingewinn?

23. Soll Berlin zur Deckung einer Schuld von 5500 £ an London zu 20,442 direkt überweisen oder von London zu 20.43 a/sich trassieren

oder aber durch Amsterdam, Brüssel oder Zürich zu bzw. 12,075, 34,955 und 25.25 remittieren lassen? Mit den genannten Plätzen kann Berlin zu bzw. 169.17½, 58.41 und 80.88½ ausgleichen. Wie groß ist der Vorteil gegenüber dem Ausgleich durch direkte Rimesse?

24. Stockholm untersucht, ob es eine Fm.-Schuld an Helsingfors durch direkte Auszahlung zu 9.39½ oder so abträgt, daß es durch Oslo, Amsterdam oder London zu bzw. 9.46½, 6.24 und 193.60 überweisen läßt und mit den 3 Plätzen zu bzw. 99.25, 150.20 und 18,145 ausgleicht. An Spesen entstehen in Oslo $^1/_4$%, Amst. 1$^0/_{00}$, Lond. 1½$^0/_{00}$. (Frage: x Kr. schw. = 100 Fm.)

25. London arbitriert mit Leipzig zur Einziehung einer Forderung von 120 000 $\mathcal{RM}$. Zu verkaufen sind $\mathcal{RM}$-Anweisungen in London zu 20.449, in Zürich zu 123.70 (Spesen $\frac{1}{8}$%), in Wien zu 168.86 (Sp. 1$^0/_{00}$); Ausgleich für London mit Zürich zu 25.28, mit Wien zu 34.535.
a) Welchen Weg wird London wählen? (Frage: x $\mathcal{RM}$ = 1 £.)
b) Wie groß ist der Gesamtvorteil?

26. Frankfurt braucht 15 000 $ in Devisen; sie sind käuflich am eigenen Platze zu 4,1985, in Antwerpen zu 714.50 (Belg. f. 100 $) mit 1$^1/_4$ $^0/_{00}$ Spesen, in London zu 4,877 ($ f. 1 £) mit 1½$^0/_{00}$ Spesen. Wo schafft es an, wenn es ausgleichen kann mit Antwerpen zu 58.70, mit London zu 20,415? Wie groß ist der Gesamtvorteil gegenüber dem Einkaufe am eigenen Platze? (Frage: x $\mathcal{RM}$ = 1 $.)

27. Wo verkauft Prag am besten Züricher Frs.-Wechsel, die notiert sind: in Wien 136.50, in Berlin 80.95, in Rotterdam 47.80? Zum Ausgleich ist an Prag zu remittieren von Wien zu 20.95$^1/_4$ (Spesen 2$^0/_{00}$), von Berlin zu 12,433 (Sp. 1$\frac{1}{4}$ $^0/_{00}$), von Rotterdam zu 7.33 (Sp. $^1/_4$%). In Prag selbst stehen Züricher 651.—.

28. Brüsseler Wechsel stehen am gleichen Tage in Amsterdam 34,525, Paris 354.50, London 35,015, Berlin 58.38. Wo wird Amsterdam günstig ein- und zugleich verkaufen, wenn es mit den genannten Plätzen zu bzw. 9,765, 12,0625 und 59.10 ausgleichen kann? Spesen in Ad. ½$^0/_{00}$, Par. 1½$^0/_{00}$, Lond. $\frac{1}{8}$%, Berl. 1$^0/_{00}$. Wie groß ist sein Gewinn an je 100 Belg. und an 60 000 Belgas.? (Frage: x hfl. = 100 Belg.)

Anm.: Man errechne sämtliche Vergleichskurse unter Berücksichtigung sowohl der Einkaufs- als auch der Verkaufsspesen und wähle je den günstigsten aus.

2. Edelmetall- und Sortenarbitragen.

29. Frankfurt kauft am Platze 63,5 kg Barrengold, 850 fein, zu $\mathcal{RM}$ 2785.— für 1 kg f. Es kann den Posten in Paris zu Frs. 17 206.50 für 1 kg f. mit 1$\frac{3}{4}$ $^0/_{00}$ Spesen, in Amsterdam zu hfl. 1650.50 für 1 kg f. mit 1½$^0/_{00}$

Spesen verkaufen. Über sein Guthaben in Paris kann es zu 16.24, in Amsterdam zu 169.10 verfügen.

a) Wo wird Frankfurt verkaufen? (Frage: x $\mathcal{R}\mathcal{M}$ = 1 kg f.)

b) Welchen Gewinn erzielt es für 1 kg f. und an dem ganzen Posten?

30. Berlin bezieht von London 4000 Sovereigns und untersucht, ob es sie an die Reichsbank zu deren Ankaufssatze oder an der Berliner Börse zu 20,415 (je Stck.) oder an der Wiener Börse zu 34,435 (je Stck.) verkaufen soll. Spesen beim Verkauf in Wien 2 $^0/_{00}$; Berliner Devisenkurs a/Wien 59.27.

a) Welchen Weg wird es bevorzugen? (Frage: x $\mathcal{R}\mathcal{M}$ = 1 Sov.)

b) Welcher Gewinn ergibt sich, wenn es seine Schuld in London zu 20.34 mit $\frac{1}{4}$ $^0/_{00}$ Maklergebühr decken kann und der Bezug aus London $1\frac{1}{2}$ $^0/_{00}$ Spesen (beide Sätze vom gleichen Betrage) verursachte?

Anm. Ankaufssatz der Reichsbank (vgl. S. 99) $\mathcal{R}\mathcal{M}$ 2551,536 für 1 kg Münzgewicht; Normalschrot des Sov. = 7,988 g.

31. Silber steht im Preise in Hamburg 79.75 ($\mathcal{R}\mathcal{M}$ f. 1 kg f.), in London $26\frac{7}{8}$ (d f. 1 Troy-oz. Stand., d. i. 925 Tsdl. f.), in Neuyork $58.37\frac{1}{2}$ (cs. f. 1 Troy-oz. f.). Wo kauft Hamburg am günstigsten, wenn der Ausgleich durch Devisen mit London zu 20.415, mit Neuyork zu $4.19\frac{1}{4}$ möglich ist und für Bezugs- und Einkaufsspesen in London 3 $^0/_{00}$, in Neuyork $\frac{3}{4}$% zu rechnen sind? (Frage: x $\mathcal{R}\mathcal{M}$ = 1000 g f.)

32. Leipzig hat von Amsterdam holl. Gulden zu fordern. Es untersucht, ob es vorteilhafter ist, sich den Betrag in Münzen (Goldgulden) schicken oder telegraphisch überweisen zu lassen. Je 100 hfl. wiegen 67,175 g; Ankaufspreis der Reichsbank 2505,3216 $\mathcal{R}\mathcal{M}$ je kg; Versandspesen für die Münzen $1\frac{1}{2}$ $^0/_{00}$. Kurs für telegr. Auszahlung in Leipzig 168.05.

a) Welcher Weg ist vorteilhafter? (Frage: wv. $\mathcal{R}\mathcal{M}$ bringen 100 fl.?)

b) Was wird Leipzig tun, wenn der Devisenkurs unter 168.05 sinkt?

Merke: Diesen Grenzkurs nennt man den unteren Goldpunkt oder Goldeinfuhrpunkt. Warum also?

33. Leipzig schuldet an Amsterdam holl. Gulden.

a) Soll es den Betrag zu 169.44 telegr. überweisen oder deutsche Goldmünzen schicken? Rauhgewicht der Münzen 39,8256 g je 100 $\mathcal{R}\mathcal{M}$; Ankaufspreis der Niederländischen Bank hfl. 1650.— für 1 kg fein; von der Bank angenommener Feingehalt 899,5. Spesen beim Münzversand $1\frac{1}{2}$ $^0/_{00}$.

b) Was wird Leipzig tun, wenn der Devisenkurs über 169.44 steigt?

Merke: Diesen Grenzkurs nennt man den oberen Goldpunkt oder Goldausfuhrpunkt. Warum also?

Berechne in gleicher Weise auf Grund der Angaben auf S. 92, 99 u. 100 die Goldpunkte gegenüber anderen Ländern!

3. Effekten-Arbitragen.

34. Wo verkauft Chemnitz am günstigsten Pöge-Elektriz.-Aktien, die am eigenen Platze 107.50, in Dresden 108.50, in Leipzig 108.75 und in Berlin 107.75 notiert sind? Sonderspesen in Dresden $\frac{1}{8}\%$, Leipzig $1^0/_{00}$, Berlin $1\frac{1}{2}^0/_{00}$ (vom Kurswerte).

35. J. G. Farbenindustrie-Aktien sind notiert in Berlin 265.75, Frankfurt 268.50, Hamburg 266.75. Wo kauft und verkauft Berlin solche Aktien im Nennwerte von 50000 $\mathcal{RM}$, und wie groß ist der Gewinn, wenn außer den üblichen Spesen von je $1^0/_{00}$ Maklergebühr und $3\frac{3}{4}$ $\mathcal{Rpf}$ Steuer (für je 100 $\mathcal{RM}$ Kurswert) bei Geschäften in Frankfurt $1^0/_{00}$, in Hamburg $\frac{1}{8}\%$ Sonderspesen (vom Kurswerte) zu berücksichtigen sind?

36. Frankfurt will am 5. April eine Arbitrage in $3\frac{1}{2}\%$ Schweizer Bundesbahn-Anleihe (auf Frs. lautend; Z. T. 1/1. 7.) mit Zürich durchführen. Kurs in Frankfurt 84,75 (einschl. Zinsen), in Zürich 81.80 (ausschl. Zs.); Spesen in F. $1^0/_{00}$, in Z. $3^0/_{00}$; Frankfurter Devisenkurs a/Zürich 81.15.

a) Wo wird Frankfurt kaufen und wo verkaufen?

b) Wie groß ist sein Gewinn an 100000 Frs. Anleihe?

37. Hamburg arbitriert am 3. Okt. in $3\frac{1}{2}\%$ Schwedischer Anleihe von 1890 (Z. T. 1/3. 9.) mit Stockholm:

Kurs in Hamburg 90.40 (einschl. Zinsen), Spesen $2^0/_{00}$,

Kurs in Stockholm 88.90 (ausschl. Zinsen), Spesen $4^0/_{00}$,

Telegr. Auszahlung auf Stockholm 112,225.

a) Wo wird Hamburg kaufen und wo verkaufen?

b) Wie groß ist sein Gewinn an 50000 Kr. Anleihe?

38. Berlin will 7% Deutsche Reichsanleihe (Dawes-Anleihe; Z. T. 15./4. 10.) kaufen. Zur Ermittlung der günstigsten Einkaufsmöglichkeit untersucht es die Notierungen in London, Amsterdam und Paris[1]) unter Berücksichtigung der Berliner Devisenkurse auf diese Plätze und der entstehenden Spesen. Es stellt folgendes fest:

	Effektenkurse	Spesen	Dev.-K.
London:	$106\frac{1}{8}$ (£ für 100 £ Nennwert, einschl. Zs.)	$\frac{3}{4}\%$	20,38
Amsterdam:	$105\frac{3}{4}$ (£ für 100 £, ausschl. Zs.)	$8^0/_{00}$	168.35
Paris:	15900 (Frs. für 100 £, einschl. Zs.)	$6^0/_{00}$	13,625

Wo kaufte Berlin die Anleihe am billigsten? (Fester Umrechnungskurs in Amsterdam: 1 £ = 12 hfl.)

---

1) Die an diesen drei Plätzen gehandelten Stücke lauten auf £. Der größte Teil der Dawes-Anleihe lautet allerdings auf Dollar und ist in Neuyork untergebracht.

XIII. Warenrechnung.

A. Zusammengesetzte Bezugskalkulationen.[1])

Wenn verschiedene, in einer Sendung bezogene und in einer Faktur berechnete Waren zu kalkulieren sind, so handelt es sich um eine zusammengesetzte Kalkulation. Bei ihrer Durchführung kommt es hauptsächlich darauf an, die Spesen richtig zu verteilen. Zu diesem Zwecke muß man zunächst zwischen allgemeinen Spesen, die alle zu berechnenden Waren treffen, und besonderen, die nur von einer oder einigen Warengattungen zu tragen sind, unterscheiden. Bei der Verrechnung der allgemeinen Spesen sind wiederum in der Regel Gewichts- oder Mengenspesen und Wertspesen auseinander zu halten.

Nur wenn sehr geringe Beträge von Wertspesen vorkommen, oder wenn selbst bei größerem Betrage der Wertspesen die Preise der zu kalkulierenden gleichartigen Warensorten nur wenig voneinander verschieden sind, darf man wohl auch von einer Trennung absehen und kann sämtliche allgemeine Spesen nach der Menge (Gewicht, Maß, Zahl) verteilen. Umgekehrt kann man aber auch, wie dies beim Kalkulieren von Fabrik- und Manufakturwaren öfters geschieht, unter gewissen Voraussetzungen sämtliche allgemeine Spesen als Wertspesen ansehen.

Demnach sind zu unterscheiden: 1. Kalkulationen mit Gewichtsspesen, 2. Kalkulationen mit Wertspesen, 3. Kalkulationen mit zu trennenden Spesen.

1. Kalkulationen mit Gewichtsspesen.

Der Gang der Rechnung ist folgender (vgl. das Beispiel):

a) Ermittlung des Gesamtbezugspreises.

b) Ermittlung der Summe der Spesen — entweder durch Addition ihrer Einzelbeträge oder durch Subtraktion des reinen Einkaufswertes vom Betrage einschließlich aller Spesen.

c) Berechnung des Spesensatzes (für 100 kg, 100 l usw.) und des Spesenbetrags für jede Sorte.

d) Kalkulation der einzelnen Sorten.

Kommen neben den allgemeinen auch besondere Spesen vor, so hat man diese von der Verteilung auszuscheiden und für sich (bei d) dem Betrage der Ware, der sie zukommen, hinzuzufügen.

---

1) Die einfachen Bezugs- und Verkaufskalkulationen sind in Teil I S. 266 ff. behandelt.

Beispiel.

Reis von Hamburg über Wallwitzhafen nach Leipzig:

a) Ermittlung des Gesamtbezugspreises.

30 Sack Java Tafel-Reis, geschält,

B^{tto} 3000 kg, T^a 45 kg, zu 1½ kg je Sack

N^{tto} 2955 kg . . . . zu $\mathcal{RM}$ 18.— für 50 kg . . . . . $\mathcal{RM}$ 1063.80

10 Sack Kadangh Tafel-Reis, geschält,

B^{tto} 1000 kg, T^a 15 kg, zu 1½ kg je Sack

N^{tto} 985 kg . . . . zu $\mathcal{RM}$ 24.— für 50 kg . . . . . „ 472.80

10 Sack Patna Tafel-Reis,

B^{tto} 1000 kg, T^a 15 kg zu 1½ kg je Sack

N^{tto} 985 kg . . . . zu $\mathcal{RM}$ 22.50 für 50 kg . . . . . „ 443.25

$\mathcal{RM}$ 1979.85

Porto und Proben . . . . . „ —.90

Einkaufspreis . . . . $\mathcal{RM}$ 1980.75

Spesen:

Versicherungsprämie 1°/$_{00}$ auf $\mathcal{RM}$ 2200.—

(einschließl. 10% imaginären Gewinns) . . . . . . $\mathcal{RM}$ 2.20

Frachtübernahme $\mathcal{RM}$ 2.28 für 100 kg a/5000 kg . . . „ 114.—

Eingangszoll a/5000 kg zu 4 $\mathcal{RM}$ für 100 kg . . . . . . „ 200.—

Kleine Spesen . . . . „ 3.30

$\mathcal{RM}$ 2300.25

5% Zinsverlust[1]) auf 1½ Mon. . . . . „ 14.40

Bezugspreis (einschl. Lagerzinsen) . $\mathcal{RM}$ 2314.65

Versicherungsprämie und Zinsverlust sind eigentlich Wertspesen; da aber die Beträge beider Posten unbedeutend sind, wurden sie hier mit als Gewichtsspesen behandelt.

b) Berechnung der Gesamtspesen.

Wert der Waren mit allen Spesen . . . . $\mathcal{RM}$ 2314.65

Wert der Waren ohne Spesen . . . . „ 1979.85

Gesamtspesen = $\mathcal{RM}$ 334.80

---

1) Es handelt sich hier nicht um Zielzinsen, die bei der Verkaufskalku-lation (vgl. S. 187) zu berücksichtigen sind, sondern um Lagerzinsen für die durchschnittliche Umschlagszeit der Waren in der Unternehmung. — Richtiger wäre es, diese Zinsen bei der Spesenrechnung zunächst auszuscheiden und bei der Einzelkalkulation am Schlusse zuzuschlagen.

c) Berechnung des Spesensatzes für 100 kg.

Auf B^{tto} 5000 kg kommen $\mathscr{R\!M}$ 334.80   Spesen,
„　„　100 „　somit　　„　6.696　„

Ermittlung des Spesenbetrags für jede Sorte.

Spesen auf Java　　　= 3000 kg zu 6.696 $\mathscr{R\!M}$.　= $\mathscr{R\!M}$　200.88
„　　„　Kadangh= 1000 „　„ 6.696 „　.　=　„　　66.96
„　　„　Patna　= 1000 „　„ 6.696 „　.　=　„　　66.96
　　　　　　　　　　　　　　　　　　　　　　$\mathscr{R\!M}$　334.80

d) Kalkulation der einzelnen Sorten.

Java-Reis: Fakturbetrag . . . . . $\mathscr{R\!M}$ 1063.80
　　　　　Spesen . . . . „　200.88
　　　　　　　　　　　$\mathscr{R\!M}$ 1264.68

Hausgew. B^{tto} 3000 kg, T^a 30 kg (1 kg je Sack)

N^{tto} 2970 kg zu $\mathscr{R\!M}$ 21.29[1]) für 50 kg = $\mathscr{R\!M}$ 1264.63

Kadangh-Reis: Fakturbetrag . . . $\mathscr{R\!M}$ 472.80
　　　　　　Spesen . . . . . . „　66.96
　　　　　　　　　　　$\mathscr{R\!M}$ 539.76

Hausgew. B^{tto} 1000 kg, T^a 10 kg

N^{tto} 990 kg zu $\mathscr{R\!M}$ 27.26 für 50 kg　=　„　539.75

Patna-Reis: Fakturbetrag . . . . $\mathscr{R\!M}$　443.25
　　　　　Spesen . . . . „　66.96
　　　　　　　　　　　$\mathscr{R\!M}$　510.21

Hausgew. B^{tto} 1000 kg, T. 10 kg

N^{tto}　990 kg zu $\mathscr{R\!M}$ 25.77 für 50 kg　=　„　510.25
　　　　　　　　　　　$\mathscr{R\!M}$ 2314.53
　　　　Kalkulationsdifferenz . . .　„　0.12
　　　　　　　　　　　$\mathscr{R\!M}$ 2314.65

Übungsaufgaben. § 88.

In den folgenden Aufgaben sind die allgemeinen Spesen nach dem Gewicht (der Menge) zu verteilen.

1. Zwickau i/Sa. bezieht aus Hamburg:
3 Faß Rüböl, B^{tto} 6185 kg, T^a 89,5 kg, zu $\mathscr{R\!M}$ 82.50 für 100 kg N^{tto}.
2 Faß Mohnöl, B^{tto} 356 kg, T^a 51,5 kg, zu $\mathscr{R\!M}$ 144.25 für 100 kg N^{tto}.
Gesamtspesen $\mathscr{R\!M}$ 94.75.

---

1) Den Preis für 50 kg ergibt die Division $\mathscr{R\!M}$ 1264.68 : 29,7 : 2; die alsdann durchgeführte Multiplikation $\mathscr{R\!M}$ 21.29 × 29,7 × 2 bildet die Probe und läßt zum Schluß die Kalkulationsdifferenz erkennen.

Wie hoch stellt sich 1 kg jeder Sorte, wenn das Hausgewicht mit dem berechneten Gewicht übereinstimmt, aber je $1\frac{1}{2}\%$ Gewichtsverlust (vom Hausnettogewicht) einzurechnen ist?

2. Leipzig bezieht aus Rotterdam:

50 Ballen holländ. Kümmel, B^{tto} für N^{tto} 2508 kg, zu hfl. 36.50% kg, 60 Sack Mohnsaat, B^{tto} 4505 kg, T^a 1 kg je Sack, zu hfl. 81.50 kg% N^{tto}. Die holländischen Spesen betragen hfl. 33.70, die deutschen $\mathscr{RM}$ 408.40. Umrechnungskurs 169.10. Hausgewicht: Kümmel 2504 kg, Mohnsaat B^{tto} 4501,5 kg. Wie hoch stellt sich der Bezugspreis für 100 kg N^{tto} jeder Ware?

3. Leipzig bezieht von Halle:

50 Kisten grobkörnigen Würfelzucker III, B^{tto} 2750 kg, T^a 5 kg je Kiste, zu $\mathscr{RM}$ 45.— für 100 kg und 50 Säcke gemahlenen Melis, gew. 5000 kg, zu $\mathscr{RM}$ 39.50 für 100 kg; Skonto 1%. Fracht auf 7750 kg zu 64 $\mathscr{Rpf}$ für 100 kg; Rollgeld 40 $\mathscr{Rpf}$ für 100 kg. $7\frac{1}{2}\%$ Lagerzinsen für 2 Mon. Wie hoch stellen sich 50 kg von jeder Ware?

4. Berlin bezieht Sennesblätter von Kairo über Hamburg:

3 Kisten Senna Halbblatt, B^{tto} 396,5 kg, T^a 96,5 kg, zu $\mathscr{RM}$ 115.— für 100 kg cif Hamburg; 3 Ballen Senna klein, B^{tto} 558 kg, T^a 24 kg, zu $\mathscr{RM}$ 70.— für 100 kg cif Hamburg. $1\frac{1}{2}\%$ Skonto. Hamburger Spesen $\mathscr{RM}$ 5.40; Fracht Hamburg-Berlin $\mathscr{RM}$ 6.75; Zoll, Zollspesen und Anfuhr $\mathscr{RM}$ 4.30; Schlepper-Assekuranz $\mathscr{RM}$ 1.—. Wie stellen sich 100 kg von jeder Sorte?

5. Leipzig bezieht von Marseille über Genf:

25 Ballen süße Majorca-Mandeln, davon 20 Ballen, gewogen 2075,5 kg zu 190 $\mathscr{RM}$ für 100 kg und 5 Ballen, gewogen 530,5 kg zu 195 $\mathscr{RM}$ für 100 kg; Diskont $1\frac{1}{4}\%$. Der Betrag wird 3 Mon. dato auf Leipzig trassiert. Spesen in Leipzig: Fracht und kleine Spesen, zus. Frs. 54.50, sind vom Absender nachgenommen und werden zu 16.20 umgerechnet; Eingangszoll auf B^{tto} 2606 kg, zu 4 $\mathscr{RM}$ je 100 kg; Abfuhrgebühr auf 2650 kg zu 20 $\mathscr{Rpf}$ für 100 kg. Lagerzinsen 6% für 1 Mon. Gewicht in Leipzig: 20 Ballen, B^{tto} für N^{tto} 2075 kg; 5 Ballen, B^{tto} für N^{tto} 530 kg. Wie hoch stellt sich $\frac{1}{2}$ kg von jeder Sorte?

6. Portwein von Oporto über Hamburg nach Leipzig:

1 Pipe (Faß) = 614 kg zu £ 23.6.— je Pipe,
$\frac{1}{2}$ Pipe = 316 kg zu £ 26.7.6 je Pipe.
Seeversicherung $\frac{1}{2}\%$ a/40 £. Umrechnung zu 20.40. Seefracht $\mathscr{RM}$ 20.— je Pipe; Hamburger Platzspesen $\mathscr{RM}$ 11.50. Fracht Hamburg-Leipzig $\mathscr{RM}$ 2.80 für 100 kg; Leipziger Platzspesen $\mathscr{RM}$ 6.50; Zoll a/927 kg zu 20 $\mathscr{RM}$ für 100 kg. Die ganze Pipe ergibt in Leipzig

511 l, die halbe 258 l. Erlös aus den Fässern 9 $\mathcal{RM}$ und 6 $\mathcal{RM}$. Wie stellt sich der Preis für je 1 l von beiden Sorten?

7. Leipzig bezieht von Breslau, frei ab Station Morgenroth, eine Partie Zinkblech, zum Grundpreise von 54 $\mathcal{RM}$ für 100 kg und den für jede Sorte je 100 kg angegebenen Zuschlägen:

1000 kg Nr. 7 zu 1 $\mathcal{RM}$.　　5000 kg Nr. 5 zu 3 $\mathcal{RM}$.

4000 „　„ 6 „ 2 „　　3000 „　„ 4 „ 5 „

Fracht nach Leipzig $\mathcal{RM}$ 2.44 für 100 kg; Abfuhrgebühr 25 $\mathcal{Rpf}$ für 100 kg. Zinsverlust $7\frac{1}{2}\%$ auf 3 Mon. Wie hoch kalkulieren sich 100 kg von jeder Sorte?

(Die Lagerzinsen sind als besondere Spesen zu betrachten und am Schlusse jeder Sorte zuzuschlagen.)

8. Leipzig bezieht von London über Hull, frei Hamburg, eine Partie englische Weißbleche, beste Stahlqualität, Koke-Verzinnung, in Kisten von je 112 Tafeln, Format 530×760, wie folgt:

33 Kisten, J. $C\,^{L}_{\cdot\cdot}$,[1]) B^{tto} 3500 kg, zu 28/9 d je Kiste;

33 　„　 J. $C\,^{LL}_{\cdot\cdot}$,　 „ 2970 　„　 „ 27/6 „ „　　 „

35 　„　 J. $C\,^{LLL}_{\cdot\cdot}$　 „ 2940 　„　 „ 26/6 „ „　　 „ 　netto Kasse.

Kurs 20.45. Fracht Hamburg-Wallwitzhafen-Leipzig $\mathcal{RM}$ 1.29 (Übernahmesatz) für 100 kg; Eingangszoll 5 $\mathcal{RM}$ für 100 kg B^{tto}. Wie hoch kalkuliert sich 1 Kiste von jeder Sorte bei Einrechnung von 8% Lagerzinsen auf 3 Mon.?

9. München bezieht von Florenz, ab Barletta, 10 Fässer Wein, enthaltend:

3824 l Rotwein　　　zu 300 £ für 100 l;

1793 l Weißwein　　 „ 275 „　„ 100 l;

614 l Dessertwein　 „ 600 „　„ 100 l.

Die Fässer sind mit 1270 £ berechnet. Fracht von Barletta nach Florenz £ 382.75. Trassiert zu 625 (£ für 100 $\mathcal{RM}$). Spesen in München: Fracht von Florenz bis München, £ 1723.25 zu 16.20 ($\mathcal{RM}$ für 100 £); Speditionsspesen unterwegs $\mathcal{RM}$ 10.57; Eingangszoll von B^{tto} 6851 kg zu 20 $\mathcal{RM}$ für 100 kg B^{tto}; kleine Spesen $\mathcal{RM}$ 9.70. Ab: Wert der 10 leeren Fässer je 10 $\mathcal{RM}$. München setzt für Zinsverlust, Diskont und Delkredere 10% im Hundert ein. Die Messung und Prüfung der Ware liefert folgendes Ergebnis: 5 Fässer Rotwein 3124 l, 1 Faß do. 636 l, aber von geringerer Qualität, die nur zu 50 $\mathcal{Rpf}$ je Liter angenommen werden soll; 2 Fässer Weißwein 1187 l, 1 Faß do. 581 l, wegen geringerer Qualität um 40 $\mathcal{Rpf}$ je Liter geringer zu schätzen; 1 Faß Dessertwein 592 l. Wie teuer stellt sich 1 l der einzelnen Sorten?

---

1) Durch diese Marke wird die verschiedene, schon aus der Ungleichheit des Gewichts ersichtliche Stärke der Tafeln bezeichnet.

2. Kalkulationen mit Wertspesen.

Warenbezüge, mit denen nur Wertspesen verbunden sind, gehören zu den Seltenheiten, denn selbst bei Versendungen von ungemünzten und gemünzten Metallen, bei denen die Spesen vorzugsweise vom Wert abhängig sind, kommen doch auch Spesen vor, die sich auf das Gewicht beziehen (Fracht, Verpackung usw.). Jedoch ist es z. B. im Handel mit Manufakturwaren üblich, alle Spesen als Wertspesen anzusehen.

Gang der Rechnung (vgl. das Beispiel):

a) Ermittlung des Gesamtbezugspreises (einschl. Lagerzinsen).

b) Gegenüberstellung des Rechnungsbetrags (ohne Spesen) und des Gesamtbezugspreises und Untersuchung, auf wieviel $\mathscr{R\!M}$ Bezugswert eine Einheit des Rechnungsbetrages zu stehen kommt (Paritätsmethode). Oder: Berechnung des Spesensatzes für 100 $\mathscr{R\!M}$ Einkaufswert (Prozentmethode).

c) Kalkulation der einzelnen Sorten.

Beispiel.

a) Leipzig bezieht von Manchester über Grimsby und Hamburg eine Partie baumwollenen Satin:

55 Stück schwarz, 2366 Yards zu $6\frac{1}{4}$ d	£ 61.12. 4
34 „ farbig, 1463 „ „ 6 „	„ 36.11. 6
	£ 98. 3.10
÷ Diskont $1\frac{1}{2}\%$ . . .	„ 1. 9. 5
	£ 96.14. 5
Verpackung	„ —. 6. 9
Versicherung a/£ 100.—.— zu 4/- d % .	„ —. 4.—
Police, Porto und Stempel	„ —. 2.10
	£ 97. 8.—
remittiert zu 20.45	$\mathscr{R\!M}$ 1991.85

Nachnahme der Fracht Manchester-Grimsby

	£ —. 6. 3	
Seefracht Grimsby-Hamburg . . . . „ —. 7. 9		
zu 20.40 £ —.14.—		„ 14.30
Hamburger Speditionsprovision		„ 4.80
Fracht Hamburg-Leipzig (Sammelladung) auf 320 kg		
zu $\mathscr{R\!M}$ 2.75 für 100 kg		„ 8.80
Rollgeld auf 350 kg zu 25 $\mathscr{R\!p\!f}$ je 100 kg.		„ —.90
Eingangszoll auf N^{tto} 312,5 kg zu $\mathscr{R\!M}$ 120.— . . .		„ 375.—
		$\mathscr{R\!M}$ 2395.65
Lagerzinsen $7\frac{1}{2}\%$ auf 2 Mon. . ·		„ 29.95
Bezugspreis (einschl. Zinsverl.)		$\mathscr{R\!M}$ 2425.60

b) Dem Rechnungsbetrage £ 98.3.10[1]) = 23 566 d in London entspricht ein Bezugspreis (einschl. Zinsverlust) von $\mathscr{R\!M}$ 2425.60 in Leipzig; somit stellt sich 1 d in London auf 10,293 $\mathscr{R\!pf}$ in Leipzig (23 566 d zu 10,293 $\mathscr{R\!pf}$ = $\mathscr{R\!M}$ 2425.65).

c) Kalkulation der einzelnen Sorten.

Wenn man 11 m = 12 Yds. rechnet, so ergibt sich der Meterpreis, indem man den Yardpreis um $\frac{1}{11}$ vermehrt.

$$
\begin{aligned}
\text{Schwarzer Satin: } 6\tfrac{1}{4}\text{d zu } 10{,}293\ \mathscr{R\!pf} &= 64{,}33\ \mathscr{R\!pf} \text{ je Yard}\\
+ \tfrac{1}{11} &= \ \ 5{,}85\ \text{,,}\\[-2pt]
\hline
&= 70{,}18\ \mathscr{R\!pf} \text{ je Meter.}
\end{aligned}
$$

$$
\begin{aligned}
\text{Bunter Satin: } \quad 6\text{ d zu } 10{,}293\ \mathscr{R\!pf} &= 61{,}76\ \mathscr{R\!pf} \text{ je Yard}\\
+ \tfrac{1}{11} &= \ \ 5{,}61\ \text{,,}\\[-2pt]
\hline
&= 67{,}37\ \mathscr{R\!pf} \text{ je Meter.}
\end{aligned}
$$

Probe.

Schwarzer Satin (2366 Yds. =) 2168⅝ m zu 70,18 $\mathscr{R\!pf}$ . . .	$\mathscr{R\!M}$ 1522.09
Bunter Satin (1463 Yds. =) 1341$\tfrac{1}{12}$,, ,, 67,37 ,, . . .	,, 903.49
Kalkulationsdifferenz	,, —.02
	$\mathscr{R\!M}$ 2425.60

Nach der Prozentmethode würde das vorstehende Beispiel folgende Lösung ergeben:

Die Spesen betragen 6/9 d + 4/- d + 2/10 d . . . =   13 s 7 d

zu 20.45 = $\mathscr{R\!M}$ 13.79

+ $\mathscr{R\!M}$ 14.30 + 4.80 + 8.80 + 0.90 + 375.— + 29.95   = ,, 433.75

$\mathscr{R\!M}$ 447.54

Auf £ 98.3.10 zu 20.45 = $\mathscr{R\!M}$ 2008.03 kommen . . . $\mathscr{R\!M}$ 447.54

d. i. = 44 754 : 2008,03 = 22,287 %.

---

1) Man beachte, daß nicht der um den Diskont verminderte Betrag (hier £ 96. 14. 5), sondern der Betrag vor Abzug des Diskonts (hier £ 98.3.10) zu benutzen ist, weil auch die Kalkulation von dem Einkaufspreise ohne Diskont (6$\tfrac{1}{4}$ d bzw. 6 d) ausgeht.

55 St. schwarz, $2168\frac{5}{6}$ m $= £\ 61.12.4$

$$\text{zu } 20.45 \quad . \quad . \ = \ \mathcal{RM}\ 1260.07$$
$$\div\ 1\tfrac{1}{2}\%\ \text{Diskont} \quad \text{,,} \qquad 18.90$$
$$\mathcal{RM}\ 1241.17$$

$+ 22{,}287\%$ von $\mathcal{RM}\ 1260.07^1)$ . . . . . ,, $\quad 280.83 \quad \mathcal{RM}\ 1522.{-}$

$1\,\text{m} = \mathcal{RM}\ 1522.{-} : 2168\tfrac{5}{6} = \underline{70{,}18\ \mathcal{Rpf}}$

34 St. farbig, $1341\frac{1}{12}$ m $= £\ 36.11.6$

$$\text{zu } 20.45 \quad . \quad . \ = \ \mathcal{RM}\ \ 747.96$$
$$\div\ 1\tfrac{1}{2}\%\ \text{Diskont} \quad \text{,,} \qquad 11.22$$
$$\mathcal{RM}\ \ 736.74$$

$+ 22{,}287\%$ von $\mathcal{RM}\ 747.96^1)$ . . . $\qquad$,, $\quad 166.70 \quad$,, $\quad 903.44$

$1\,\text{m} = \mathcal{RM}\ 903.44 : 1341\tfrac{1}{12} = \underline{67{,}37\ \mathcal{Rpf}} \qquad\qquad \underline{\mathcal{RM}\ 2425.44}$

Übungsaufgaben § 88.

In den folgenden Aufgaben sind die allgemeinen Spesen nach dem Werte zu verteilen.

10. Plauen bezieht Seidenstoffe aus Krefeld:

4 St. Nr. 1, 320 m zu $\mathcal{RM}$ 6.20 je m

3 St. Nr. 2, 240 m zu $\mathcal{RM}$ 7.65 je m

Gesamtspesen $\mathcal{RM}$ 133.80. Wie hoch stellt sich 1 m jeder Sorte?

11. Dresden bezieht Puderquasten aus Paris:

150 Dtz. Nr. 1 zu Frs. 52.50 je Dtz.

125 Dtz. Nr. 2 zu Frs. 59.— je Dtz.

Französische Spesen Frs. 164.20, deutsche Spesen $\mathcal{RM}$ 71.50. Umrechnungskurs 15.80 ($\mathcal{RM}$ für 100 Frs.).

a) Welcher Gesamtbezugspreis ergibt sich?

b) Auf wieviel Pfennig stellt sich 1 Fr. des Rechnungsbetrages?

c) Wie teuer stellt sich 1 Dtz. jeder Sorte?

---

1) Da der Prozentsatz der Spesen von den Fakturbeträgen vor Abzug des Diskonts berechnet wurde, so müssen natürlich diese Fakturbeträge auch zur Ermittlung der Spesen wieder benutzt werden. Das Ergebnis wäre aber das gleiche gewesen, wenn man den Spesensatz aus dem diskontierten Gesamtbetrage ($£\ 96.14.5 = \mathcal{RM}\ 1977.94$) ermittelt und dann bei der Kalkulation die Spesen ebenfalls aus den diskontierten Einzelbeträgen berechnet hätte.

12. Leipzig bezieht von Bradford über Grimsby und Hamburg 2 Ballen Wollengarn, wie folgt:

Nr. 1. 250 Gros = 1200 lbs. 30ʳ Weft zu 7/9 d je Gros; Nr. 2. 300 lbs. 8ʳ Carded Weft, zu 1/6½ d je lb., 300 lbs. 10ʳ do. zu 1/5¾ d, 300 lbs. 12ʳ do. zu 1/6 d, 300 lbs. 14ʳ do. zu 1/6¼ d. Packen, Fracht nach Grimsby und Verladungskosten dort 30 s je Ballen; Versicherung von Grimsby nach Hamburg 1½°/₀₀ a/230 £, Police und Porto 9 d. Dazu (vom Ganzen) 1½% Kommission. Der Fakturbetrag wird remittiert zu 20.45. Fracht von Grimsby bis Leipzig einschl. aller Spesen (Übernahmepreis) 30 *ℛℳ* je Ballen; kleine Spesen und Porto 5 *ℛℳ*; Eingangszoll 3 *ℛℳ* für 100 kg auf Bᵗᵗᵒ 1120 kg. Lagerzinsen 8% auf 3 Mon.

a) Wie hoch kommt diese Sendung einschl. aller Spesen zu stehen?

b) Auf wieviel Reichsmark stellt sich demnach ein Schilling?

c) Wie teuer ist α) 1 lb., β) 1 kg von jeder Sorte?

13. Augsburg bezieht von Paris:

1 Gros Zahnbürsten zu Frs. 150.—, ½ Gros desgl. zu Frs. 110.—, 1 Gros desgl. zu Frs. 105.—, ½ Gros Nagelbürsten zu Frs. 165.—, ¼ Gros desgl. zu Frs. 330.—. (Preise je Gros.) Rabatt 5%; vom Rest 2% Skonto. Versandspesen Frs. 11.—. Kurs 16.22. Zoll auf 10 kg zu *ℛℳ* 100.— für 100 kg; Porto 75 *ℛ₰*. Wie stellt sich ein Dtz. von jeder Sorte? (Paritätsmethode.)

14. Die S. 175 kalkulierte Sendung von baumwollenem Satin ist dahin abzuändern, daß sie besteht in: 50 St. schwarz und farbig, 2150 Yds. zu 6 d und 39 St. weiß, 1677 Yds. zu 5½ d. Diskont und sämtliche Unkosten in London bleiben unverändert, ebenso der Deckungskurs und die übrigen Spesen sowie die Lagerzinsen. Nur der Eingangszoll ist zu berechnen wie folgt: 50 St. schwarz und farbig, 175,5 kg zu 120 *ℛℳ* für 100 kg; 39 St. weiß, 137 kg zu 90 *ℛℳ* für 100 kg. Wie hoch stellt sich 1 m von jeder Sorte? (Zoll als besondere Spesen; Prozent-Methode.)

15. Leipzig bezieht von Zürich eine Partie Seidenwaren:

3 Stück Taffetas tout/soie, 60 cm breit, 240 m zu Frs. 3.90,
4 Stück desgl., 70 cm breit., 320 m zu Frs. 4.40,
7 Stück Louisine, 50 cm br., 420 m zu Frs. 3.25,
2 Stück Sicilienne, soie et laine, 60 cm br., 150 m zu Frs. 7.50,
10 Stück Marceline tout/soie, 50 cm br., 1000 m zu Frs. 1.55.

Diskont 20%; Verpackung und Musterporto Frs. 12.50. Prov. 2%. Remittiert zu 81 (spesenfrei). Fracht bis Leipzig und Spesen dort *ℛℳ* 24.—; Eingangszoll: 3 St. Taffetas 9,3 kg, 4 St. do. 14 kg, 7 St.

Louisine 16,8 kg, 10 St. Marceline 13 kg, zusammen 53,1 kg zu
$\mathscr{R}\mathscr{M}$ 450.— für 100 kg; 2 St. Sicilienne 21,5 kg zu $\mathscr{R}\mathscr{M}$ 350.— für
100 kg. Lagerzinsen $7\frac{1}{2}\%$ für 3 Mon. Wie hoch stellt sich 1 m von
jeder Art? (Vgl. Bemerkung zu Aufg. 14.)

3. Kalkulationen mit zu trennenden Spesen.

In den meisten Fällen ist eine zusammengesetzte Kalkulation nur dann
streng richtig, wenn die allgemeinen Spesen nach ihrer Natur in Ge-
wichts- und Wertspesen geschieden werden.

Gang der Rechnung (vgl. das Beispiel):

a) Berechnung des Gesamtbezugspreises (einschl. Zinsverlust).

b) Ermittlung der Gewichtsspesen und des Spesensatzes (für 100 kg).

c) Ermittlung der Wertspesen und des Prozentsatzes dafür.

d) Kalkulation der einzelnen Sorten (unter Berücksichtigung etwaiger
besonderer Spesen).

1. Beispiel.

a) Zigarren von Havanna über Hamburg nach Leipzig.

5 Kisten Zigarren, enthaltend:

100/20 =	5 Mille	Imperiales	zu $ 110.—	$ 550.—
100/20 =	5 ,,	Excepcionales	,, ,, 80.—	,, 400.—
50/10 =	5 ,,	Brevas de culidad	,, ,, 60.—	,, 300.—
50/10 =	5 ,,	Londres finos	,, ,, 40.—	,, 200.—
100/10 =	10 ,,	Regalia de la Reina	,, ,, 20.—	,, 280.—
100/10 =	10 ,,	Conchas del Rey	,, ,, 25.—	,, 250.—
50/10 =	5 ,,	Media Regalia	,, ,, 34.—	,, 170.—
50/10 =	5 ,,	Londres chicos	,, ,, 20.—	,, 100.—
	50 Mille			$ 2250.—

Kisten, Verpackung, Verschiffen $ 1.10 je Mille . $ 55.—

$ 2305.—

Einkaufskommission $2\frac{1}{2}\%$ . . . . . .   ,,   57.63

$ 2362.63

Wechselspesen $\frac{1}{2}\%$ (im 100) . . . . .   ,,   11.87

$ 2374.50

trassiert 60 Tg. Sicht zu $23\frac{3}{8}$ (tel quel) $\mathscr{R}\mathscr{M}$ 10158.30

Übertrag: $\mathcal{RM}$ 10158.30

Unkosten in Hamburg:

Seefracht	$\mathcal{RM}$ 316.90	
Seeversicherung $\frac{1}{2}\%$ auf $\mathcal{RM}$ 12372.50[1])	„ 61.85	
Platzspesen	„ 31.75	
	$\mathcal{RM}$ 410.50	

Unkosten in Leipzig:

Bahnfracht von Hamburg	$\mathcal{RM}$ 52.25	
Abfuhrgebühr	„ 4.50	
Zoll auf 315 kg zu $\mathcal{RM}$ 2700.— für 100 kg	„ 8505.—	
Zollspesen	„ 3.25	„ 8976.50
Bezugspreis		$\mathcal{RM}$ 19133.80

b) Die auf die **Stückzahl** (50 Mille) zu verteilenden **Mengenspesen** sind:

$\$\ 55.— $ zu $23\frac{3}{8} = \mathcal{RM}\ 235.30 + 348.65 + 8565.— = \mathcal{RM}\ 9148.95$; auf 1 Mille kommen somit 182,979 $\mathcal{RM}$.

c) Die Wertspesen betragen:

$\$\ 57.63 + 11.87 = \$\ 69.50$ zu $23\frac{3}{8}$	$= \mathcal{RM}$ 297.33
$+\ \mathcal{RM}$ 61.85	„ 61.85
	$\mathcal{RM}$ 359.18

Sie lasten auf dem reinen Wert der Ware

von $\$\ 2250.—$ zu $23\frac{3}{8} = \mathcal{RM}\ 9625.65$, d. s. **3,7315 %**.

d) Kalkulation der einzelnen Sorten.

	110 $\$$	80 $\$$	60 $\$$	40 $\$$	28 $\$$	25 $\$$	34 $\$$	20 $\$$	Summe
	$\mathcal{RM}$	$\mathcal{RM}$	$\mathcal{RM}$	$\mathcal{RM}$	$\mathcal{RM}$	$\mathcal{RM}$	$\mathcal{RM}$	$\mathcal{RM}$	$\mathcal{RM}$
Fakturbetrag (zu $23^3/_8$)	2352.95	1711.25	1283.40	855.60	1197.85	1069.50	727.30	427.80	9625.65
Wertspesen (3,7315 %)	87.79	63.84	47.89	31.93	44.70	39.91	27.14	15.96	359.16
Stückspesen (182,979 $\mathcal{RM}$)	914.89	914.89	914.89	914 89	1829.80	1829.80	914.89	914.89	9148.94
	3355.63	2689.98	2246.18	1807.42	3072.35	2939.21	1669.33	1358.65	19133.75
folglich kostet 1 Mille	671.12	538.—	449.24	360.48	307.24	293.92	333.87	271.73	—

Die letzte Spalte zeigt die Summen der sämtlichen Einzelbeträge. Sie stimmen mit der ersten Aufstellung der Kalkulation, sowie mit den Spesen fast genau überein, ergeben also die arithmetische Richtigkeit der Kalkulation.

---

1) Dieser Betrag ist folgendermaßen berechnet:

$\$\ 2374.50$ zu 5 $\mathcal{RM}$	$\mathcal{RM}$ 11872.50
Dazu 10 $\mathcal{RM}$ je Mille Kosten .	„ 500.—
	$\mathcal{RM}$ 12372.50

An Stelle der Gewichtsspesen haben wir hier Stückspesen treten lassen. Ganz richtig ist das freilich nur, wenn die Gewichte genau der Stückzahl proportional sind. Das trifft nicht immer zu; sind z. B. unter den Zigarren kleine Formen, so tragen sie nach unserer Kalkulation etwas zu hohe Anteile an der Fracht und insbesondere auch an dem Zoll, der in Wirklichkeit nach dem Gewicht berechnet wird.

Würde man bei dieser Kalkulation sämtliche Spesen als Wertspesen behandeln, so würde sich nach der Preismethode 1 $ Fakturbetrag mit sämtlichen Spesen stellen auf (19133.80 : 2250 =) 8,5039 $\mathcal{RM}$, und man hätte dann nur den Dollarpreis jeder einzelnen Sorte mit dieser Zahl zu multiplizieren. Dann würden die einzelnen Sorten sich wie folgt stellen:

110 $	80 $	60 $	40 $	28 $	25 $	34 $	20 $
$\mathcal{RM}$ 935.43	680.31	510.23	340.16	204.09	212.60	289.13	170.08

Diese Ergebnisse weichen von denen der richtigen Kalkulation in der Weise ab, daß die teueren Sorten sich zu hoch, die billigeren aber zu niedrig im Preise stellen; das muß der Fall sein, weil die ersteren, obwohl ihr Gewicht nicht wesentlich größer ist, doch erheblich größere Unkosten an Zoll, Fracht usw. tragen.

Umgekehrt würden, wenn man alle Spesen als Stückspesen behandelte, die billigeren Sorten etwas zu hohe, die teueren Sorten etwas zu niedrige Preise erhalten, weil von den (allerdings nicht sehr hohen) Wertspesen die billigeren Sorten ungleich stärker belastet würden.

2. Beispiel.

Leipzig bezieht von Genf Spitzen und Spitzenstoffe:

```
3 St. =  99 m   8 cm br. Dentelle Chantilly zu 60 cs. . Frs.  59.40
3  „  = 105  „  10  „  „      do.          „ 80  „  .  „    84.—
3  „  =  99  „  13  „  „      do.        zu Frs. 1.05 .  „   103.95
2  „  =  43,6 „  70  „  „  Laize Chantilly  „   „  6.50 .  „   283.40
                                                   Frs. 530.75
                   ab 15 % . . . . . . . . . . . .   „    79.60
                                                   Frs. 451.15

3 St. = 99 m  7 cm br. Dentelle noire zu 1.10 Frs. 108.90
3  „  = 99  „  9  „  „      do.          „ 1.25  „  123.75
3  „  = 99  „ 12  „  „      do.          „ 1.60  „  158.40
                                            Frs. 391.05
                   ab 20 % . . . . .  „   78.20     „  312.85

1 St. = 13,50 m Laize soie noire 70 cm br. zu 9.40 Frs. 126.90
                   ab 15% . . . . . . .  „   19.05
                                            Frs. 107.85
                   ab 8 % . . . . . .  „    8.60     „   99.25
                                                   Frs. 863.25
                   Verpackung . . . . . . . . .  „    3.—
                                                   Frs. 866.25
                   Kommission 2 %  . . . . .  „   17.35
                                                   Frs. 883.60
```

Leipzig deckt durch Rimessen auf Genf zu 81.— . . . *ℛℳ* 715.72
Sämtliche Bezugsspesen . . . . „   8.23
Eingangszoll wie unten angegeben . . . . „   49.75

             ℛℳ 773.70
     Zinsverlust $7\frac{1}{2}\%$ auf 4 Mon. (= $2\frac{1}{2}\%$) . . „   19.35

             ℛℳ 793.05

Eingangszoll auf:
303 m seidene Spitzen, 4 kg zu 800 *ℛℳ* für 100 kg . . *ℛℳ*   32.—
     (303 m zu 10,5 *Rpf* . . . *ℛℳ* 31.82)
57,1 m seidenen Spitzenstoff, 2 kg zu 800 *ℛℳ* für 100 kg „   16.—
     (57,1 m zu 28 *Rpf* . . . *ℛℳ* 15.99)
297 m wollene Spitzen, 0,5 kg zu 350 *ℛℳ* für 100 kg . „   1.75
     (297 m zu 0,6 *Rpf* . . . *ℛℳ* 1.78)

657,1 m   *ℛℳ*   49.75

Die nach verschiedenen Sätzen berechneten Eingangszölle sind als besondere Spesen anzusehen.

Die allgemeinen Spesen bestehen in

a) Mengenspesen:

Verpackung, 3 Frs. zu 81 = *ℛℳ* 2.43; + sämtl. Bezugsspesen (*ℛℳ* 8.23) = *ℛℳ* 10.66, somit Satz für 1 m = (1066 : 657,1 =) 163 *Rpf*.

b) Wertspesen: Kommission + Zinsverlust. Da beide durch bequeme Prozentsätze dargestellt sind, schlägt man sie am besten an entsprechender Stelle einzeln zu.

Die Kalkulation der einzelnen Sorten wird daher so durchgeführt:

	seid. Spitzen 8 cm	seid. Spitzen 10 cm	seid. Spitzen 13 cm	s. Sp.-Stoff 70 cm	wollene Spitzen 7 cm	wollene Spitzen 9 cm	wollene Spitzen 12 cm	s. Sp.-Stoff 70 cm	Addition
	Frs.	Frs.	Frs.	Frs.	Frs.	Frs.	Frs.	Frs.	Frs.
Fakturbetrag	59.40	84 —	103 95	283.40	108.90	123.75	158.40	126.90	1048.70
ab 15%*; ab 20%†.	*8 91	*12 60	*15.59	*42 51	†21.78	†24.75	†31.68	*19.05	176.87
ab 8%	50.49	71.40	88.36	240.89	87.12	99.00	126.72	107.85	871.83
								8.60	8.60
								99 25	863.23
Kommission 2%₀ . . .	1.01	1.43	1.77	4.82	1.74	1.98	2.53	1.99	17.27
	51.50	72.83	90.13	245 71	88 86	100.98	129.25	101.24	880 50
	ℛℳ	*ℛℳ*	*ℛℳ*	*ℛℳ*	*ℛℳ*	*ℛℳ*	*ℛℳ*	*ℛℳ*	*ℛℳ*
zu 81 . .	41.72	58.99	73.—	199.03	71.98	81.79	104.69	82.—	713.20
Spesen 1.63 *Rpf* je m.	1.61	1.71	1.61	0.71	1.61	1.61	1.61	0.22	10.69
Zoll	10.40	11.03	10 40	12.21	—.59	—.59	—.59	3.78	49.59
	53 73	71 73	85 01	211.95	74.18	83.99	106.89	86.—	773.48
Zinsverlust $2^1/_2\%$ . . .	1.34	1.79	2.13	5.30	1.85	2 10	2.67	2.15	19.33
	55.07	73.52	87.14	217.25	76.03	86.09	109 56	88.15	792.81
Preis für 1 m	55.6 *Rpf*	70 *Rpf*	88 *Rpf*	*ℛℳ* 4.98	76.8 *Rpf*	86.9 *Rpf*	110.7 *Rpf*	*ℛℳ* 6.53	

                             Kalkulationsdifferenz . . .   —.24
                                         (wie oben) 739.05

Übungsaufgaben. § 88 (Fortsetzung).

In den folgenden Aufgaben sind die allgemeinen Unkosten in Gewichts- und Wertspesen zu trennen; im Zweifelsfalle (Porto usw.) rechne man sie zu den Gewichtsspesen.

16. Gera bezieht aus Hamburg (Preise für 50 kg N^{tto}):

25 Sack Santoskaffee, B^{tto} 1527 kg, T^a 1 kg je Sack, zu $\mathscr{RM}$ 96.—,
30 Sack Kakao, B^{tto} 2192 kg, T^a 1 kg je Sack, zu $\mathscr{RM}$ 124.50.
Die Gewichtsspesen betragen $\mathscr{RM}$ 168.70, die Wertspesen $\mathscr{RM}$ 224.60.

a) Berechne den Gesamtbezugspreis der Sendung.

b) Welcher Gewichtsspesensatz (für 100 kg B^{tto}) ergibt sich?

c) Welcher Prozentsatz ergibt sich für die Wertspesen?

d) Wie hoch stellt sich $\frac{1}{2}$ kg jeder Ware, wenn für Kaffee 1 %, für Kakao $1\frac{1}{2}$ % Gewichtsverlust (vom Nettogewicht) einzurechnen ist?

17. Mainz bezieht aus Rotterdam (Preise für $\frac{1}{2}$ kg N^{tto}):

25 Sack weißen Pfeffer, B^{tto} 1344 kg, T^a 1 kg je Sack, zu 72 cs.
50 Sack schwarzen Pfeffer, B^{tto} 2693 kg, T^a 1 kg je Sack, zu 51 cs.
Die Gewichtsspesen betragen hfl. 24.50 und $\mathscr{RM}$ 319.30, die Wertspesen hfl. 41.80 und $\mathscr{RM}$ 132.75. Umrechnungskurs 169.10. Einzurechnender Gewichtsverlust 1 % (vom Nettogewicht).
Beantworte die in Aufg. 16 gestellten vier Fragen!

18. Leipzig bezieht von Chicago 200 Ballen Rotklee (red clover):

100 Ballen I, B^{tto} 16818 lbs., T^a 1 kg je Ballen, zu $\mathscr{RM}$ 57.— für 50 kg;
100 Ballen II, B^{tto} 17393 lbs., T^a 1 kg je Ballen, zu $\mathscr{RM}$ 53.50 für 50 kg ($110\frac{1}{2}$ lbs. = 50 kg). Diskont $1\frac{1}{2}$ %. Umrechnungskurs 4.25. Fracht bis Hamburg $\mathscr{RM}$ 768.60. Seeversicherung $\frac{1}{2}$ % auf $\mathscr{RM}$ 19300.—. Hamburger Spesen $\mathscr{RM}$ 42.—; Übernahmefracht Hamburg-Leipzig (Haus) auf 15600 kg zu $\mathscr{RM}$ 3.40 für 100 kg; Flußversicherung 2 ‰ auf $\mathscr{RM}$ 19300.—; 6 % Lagerzinsen auf 3 Mon. In Leipzig gewogen: Nr. I B^{tto} 7659 kg, T^a 1 kg je Bll., Ggw. 38 kg; Nr. II B^{tto} 7913 kg, T^a 1 kg je Bll., Ggw. 39 kg. Wie hoch stellen sich 50 kg von jeder Sorte?

19. Halle a. S. bezieht von Smyrna über Triest:

500/4 Kisten Sultaninen, B^{tto} 5770 kg, T^a 640 kg, zu $\mathscr{RM}$ 54.60,
40 Ballen Haselnußkerne, B^{tto} für N^{tto}, 3200 kg zu $\mathscr{RM}$ 104.40. (Die Preise verstehen sich für 100 kg N^{tto}.)
Diskont $1\frac{1}{2}$ %. Spesen: Seefracht Smyrna—Triest auf 8970 kg zu $\mathscr{RM}$ 1.85 für 100 kg; Umschlagkosten in Triest 35 $\mathscr{Rpf}$ für 100 kg, kleine Kosten $\mathscr{RM}$ 5.20. Fracht bis Halle $\mathscr{RM}$ 4.92 für 100 kg; Entladen usw. $\mathscr{RM}$ 6.—; Seeversicherung 3 ‰ auf $\mathscr{RM}$ 6700.—; Zoll auf Sultaninen B^{tto} 5765 kg, T^a 10 %, zu $\mathscr{RM}$ 24.— für 100 kg,

auf Haselnußkerne von 3180 kg zu RM 4.— für 100 kg. Rollgeld auf 9000 kg zu 30 Rpf für 100 kg. Lagerzinsen 7% für 2 Mon. In Halle gewogen: Rosinen B$^\text{tto}$ 5765 kg, T$^\text{a}$ 650 kg; Haselnußkerne 3180 kg, T$^\text{a}$ 1½ kg je Ballen. Wie hoch stellen sich 50 kg jeder Ware?

Die Gewichtsspesen verteile man nach dem in Halle ermittelten Bruttogewicht; die Zölle sind als besondere Spesen zu behandeln.

20. Java-Kaffee von Amsterdam nach Leipzig:

40 Sack Nr. 1, B$^\text{tto}$ 2467½ kg, T$^\text{a}$ 1½ kg je Sack, zu 56.25 cs. für ½ kg, 18 Sack Nr. 4, B$^\text{tto}$ 1132½ kg, T$^\text{a}$ 1½ kg je Sack, zu 50 cs. für ½ kg. Maklergeb. ½%; Empfangen, Wiegen usw. fl. 11.80, Muster und Porto fl. 3.20; Kommission (vom Ganzen) 1½%. Umzurechnen zu 170. Fracht bis Leipzig auf 3600 kg zu RM 5.50 für 100 kg; Entladen, Deklaration RM 3.80, Rollgeld 45 Rpf für 100 kg; Zoll auf B$^\text{tto}$ 3598 kg, T$^\text{a}$ 1½% zu RM 130.— für 100 kg. Gewicht in Leipzig: Nr. 1 B$^\text{tto}$ 2467 kg, T$^\text{a}$ 1 kg je Sack, Nr. 2 B$^\text{tto}$ 1132 kg, T$^\text{a}$ 1 kg je Sack. Wie teuer stellt sich ½ kg von jeder Sorte?

Für die Gewichtsspesen soll das Leipziger Bruttogewicht maßgebend sein.

21. Dresden bezieht von London über Hamburg:

50 Ballen Piment, B$^\text{tto}$ Cwts. 58.3.12, T$^\text{a}$ 3 lbs. je Blln., zu 6$\frac{7}{8}$ d je lb. 60 Sack schw. Pfeffer, B$^\text{tto}$ Cwts. 66.—.18, T$^\text{a}$ 2 lbs. je Sck., zu 7½ d je lb. Spesen in London: Wechselspesen 10 s 7 d. Remittiert zu 20.44 Spesen in Hamburg: Fracht von London nach Hamburg einschl. sämtlicher Spesen a/6300 kg zu RM 1.50 für 100 kg (Übernahmepreis). Seeversicherung ¼% a/RM 9300.—. Fracht von Hamburg nach Dresden a/6300 kg zu RM 2.10 für 100 kg; Eingangszoll auf den Piment von B$^\text{tto}$ 2902 kg, T$^\text{a}$ 2%, auf den Pfeffer von B$^\text{tto}$ 3396 kg, T$^\text{a}$ 2%, zu 50 RM für 100 kg für beide Waren. Sämtliche Platzspesen 65 Rpf für 100 kg auf 6300 kg B$^\text{tto}$. Zinsverlust 7% auf 3 Mon. In Dresden gewogen: Piment, B$^\text{tto}$ 2900 kg, T$^\text{a}$ 1 kg je Ballen; Pfeffer 3396 kg, T$^\text{a}$ 1 kg je Sack. Wie hoch stellt sich ½ kg von jeder Ware?

22. Leipzig bezieht von Bari:

14 Faß Olivenöl, B$^\text{tto}$ 2050 kg, T$^\text{a}$ 404 kg, zu RM 130.— %kg. 60 Bll. süße Mandeln, gew. 6000 kg zu RM 210.— %kg fob Bari. Diskont 1¼% (nur auf die Mandeln). Spesen: Fracht Bari—Triest auf 8050 kg zu 84½ Rpf für 100 kg; Seeversicherung ¼% auf RM 17000.— Umschlagspesen in Triest 30 Rpf für 100 kg; Porti und kleine Kosten RM 1.30; Ausbesserungskosten auf Olivenöl RM 15.50; Fracht Triest—Leipzig RM 5.70 für 100 kg; Entladen, Deklarieren in Leipzig RM 6.50; Zoll auf Mandeln, B$^\text{tto}$ 5995 kg, zu RM 4.— für 100 kg.

(Olivenöl ist nach dem geltenden Tarife zollfrei.) Lagerzinsen 6%
auf 3 Mon. In Leipzig ermitteltes Gewicht: Olivenöl B^{tto} 2049 kg,
T^a 404 kg; Mandeln B^{tto} 5991 kg. Wie hoch stellen sich ½ kg Öl
und 50 kg Mandeln?

Für die Gewichtsspesen ist das Faktur-Bruttogewicht maßgebend. Besondere Spesen!

23. Zwickau bezieht Kaffee von London (Preise je Cwt.):
44 Sack Java-Kaffee, B^{to} Cwts. 67.1.10, T^a Cwts. 2.1.2, zu 98/-
13 Sack Rio-Kaffee, B^{tto} Cwts. 17.3.1, T^a Cwts. —.1.24 zu 90/-
Diskont 1%. Spesen: Maklergeb. £ 1.10.9; Zollhausspesen £ —.10.6;
Verschiffungskosten £ 2.9.8; Muster und Porti £ —.16.10. Vom Ganzen 2% Kommission. Umzurechnen zu 20.50. Spesen in Hamburg:
Seeversicherung 2⁰/₀₀ auf $\mathscr{RM}$ 9000.—, Seefracht auf 85 Cwts. zu
8/6 d für 20 Cwts. zu 20.50; Platzspesen $\mathscr{RM}$ 12.95. Übernahmefracht Hamburg-Zwickau $\mathscr{RM}$ 5.60 für 100 kg auf 4400 kg; Flußversicherung 1⁰/₀₀ auf $\mathscr{RM}$ 9000.—. Kleine Spesen $\mathscr{RM}$ 2.20. Zoll
auf B^{tto} 4363 kg, T^a 1½%, zu $\mathscr{RM}$ 130.— für 100 kg N^{tto}. In Zwickau
gewogen: 44 Sack B^{tto} 3459 kg, T^a 2 kg je Sack; 13 Sack B^{tto}
903 kg, T^a 1 kg je Sack. Wie stellt sich ½ kg von jeder Sorte?

24. Leipzig bezieht von Mazamet (Frankreich) folgende cf Hamburg
gehandelte Blößen[1]):

10 Ballen Agneaux petits (kleine Lammfelle) je 104 Dtz. (B^{tto}
1622 kg) zu Frs. 17.50 das Dutzend;

10 Ballen Agneaux moyens (mittlere L.) je 75 Dtz. (B^{tto} 2170 kg)
zu Frs. 35.— das Dutzend;

6 Ballen Agneaux grands (große L.) je 72 Dtz. (B^{tto} 1426 kg)
zu Frs. 47.50 das Dutzend. Ab 3% Diskont. Remittiert zu 16.20;
Wechselspesen 1¾⁰/₀₀. Versicherung ¼% auf $\mathscr{RM}$ 11000.—. Spesen
in Hamburg: Löschen und Wiegen zu 22 $\mathscr{Rpf}$ für 100 kg auf 5220 kg;
kleine Kosten $\mathscr{RM}$ 2.05.

Die Agneaux petits gehen in Sammelladung nach Leipzig. Spesen
hierauf: Übernahmefracht $\mathscr{RM}$ 3.08 für 100 kg; kleine Spesen
$\mathscr{RM}$ 3.05. Die Agneaux moyens gehen mit Elbkahn nach Wallwitzhafen und von da mit der Bahn nach Leipzig. Spesen darauf: Übernahmefracht $\mathscr{RM}$ 1.70 für 100 kg; kleine Spesen $\mathscr{RM}$ 2.90.

Die Agneaux grands werden in Hamburg auf Lager genommen und
dort verkauft. Lagerspesen 40 $\mathscr{Rpf}$ für 100 kg; Feuerversicherung
$\mathscr{RM}$ 2.75. Wie hoch stellt sich der Bezugspreis für 100 Stück von
jeder Sorte? (Wert-, Gewichts- und besondere Spesen.)

---

1) Durch ein Schwitzverfahren entwollte Lammfelle.

***25.** **Englische Tuche nach Leipzig.** Zahlungsbedingungen: 30 Tage Kasse oder Scheck mit $2\frac{1}{2}\%$ Diskont, $\div\frac{1}{37}$ Obermaß.[1]

1 Stück	Coating	$\frac{6}{4}$ Breite	. . . . .	$31\frac{5}{8}$ Yards zu	5/7		
1	,,	,,	$\frac{6}{4}$,,	$31\frac{1}{8}$ Yards			
1	,,	,,	$\frac{6}{4}$,,	$29\frac{1}{8}$,,			
1	,,	,,	$\frac{6}{4}$,,	$27\frac{1}{8}$,,	$87\frac{3}{8}$ Yards zu	6/-	
1	,,	,,	$\frac{6}{4}$,,	. . . . $28\frac{5}{8}$,,	,,	5/8	
1	,,	,,	$\frac{6}{4}$,,	. . . . $31\frac{3}{4}$,,	,,	5/5	
1	,,	Buckskin	$\frac{3}{4}$,,	41　Yards			
1	,,	,,	$\frac{3}{4}$,,	$41\frac{1}{8}$,,	$82\frac{1}{8}$,,	,,	2/9
1	,,	Cover Coating	$\frac{6}{4}$ Breite	. . $30\frac{3}{4}$,,	,,	6/-	
1	,,	,, ,,	$\frac{6}{4}$,,	. . $33\frac{1}{8}$,,	,,	5/9	
1 Coup.	Pattern Tweed	$\frac{6}{4}$,,	. . $3\frac{3}{8}$,,	,,	5/9		
1	,,	,, ,,	$\frac{6}{4}$,,	. . $3\frac{3}{8}$,,	,,	6/-	

Aufmachen 10/6 d, Verpacken 5/- d. 2% Kommission (vom Ganzen). Umzurechnen zu 20.45. Zoll a/134 kg zu $\mathcal{RM}$ 1.50. Konnossementstempel 1 $\mathcal{RM}$. Fracht nach Leipzig $\mathcal{RM}$ 9.35. Wie hoch stellt sich 1 m von jeder Sorte einschl. 5% Lagerspesen (1 Yd. = 92 cm).

Zunächst sind sämtliche Spesen auf die Yardzahl zu $\frac{6}{4}$ Breite zu verteilen und auf 1 m zu berechnen. Sodann sind die einzelnen Stücke so zu kalkulieren, daß der Yardpreis in deutsche Währung zu 20.45 umgerechnet wird, hiervon $2\frac{1}{2}\%$ Diskont abgezogen, dazu die Maßdifferenz von 8% [2] addiert und schließlich die zuerst ermittelten Kosten zugeschlagen werden. Auf diesen Preis rechnet man die 5% Lagerspesen.

Der Eigentümlichkeit des Falls wegen geben wir das Schema für das erste Stück an:

1 St. Coating $\frac{6}{4}$ breit $31\frac{5}{8}$ Yds. Yardpreis 5/7 d zu 20.45 $=$ $\mathcal{RM}$ . . . . .

$\div$ Diskont $2\frac{1}{2}\%$ . . . . ,, ...

$\mathcal{RM}$ . . . . .

$+ 8\%$ Maßdifferenz . . . . ,, ...

$\mathcal{RM}$ . . . . .

$+$ Spesen für 1 m . . . . . . ,, ...

$\mathcal{RM}$ . . . . .

$+ 5\%$ Lagerspesen. . . . . . ,, ...

Preis für 1 m . . . . $\mathcal{RM}$ . . . .

---

1) Eine Zugabe von einem Inch auf 1 Yard (= 36 Inches). Diese Vergütung bleibt auf die Kalkulation aber ohne Einfluß, weil sie beim Ausschneiden des Tuches wieder verloren geht.

2) Müßte eigentlich im Hundert gerechnet werden, was aber in der Praxis kaum geschieht.

B. Verkaufskalkulationen.

1. Verkauf ohne Vermittler.

1. Wiederhole Teil I S. 133—137 und 203 und beachte aufs neue:

a) Bezugspreis $+$ allgem. Geschäftsunkosten $=$ Selbstkostenpreis.

b) Selbstkostenpreis $+$ Gewinn $=$ reiner Verkaufspreis.

c) Reiner Verkaufspreis $+$ zu gewährende Preisabzüge $=$ erhöhter Verkaufspreis (Rechnungsbetrag).

Bei Inlandsverkäufen ist bei b) und c) die Umsatzsteuer (z. Zt. $\frac{3}{4}\%$) noch einzurechnen (im Hundert).

In der Praxis wird der reine Verkaufspreis häufig in der Weise ermittelt, daß Geschäftsunkosten und Gewinn, in einem Prozentsatze zusammengefaßt, dem Bezugspreis zugeschlagen werden.

Übungsaufgaben. § 89.

1. Der Empfänger der Reissendung (vgl. Beispiel S. 172) rechnet mit $8\frac{1}{2}\%$ Geschäftsunkosten und 11% Gewinn. Zu welchem Preise für 50 kg bietet er seinen Kunden Java-Reis, frei ab Lager, an

a) ohne Abzug gegen Kasse?
b) Ziel 3 Mon. oder gegen Kasse mit $2\frac{1}{2}\%$ Skonto? $\Big\}$ Umsatzsteuer $\frac{3}{4}\%$.

2. Zu welchem Preise, frei ab Lager, Ziel 2 Mon. oder bei sofortiger Zahlung $1\frac{1}{2}\%$ Skonto, verkauft Zwickau 1 kg Mohnöl (vgl. Aufg. 1, S. 172), wenn es mit $9\frac{1}{2}\%$ Geschäftsunkosten und 12% Gewinn rechnet? Umsatzsteuer $\frac{3}{4}\%$.

3. Zu welchem Preise, frei ab Lager, Ziel 30 Tage ohne Abzug, bei Barzahlung 1% Skonto, bietet Leipzig 100 kg holl. Kümmel (vgl. Aufg. 2, S. 173) an, wenn es für Geschäftsunkosten und Gewinn 21% zuschlägt und $\frac{3}{4}\%$ Umsatzsteuer einrechnet?

4. Leipzig bietet die in Aufg. 2 (S. 173) berechnete Mohnsaat Plauen an. Geschäftsunkosten und Gewinn $18\frac{1}{2}\%$; Zahlungsbedingungen: Ziel 3 Mon., bei Barzahlung $2\frac{1}{2}\%$ Skonto; Lieferung frei Bahnhof Plauen. Zu welchem Preise für 100 kg N^{tto} erfolgt das Angebot, wenn 40 $\mathscr{Rpf}$ Rollgeld und $\mathscr{RM}$ 2.49 Fracht für je 100 kg B^{tto} einzurechnen sind? (Für 100 kg N^{tto} sind 110 kg B^{tto} zu rechnen.) Umsatzsteuer $\frac{3}{4}\%$.

5. Der Selbstkostenpreis von weißem Emaillelack stellt sich bei einer Leipziger Lackfabrik auf $\mathscr{RM}$ 155.— für 100 kg N^{tto}. Wie stellt sich der Verkaufspreis fob Hamburg mit 5% Diskont (Skonto)? Gewinn 12%. Übernahmefracht Leipzig—Hamburg $\mathscr{RM}$ 5.10 für 100 kg B^{tto} (100 kg N^{tto} entsprechen 120 kg B^{tto}); Hamburger Spesen 40 $\mathscr{Rpf}$ für 100 kg B^{tto}. (Keine Umsatzsteuer, da Ausfuhr.)

2. Verkauf durch einen Kommissionär.

In den folgenden Aufgaben ist der Mindestverkaufspreis (Limit) zu berechnen, den der Kommittent seinem Kommissionär stellt.

6. Gera sendet nach Kalkutta zum kommissionsweisen Verkauf 60 Stück = 1710 m Flanell, dessen Verkaufspreis sich auf $\mathcal{RM}$ 1.25 fob Hamburg gegen sofortige Kasse abzügl. 2 % Skonto stellt. Kosten: Seefracht auf 1,8 cbm zu $\mathcal{RM}$ 40.— je cbm; Versicherung $\frac{3}{4}$% auf $\mathcal{RM}$ 2400.—; kleine Spesen $\mathcal{RM}$ 5.25. Auf das Ganze $7\frac{1}{2}$ % Zinsverlust für 8 Mon. und 10% Risikoprämie (zus. also 15%). Umrechnungskurs 1 Rupie = $\mathcal{RM}$ 1.35. Kosten in Kalkutta: 5 % Eingangszoll (vom umgerechneten Betrag); kleine Spesen 4 Rup.; vom Ganzen 8% (im Hundert) Verkaufsspesen. Welcher Mindestverkaufspreis (in Rupien für 1 Yd.) schreibt Gera dem Kommissionär vor? (1 Yd. = 91,4 cm).

7. Leipzig konsigniert nach Smyrna 2 Ballen mit (zus.) 40 Stück = 820 m Tuch, das es zu $\mathcal{RM}$ 9.50 je m mit 2 % Skonto gekauft hat. Spesen: Fracht Leipzig-Smyrna $\mathcal{RM}$ 7.30 für 100 kg auf 430 kg; kleine Kosten $\mathcal{RM}$ 4.—; Versicherung $\frac{1}{2}$ % auf 8500 $\mathcal{RM}$. Umzurechnen zu 2.20 ($\mathcal{RM}$ für 1 türk. Pfd.). Kosten in Smyrna: Eingangszoll 8% auf 3505 türk. Pfd.; kleine Spesen türk. Pfd. 2.50. Vom Ganzen $7\frac{1}{2}$ % Zinsverlust für 6 Mon. und 15% Gewinn (beides vom gleichen Betrage). Auf das Ganze $6\frac{1}{4}$% Verkaufskommission. Welchen Mindestverkaufspreis (in türk. Pfd. für 1 m) stellt Leipzig dem Kommissionär?

8. Ein Ausfuhrhaus in Köln konsigniert über Hamburg nach Alexandria: 2 Kisten mit je 6 Stück Wanduhren (Regulateure), die es zu $\mathcal{RM}$ 36.75 je Stück netto Kasse frei Hamburg berechnet hat. Größe der Kisten: je $123\times104\times56$ cm; Gewicht: je B$^\text{tto}$ 135 kg, N$^\text{tto}$ 69 kg. Ferner mit gleichem Dampfer auf demselben Konossement: 1 Ballen mit 12 Stück = 290,8 m Tuch zu $\mathcal{RM}$ 5.25 für 1 m frei Hamburg; B$^\text{tto}$ $218\frac{1}{2}$ kg, N$^\text{tto}$ $203\frac{1}{2}$ kg; Größe des Ballens: $46\times170\times72$ cm. Seefracht für die Uhren $\mathcal{RM}$ 34.50 je cbm, für die Tuche $\mathcal{RM}$ 46.— je cbm. Auf Grund der Speditionsrechnung entfallen an Hamburger Platzspesen auf die Uhren $\mathcal{RM}$ 5.40 und auf die Tuche $\mathcal{RM}$ 3.75; die gemeinsamen Spesen betragen: Versicherung $\frac{7}{8}$% auf $\mathcal{RM}$ 2300.—, kleine Unkosten $\mathcal{RM}$ 3.25. Umrechnungskurs 20.80 (für 1 äg. Pfd.). Zinsverlust und Risikoprämie $12\frac{1}{2}$ %. Verkaufskommission (einschl. kleiner Spesen) 5%. Welchen Mindestverkaufspreis bestimmt Köln dem Kommissionär?

Anm. Die gemeinsamen Spesen verteile man auf die um die besonderen Spesen vermehrten Einkaufsbeträge; Gewinn (vom 100) und Kommission (im 100) schlage man je einzeln zu.

C. Einkaufskalkulationen.

In den folgenden Aufgaben ist zu ermitteln, wie teuer höchstens eine Ware unter Berücksichtigung eines gegebenen Bezugspreises einzukaufen ist.

Übungsaufgaben. § 90.

1. Leipzig will 200 Tonnen (= ca. B^{tto} 30000 kg) Vollheringe aus Schottland so beziehen, daß sich die Tonne verzollt frei Leipzig auf $\mathcal{RM}$ 45.— stellt. Zu wieviel Schilling und Pence cif Hamburg muß es die Tonne einkaufen, wenn der Verkäufer unter Einrechnung von $\frac{1}{2}$ % Deckungsspesen zu 20.45 trassiert und folgende Unkosten zu berücksichtigen sind: Übernahmefracht ab Dampfer in Hamburg über Wallwitzhafen nach Leipzig $\mathcal{RM}$ 4.10 für 100 kg; Versicherung $\frac{1}{4}$ % auf $\mathcal{RM}$ 7600.—; Zoll $\mathcal{RM}$ 3.— je Tonne; Zollspesen $\mathcal{RM}$ 7.50.

Anm. Am leichtesten verständlich wird die Rechnung, wenn man das Schema der Bezugskalkulation aufstellt und vom gegebenen Bezugspreise her, rückwärtsschreitend, ausfüllt. (Beachte die Pfeilrichtung.) Also:

```
200 Tonnen Vollheringe zu . . . . (s und d) cif Hamb. = £    . . . .
                                  ½% Deckungsspesen = „    . . . .
                                        zu ℛℳ 20.45 . . £    . . . .
  ⎧ Fracht ℛℳ 4.10 für 100 kg a/30000 kg = ℛℳ 1230.—    ℛℳ  . . . .
+ ⎨ Versicherung ¼% a/ℛℳ 7600.— . . =  „      19.—
  ⎪ Zoll ℛℳ 3.— je Tonne . . . . . . =  „     600.—
  ⎩ Zollspesen . . . . . . . . . . . =  „       7.50       „    1856.50
                    200 Tonnen kosten . . . . . . . ℛℳ    . . . .
                    1 Tonne kostet . . . . . . . . . „        45.—
```

2. Dresden beauftragt Rotterdam, 50 Sack Preanger-Kaffee zu kaufen. Auf wieviel Cents (1 Dezim.) je $\frac{1}{2}$ kg, Ziel 3 Mon., muß es den Preis limitieren, wenn sich $\frac{1}{2}$ kg N^{tto} verzollt frei Dresden auf $\mathcal{RM}$ 1.75 stellen soll?. Gewicht B^{tto} ca. 3050 kg, T^a $1\frac{1}{2}$ kg je Sack; Auktionskosten in Rotterdam 1 %; Diskont $1\frac{1}{2}$ %; Maklergeb. $\frac{1}{2}$ % (vom Betrage einschl. Auktionskosten), sonstige Spesen ca. hfl. 14.—. vom Ganzen $1\frac{1}{2}$ % Provision. — Ausgleich zu $\mathcal{RM}$ 169.10. Fracht bis Dresden $\mathcal{RM}$ 7.20 für 100 kg, Zoll auf B^{tto} 3048 kg, T^a $1\frac{1}{2}$ %; zu $\mathcal{RM}$ 130.— für 100 kg N^{tto}, Abfuhr 40 $\mathcal{Rpf}$ für 100 kg, kleine Spesen $\mathcal{RM}$ 12.—. Für die Feststellung des Netto-Hausgewichts sind erfahrungsgemäß 2 $^o/_{oo}$ Fehlgewicht, ferner $1\frac{1}{2}$ kg T^a je Sack zu berücksichtigen.

3. Leipzig gibt an Buenos Aires Einkaufsorder auf 150 Blln. Merinowolle zum Limit (Höchstpreise) $\mathcal{RM}$ 3.85 für 1 kg gewaschene Wolle[1]

---

[1] Der Preis wird für gewaschene Wolle limitiert, obwohl die Wäsche erst in Leipzig vorgenommen wird.

cif. Hamburg. Gewicht ca. B^{tto} 66000 kg, T^a 7 kg je Blln., vom Rest noch $1\frac{1}{2}$ % Taradifferenz (Gewicht überall arithmetisch auf ganze kg ab- oder aufzurunden). Welchen Preis in Pesos (Gold) für 1 kg Schweißwolle fob darf Buenos Aires höchstens anlegen, wenn es das Rendement einer vorliegenden Wollepartie (Ertrag an gewaschener Wolle aus Schweißwolle) auf 41 % schätzt, für Seefracht $\mathscr{RM}$ 15.— für 1 cbm (1 Ballen = 1 cbm), für Versicherung $\frac{3}{8}$ % auf $\mathscr{RM}$ 110000.— zu rechnen und auf die Ausgleichstratte $\frac{1}{2}$ % Bankprovision zu berücksichtigen hat? Umrechnungskurs 4 $\mathscr{RM}$ = 1 Goldpeso.

4. Leipzig hat einen von seinem Agenten in Genf erhaltenen Auftrag auf Flanelle auszuführen, und zwar: 6 Stück Nr. 1, ca. 180 m zu Frs. 2.50, 12 Stck. Nr. 2, ca. 360 m zu Frs. 2.30 und 12 Stck. Nr. 3, ca 360 m zu Frs. 2.80 mit 6 % Rabatt (einschl. Verpackung) frei Genf, zahlbar bei Ankunft der Ware gegen 3 Mon.-Tratte auf Genf. Die Ware ist frei Leipzig in Pfennig je Meter mit 2 % Skonto gegen Kasse bei dem Fabrikanten zu bestellen; die Verpackung hat Leipzig mit $\mathscr{RM}$ 10.50, die Fracht nach Genf auf 130 kg mit $\mathscr{RM}$ 11.90 für 100 kg, ferner einen Zinsverlust auf 4 Monate (bis zum Verfall der Tratten) zu 6 % fürs Jahr in Anschlag zu bringen. Der Agent in Genf erhält 3 % Provision vom Nettobetrage der Faktur. Wieviel $\mathscr{Rpf}$ für 1 m kann Leipzig für jede der drei Gattungen bewilligen, wenn es 6 % gewinnen will? Umrechnungskurs 80.—.

Anm. Man stelle das Schema des Verkaufs und das des Bezugs auf. In letzterem: Zinsverlust vom Betrage mit Spesen; Gewinn vom Betrage einschl. Zinsverlust. Den berechneten (zu bewilligenden) Gesamtbetrag verteile man nach Verhältnis der auf die einzelnen Sorten entfallenden Frs.-Erträge.

D. Produktionskalkulationen.

Produktions- oder Erzeugungskalkulationen sind im allgemeinen schwieriger auszuführen als Bezugs-, Verkaufs- und Einkaufskalkulationen, weil der Geldwert der Bestandteile, aus denen der Erzeugungspreis des Produktes zusammengesetzt ist, keineswegs so klar vorliegt, wie dies bei der Kalkulation fertiger Waren hinsichtlich der Bestandteile des Kostenpreises der Fall ist. Beschränkt sich die Produktion auf nur einen Gegenstand, so ist die Kalkulation weniger schwierig, als wenn mehrere Artikel erzeugt werden, und zwar liegt in dem letzteren Falle die Schwierigkeit in der Feststellung des Anteils, den jedes Fabrikat an gewissen allgemeinen Kosten zu tragen hat. Die hauptsächlichsten Kostenteile in der Fabrikkalkulation sind folgende:

1. der Selbstkostenpreis der Rohstoffe;

2. der Aufwand für die Hilfsstoffe;

3. die Arbeitslöhne, auch produktive Löhne genannt;

4. die allgemeinen Fabrikationskosten, wie Feuerungsmaterial, Beleuchtung, Bedienung der Maschinen, Aufwand für Zugvieh, Abnutzung der Maschinen, der Geräte und solcher Baulichkeiten, welche zu keinem anderen Zwecke als dem der Fabrikation verwendbar sind, Kosten der Erhaltung der Gebäude, der Maschinen und Geräte, Feuerversicherung, Steuern und Abgaben, Zinsen für das Anlage- und das Betriebskapital, Gehälter des technischen Personals, Abschreibungen am Werte der Fabrikgebäude, der Maschinen und der Arbeitsgerätschaften usw.;

5. die allgemeinen Verkaufskosten, wie sie auch im Warengeschäft vorkommen.

Die Ermittlung und Verteilung dieser Kosten ist Aufgabe der Betriebsbuchhaltung und -statistik. Über diesen Gegenstand liegt heute ein ausgedehntes Schrifttum vor, auf das hier verwiesen werden muß. Dem folgenden Beispiel der Kalkulation eines Leinengewebes haben wir zum besseren Verständnis einige Bemerkungen vorauszuschicken. (Vgl. auch die weiteren Ausführungen über Garne in Teil III, Seite 137 ff.)

Die bei den deutschen Leinenspinnern gebräuchliche Maßeinteilung bei Leinengarn ist:

1 Schock (= 12 Bündel zu 20 Strähnen oder) = 60 Stck. zu 4 Strähnen zu 10 Gebinden zu 300 Yards, d. i. ca. 274,3 m, 1 Strähn demnach = ca. 2743 m. Die der Preisangabe zugrunde liegende Maßeinheit ist das Schock. Unter Garnnummer versteht man die Anzahl der Gebinde, die auf 1 lb. engl. gehen; so bezeichnet im folgenden Beispiele Garnnummer 25, daß 25 Gebinde des Garns 1 lb. engl. wiegen.[1]

1. Beispiel. Einzelkalkulation.

Erzeugungskalkulation eines glatten, gebleichten Leinengewebes, hergestellt aus gebleichtem Ketten- und Schußgarn Nr. 25.

Breite der fertigen Ware . . . . 85½ cm

Einstellung auf dem Webstuhl . . . . . 92 „ breit

Dichte der fertigen Ware . . . . $\begin{cases} 18\ \text{Kettfäden je cm} \\ 14\ \text{Schußfaden je cm} \end{cases}$

Länge der fertigen Ware . . . . 340 m

Preis des gebleichten Kettengarns Nr. 25 $\mathscr{RM}$ 129.60 je Schock

also = 54 $\mathscr{Rpf}$ „ Strähn

Preis des gebleichten Schußgarns Nr. 25 $\mathscr{RM}$ 115.20 „ Schock

also = 48 $\mathscr{Rpf}$ „ Strähn.

---

1) Die in England gebräuchliche Einteilung ist: 1 Bündel = 20 Strähne zu 10 Gebinde, wie oben. Frankreich benutzt für die Numerierung ein dem metrischen nahestehendes System (vgl. Teil III). Diese verschiedene Einteilung und Numerierung erschwert den Handel in Leinengarn ungemein. Versuche, das metrische System allgemein einzuführen, sind leider bis jetzt gescheitert.

a) Rohmaterial.

Kette: Auf 1 cm gehen 18 Fäden, mithin enthält die Gewebebreite $18 \times 35\frac{1}{2} =$ ca. 1540 Kettenfäden. Bei einer Warenlänge von 340 m sind für Einweben und Troddel etwa 4 % = 14 m Verlust zu rechnen. Folglich werden für 354 m Kettenlänge 354×1540 = 545160 m Garn gebraucht. In der Regel wird für 1 Strähn eine wirkliche Nutzlänge von 2600 m gerechnet. Folglich 545160 : 2600 = rund 210 Strähne zu 54 *Rpf* . . . . *RM* 113.40

Schuß: Auf 1 cm sind 14 Schußfäden vorhanden, mithin werden bei 92 cm Einstellbreite[1]) für 340 m gebraucht $0,92 \times 14 \times 34000 = 437920$ m.

437920 : 2600 = rund 168 Strähne zu 48 *Rpf* . . .   „   80.64

Materialkosten für 340 m . . . . *RM* 194.04

daher für 1 m . . . .   57,1 *Rpf*

b) Erzeugungskosten für 1 m Gewebe.

Löhne:

Spulen der Kette (210 Strähne zu 0,8 *Rpf*
  = *RM* 1.68) . . . .⎫
Spulen des Schusses (168 Strähne zu 1,6 *Rpf*⎬ 1,3 *Rpf*
  = *RM* 2.69) . . . .⎭
Scheren der Kette (354 m zu 0.6 *Rpf* für 1 m
oder *RM* 2.04 für 340 m fertigen Gewebes) 0,6   „
Weben 340 m Länge (1400 Schußfäden auf
1 m Länge; 6.8 *Rpf* für 1000 Schußfäden) . . 9,5   „
Appretur 1,2   „   12,6   „

Betrieb und Instandhaltung der Maschinen 2,4 *Rpf*
Amortisation der Maschinen. 2,8   „
Heizung und Beleuchtung. 0,9   „
Fabrikunkosten 2,7   „
Verwaltungsunkosten. 2,1   „   10,9   „

Folglich stellt sich 1 m auf . . . . 80,6 *Rpf*

Bezieht sich die Kalkulation nicht auf einen einzelnen Artikel, sondern auf das Ergebnis eines ganzen Betriebes, so entsteht die **Betriebs-** oder **Rentabilitätskalkulation.**

---

1) Bei Berechnung des Schusses ist nicht die Breite des Gewebes, sondern die Einstellungsbreite auf dem Webstuhl, also hier nicht 85,5 cm, sondern 92 cm zu nehmen. Um diese Mehrbreite von 6,5 cm geht die Ware teilweise schon auf dem Webstuhl, teilweise in der Appretur zurück.

2. Beispiel. Betriebskalkulation einer Kesselfabrik.

Das Unternehmen stellt in gemieteten Räumen schmiedeeiserne Heizungskessel her.

Bilanz (summarisch)

Vermögen		Kapital	
Maschinen u. Werkzeuge $\mathscr{R}\mathscr{M}$ 44000		Eigenkapital . . . . . $\mathscr{R}\mathscr{M}$ 160 000	
Modelle . . . . ,, 3 000		Schulden . . . . ,, 40 000	
Einrichtungen . . . . . ,, 10 000			
Waren u. Rohstoffe . . ,, 87 000			
Barmittel u. Außenstände ,, 56 000			
$\mathscr{R}\mathscr{M}$ 200 000		$\mathscr{R}\mathscr{M}$ 200 000	

1. Ermittlung des Selbstkostenpreises.

1. Rohstoffe (Jahresverbrauch):

Eisenbleche usw.	$\mathscr{R}\mathscr{M}$ 284 200.—		
Fracht- und Anfuhrkosten . .	,, 13 500.—	$\mathscr{R}\mathscr{M}$ 297 700.—	

2. Hilfsstoffe . . . . ,, 12 300.—

3. Löhne und Meistergehälter (einschl. soz. Vers.) . ,, 175 940.—

4. Fabrikationsunkosten:

Betrieb der Lokomobile . . .	$\mathscr{R}\mathscr{M}$ 11 250.—	
Reparaturen	,, 6 260.—	
Miete der Fabrikräume . . .	,, 18 000.—	,, 35 510.—

5. Abschreibungen:

10 % auf die Maschinen . .	$\mathscr{R}\mathscr{M}$ 4 400.—	
20 % auf die Modelle	,, 600.—	
10 % auf die Einrichtung . .	,, 1 000.—	,, 6 000.—

6. Verkaufsspesen:

Gehälter und Provisionen . .	$\mathscr{R}\mathscr{M}$ 27 990.—	
Patent- und Lizenzkosten . .	,, 9 200.—	
Werbekosten	,, 5 520.—	
Reisespesen	,, 5 410.—	
Handlungsunkosten	,, 6 300.—	,, 54 420.—

7. Allgemeine Unkosten:

Steuern	$\mathscr{R}\mathscr{M}$ 17 790.—	
Zinsen	,, 3 380.—	,, 21 170.—

Jahressumme der Selbstkosten $\mathscr{R}\mathscr{M}$ 603 040.—

Die Jahreserzeugung beträgt 7500 qm Kesselheizfläche.

1 qm Kesselheizfläche stellt sich demnach auf 603 040 : 7500 = $\mathscr{R}\mathscr{M}$ 80.41

2. Berechnung des Verkaufspreises.

Selbstkostenpreis je qm . . . . $\mathcal{RM}$ 80.41
Gewinnzuschlag 10% . . . . „ 8.04

$\mathcal{RM}$ 88.45

3. Ermittlung der Rentabilität des Unternehmens.

7500 qm zu $\mathcal{RM}$ 88.45 . . . . $\mathcal{RM}$ 663 375.—
abzüglich Selbstkosten . . . . „ 603 040.—

Gewinn $\mathcal{RM}$ 60 335.—

200 000 $\mathcal{RM}$ Unternehmungsvermögen bringen 60 335 $\mathcal{RM}$ Gewinn, das entspricht einem Ertragsatze von 30,17%.

Übungsaufgaben. § 91.

1. Welcher Anteil der Selbstkosten je qm Heizfläche entfällt nach dem vorstehenden Beispiel **a)** auf die Roh- und Hilfsstoffe; **b)** auf die Löhne; **c)** auf die Fabrikationsunkosten und Abschreibungen; **d)** auf die Verkaufsspesen und allgemeinen Unkosten? (Die Anteile sind in $\mathcal{RM}$ und nach Prozenten zu bestimmen.) **e)** Wieviel Prozent des Herstellungspreises (1—5) machen die allgemeinen Geschäfts- unkosten (6 und 7) aus?

2. Fabrikkalkulation über f. Makostoff 2fach, wozu 8 kg Garn zu $\mathcal{RM}$ 5.13 verwendet werden. Frachtanteil $2\frac{1}{2}$ $\mathcal{Rpf}$, Spullohn 10 $\mathcal{Rpf}$, Arbeitslohn 50 $\mathcal{Rpf}$, Maschinenabnutzung 5 $\mathcal{Rpf}$, Appretur 30 $\mathcal{Rpf}$, alles je 1 kg. Die veredelte Ware liefert ein Gewicht von 6,85 kg. Wie hoch stellt sich sonach der Selbstkostenpreis für 1 kg Stoff, wenn für allg. Geschäftskosten 12% zuzuschlagen sind?

3. Monatskalkulation einer Schwefelsäurefabrik.
Verarbeitete Rohstoffe: Schwefelkies $\mathcal{RM}$ 196 360.—, Ammoniak $\mathcal{RM}$ 59 640.—; Löhne $\mathcal{RM}$ 76 506.—; allg. Betriebsunkosten (einschl. Abschreibungen) $\mathcal{RM}$ 27 849.—; allgemeine Handelsunkosten $\mathcal{RM}$ 48 545.—. Monatserzeugung 7250 t Schwefelsäure (66%ig).
a) Berechne den Selbstkostenpreis für 1 t. **b)** Wie hoch stellt sich der Verkaufspreis bei Einrechnung von 12% Gewinn und $\frac{3}{4}$% Um- satzsteuer? **c)** Welche Rentabilität ergibt sich, wenn das Unter- nehmungsvermögen $\mathcal{RM}$ 2 275 000.— beträgt?

4. Fabrikkalkulation über Arriba-Kakao. 50 kg rohe Bohnen kosten verzollt frei Fabrik $\mathcal{RM}$ 105.—. Dazu Arbeitslohn für Lesen, Reini- gen, Rösten und Sortieren der Bohnen $\mathcal{RM}$ 1.30. 50 kg rohe Bohnen

ergeben nach diesem Prozeß 75% brauchbare Kerne, 50 kg Kerne stellen sich sonach auf $\mathscr{R\!M}$ ... Dazu Arbeitslohn für Mahlen der Kerne, sowie für Formen und Verpacken der Kakaomasse für 50 kg $\mathscr{R\!M}$ 5.—; Dampfkraft $\mathscr{R\!M}$ 1.20. Zuschlag für Gewichtsverlust 1%. Generalunkosten: Beleuchtung, Versicherungen, Abschreibungen, Beamtengehälter usw. 25%, Verpackung 2%, Frachten 2% (zus. also 29%). Wie hoch stellen sich sonach 50 kg der Kakaomasse?

5. Fabrikkalkulation über Westindisches ätherisches Sandelholzöl. Hamburg hat von Puerto Cabello (in Venezuela) 50000 kg westindisches Sandelholz zu 48 Boliv. (Gold) für 1000 kg bezogen. Verschiffungsspesen in Puerto Cabello Boliv. 515.—. Vom ganzen 2% Kommission. Umrechnungskurs: Boliv. 1.25 = 1 $\mathscr{R\!M}$. Seefracht und Versicherung von Puerto Cabello bis Hamburg $\mathscr{R\!M}$ 1500.—, Hamburger Spesen bis in die Fabrik $\mathscr{R\!M}$ 250.—. Das Holz wird zunächst zerkleinert, wofür $\mathscr{R\!M}$ 6.— für 100 kg zu zahlen sind. Es gelangt hierauf in die Dampfdestillationsblase, in die auf einmal 2500 kg gehen. Zum Destillieren dieser Menge braucht man 4 Tage, Aufwand 20 $\mathscr{R\!M}$ je Tag, wodurch Arbeitslöhne, Kohlen usw. gedeckt sind. Die schließlich destillierten 50000 kg ergeben 2,7% ätherisches Öl. Wie hoch stellt sich sonach 1 kg Öl?

6. Eine Wollkämmerei erhielt zum Waschen und Kämmen einen Posten australischer Schweißwolle, fakturiert zu $\mathscr{R\!M}$ 33191.35. Die Sortierung lieferte 15169 kg A-Wolle (die für die Weiterbearbeitung allein in Betracht kam), ferner nach Schätzung für $\mathscr{R\!M}$ 1445.80 B- und C-Wolle und Brand. Das Kammergebnis war folgendes: 38,753% Kammzug, 6,906% Kämmlinge, 0,695% Kammstaub, 0,448% Flug, 0,145% Ausputz, 0,326% Graupen (der Rest war Verlust). Wie stellt sich der Preis für 1 kg Kammzug, wenn der Wasch- und Kammlohn auf das Gewicht von Zug und Kämmlingen 47 $\mathscr{R\!pf}$ für 1 kg betrug, für die Kämmlinge ein Erlös von $\mathscr{R\!M}$ 3.13 je kg, für die Abgänge (Staub, Flug, Ausputz, Graupen) ein solcher von 80 $\mathscr{R\!pf}$ je kg sich ergab, und auf die erhaltene Endsumme 1% Verkaufskommission gerechnet wurde? (Gewichte auf halbe Kilogramm abrunden.)

7. Zur Begründung einer Frachtdampfer-Aktiengesellschaft in Emden, deren Dampfer mit der Zuführung von Eisenerzen aus Norwegen und Schweden zur Verhüttung in den westfälischen Hochöfen beschäftigt werden sollen, ist ein Kapital von $\mathscr{R\!M}$ 1750000. — nötig, das in einem Aktienkapital von $\mathscr{R\!M}$ 1250000.— und in einer $4\frac{1}{2}$% Schiffshypothek von $\mathscr{R\!M}$ 500000.— bestehen soll. Es werden dafür zwei

Dampfer mit je 4000 t Ladefähigkeit gebaut, die zusammen $\mathcal{RM}$ 1400000.— kosten. Der Rest des Kapitals wird als Betriebsmittel gebraucht. Man nimmt jährlich 10 Monate Vollbetrieb an, und von jedem Dampfer werden 2 Fahrten im Monat gemacht. Für jede Fahrt wird eine Erzfracht von 3850 t und ein Minimalfrachtsatz von $\mathcal{RM}$ 5.50 je Tonne angenommen. Rückfrachten bleiben außer Betracht. Dieser Einnahme stehen an Gehältern, Versicherung, Reparaturen, Abschreibungen usw. jährliche Ausgaben von $\mathcal{RM}$ 540000.— und die Zinsen der $4\frac{1}{2}\%$ Schiffshypothek gegenüber. Vom Überschuß gehen noch 10% Steuern ab. Von dem verbleibenden Reingewinn sollen 5% für den gesetzlichen Reservefonds und 10% für freiwillige Reserven zurückgelegt und 4% ordentliche Dividende an die Aktionäre verteilt werden. Wenn nun von dem Reste 20% für Tantiemen an den Aufsichtsrat und die Verwaltungsorgane vergütet werden, **a)** welcher Betrag bleibt noch zur Verfügung der Generalversammlung, und **b)** welche Zusatzdividende (in ganzen Prozenten) könnte noch an die Aktionäre verteilt werden?

E. Preisparitäten. Feste Zahlen. Kalkulationstabellen.

Um die Preise derselben Ware an verschiedenen Orten miteinander vergleichen zu können, ermittelt man (unter Anwendung des Kettensatzes) die sogenannten Preisparitäten. Dabei erweist sich das Rechnen mit festen Zahlen (vgl. S. 83 Anm.) als recht vorteilhaft.

Beispiel.

Kupfer kostet in London P £ (je ton); welche deutsche Parität ($\mathcal{RM}$ für 100 kg) entspricht dieser Notierung beim Kurse K für 1 £?

$$\left.\begin{array}{ll} \text{x } \mathcal{RM} & = 100 \text{ kg} \\ 50{,}8 & = 1 \text{ Cwt.} \\ 20 & = 1 \text{ ton} \\ 1 & = P\text{ £} \\ 1 & = K\ \mathcal{RM} \end{array}\right\} \quad \begin{array}{l} \text{feste Zahl} = \dfrac{100}{50{,}8 \cdot 20} = 0{,}0984 \\[2mm] \text{also x } = 0{,}0984 \times P \times K. \end{array}$$

Angenommen: $P = 78$ £ und $K = \mathcal{RM}$ 20.45, so ist x $= \mathcal{RM}$ 156.96. Feste Zahlen wird man zweckmäßig auch dann berechnen, wenn bei wiederholten Bezügen derselben Ware die gleichen usanzmäßigen Abzüge und Spesen in Betracht kommen. Dabei kann man die Wertspesen, die ja proportional mit dem Warenpreise und dem Kurse steigen und fallen, nach dem für sie berechneten Prozentsatze in die Kette mit aufnehmen, während die Gewichts- oder Mengenspesen am Schlusse zugezählt werden müssen.

Beispiel.

Für eine Sendung Schaffelle aus Buenos Aires, berechnet zu 45 Goldpesos für 100 kg N^{tto}, machen sämtliche Wertspesen 5,171 % aus, der Gewichtsspesensatz stellt sich auf $\mathcal{RM}$ 7.65 für 100 kg N^{tto}. Welche deutsche Preisparität ergibt sich daraus beim Kurse 4.— ($\mathcal{RM}$ = 1 Peso)?

a) Berechnung der festen Zahl.   hierbei:

$$\begin{aligned}
\text{x } \mathcal{RM} &= 100 \text{ kg N}^{tto} \\
100 &= P \text{ Pes. ohne Spesen} \\
1 &= K \,\mathcal{RM} \quad ,, \qquad ,, \\
100 &= 105,171 \,\mathcal{RM} \text{ mit } ,,
\end{aligned}$$

x = Preis in $\mathcal{RM}$ einschl. Wertspesen für 100 kg

P = Preis in Goldpesos

K = Kurs.

feste Zahl = 1,05171.

b) Berechnung der Preisparität.

$$1,05171 \times 45 \times 4 \;= \mathcal{RM}\; 189.31 \text{ für } 100 \text{ kg}$$
$$+ \text{ Gewichtssp.} \;= \quad ,, \quad 7.65 \;,, \quad 100 \;,,$$
$$= \mathcal{RM}\; 196.96$$

Für ähnliche Bezüge von Schaffellen aus Buenos Aires würde man also nur den Preis für 100 kg mit dem Pesokurse und der festen Zahl 1,05171 zu multiplizieren haben. Die sich ergebenden Paritäten sind freilich nur Annäherungswerte, insbesondere dann, wenn die in der Rechnung enthaltenen Gewichtsspesen zum Teil nicht proportionale sind oder in ihrer Höhe wesentlich von dem an sich veränderlichen Geldkurse abhängen.

Diejenigen Spesen, deren Sätze starken Schwankungen unterworfen sind, — wie das z. B. meist bei der Seefracht der Fall ist — sind natürlich von der Berechnung des konstanten Zuschlags auszuschließen; sie sind vielmehr in ihrem auf die zu kalkulierende Menge bezogenen Betrage durch besonderen Kettensatz zu ermitteln und dann hinzuzufügen.

Der festen Zahlen bedienen sich mit Vorteil auch die überseeischen Plätze, wenn sie die Verkaufspreise für Exportwaren in fremder Valuta einschließlich der Spesen bis zum Schiff (fob) oder auch noch einschließlich der Fracht und Versicherungskosten bis zum Bestimmungshafen (cf oder cif) anzusetzen haben.

Beispiel.

Weizen steht in Neuyork P cs. (je Bushel = 60 lbs. am.); welcher Preis cif Hamburg (in $\mathcal{RM}$ für 1000 kg) ergibt sich daraus, wenn die Kosten für den Transport zum Schiff usw. 75 cs. je engl. Tonne tragen, die veränderliche Frachtrate n s für 1 Quarter (= 480 lbs. am.) ist und für die Versicherung $p\%$ gerechnet werden? (T.T.-Kurs auf Hamburg K; 1 £ = $\mathscr{R}\mathscr{M}$ 20.50 fest.)

Man ermittelt zunächst die Platzspesen für 60 lbs. (= 4500:2240 = 2,01 cs.) und schlägt sie ohne weiteres dem Weizenpreise zu. Die Preisparität und den Frachtzuschlag, beide für 1000 kg, berechnet man durch besondere Kettensätze; die Prämie addiert man am Schlusse.

<table>
<tr><td align="center">Preisparität:</td><td align="center">Frachtparität:</td></tr>
<tr><td align="center">x $\mathscr{R}\mathscr{M}$ = 1000 kg</td><td align="center">x $\mathscr{R}\mathscr{M}$ = 1000 kg</td></tr>
<tr><td align="center">0,4536 = 1 lb. am.</td><td align="center">0,4536 = 1 lb. am.</td></tr>
<tr><td align="center">60 = P cs.</td><td align="center">480 = n s</td></tr>
<tr><td align="center">K = 100 $\mathscr{R}\mathscr{M}$</td><td align="center">20 = 20,50 $\mathscr{R}\mathscr{M}$</td></tr>
<tr><td align="center">feste Zahl = 3674,3</td><td align="center">feste Zahl = 4,708</td></tr>
<tr><td align="center">x = 3674,4 × $P:K$</td><td align="center">x = 4,708 × n</td></tr>
</table>

Angenommene Sätze: P = 129 cs., mit Platzspesen 131,01 cs.; K = 23.84 (\$); n = 2 s 1 d; $p = \frac{1}{3}$; somit:

Preisparität fob Neuyork　　= $\mathscr{R}\mathscr{M}$ 201.92　(x in der ersten Kette)
　+ Fracht . . . . . =　,,　　9.81　(x in der zweiten Kette)

Preisparität cf. Hamburg　= $\mathscr{R}\mathscr{M}$ 211.73
　+ Versichg. $\frac{1}{3}\%$ . . =　,,　　0.71

Preisparität cif Hamburg　= $\mathscr{R}\mathscr{M}$ 212.44

Kalkulationstabellen.

Für häufige Bezüge derselben Ware empfiehlt sich die Aufstellung besonderer Kalkulationstabellen, denen man ohne weiteres die einem gegebenen Preise und Geldkurse entsprechende Parität entnehmen kann. Die praktische Brauchbarkeit solcher Tabellen hat dazu geführt, sie für die wichtigsten Handelsartikel und deren hauptsächlichste Bezugsplätze durch den Druck zu veröffentlichen. Wie eine solche Tabelle anzufertigen ist, zeigt folgendes Beispiel, in welchem aus dem Liverpooler Baumwollexportpreise (in d für 1 lb. cif. Bremen) der Bezugspreis in $\mathscr{R}\mathscr{M}$ für $\frac{1}{2}$ kg frei Waggon Bremen mit Bremer Tara (Reifen + 4% Tara) gegen Kasse mit $1\frac{1}{4}\%$ Skonto kalkuliert wird, und zwar für die Preise zwischen 6 und 8 d und für die £-Kurse zwischen 20.40 und 20.50.

Kalkulation.

100 Ballen Baumwolle	zu 6 d		zu 8 d	
B^{tto} 48000 £ T^a 6 % 2880 „ N^{tto} 45120 £				
÷ { Fracht ³/₈ d auf 48000 £ = £ 75.—.— 5 % Primage „ 3.15.—	£ 1128.—.—	£ 1128.—.—	£ 1504.—.—	£ 1504.—.—
	„ 78.15.—	„ 78.15.—	„ 78.15.—	„ 78.15.—
	£ 1049 5.—	£ 1049. 5.—	£ 1425. 5 —	£ 1425. 5.—
	zu 20 40	zu 20.50	zu 20.40	zu 20 50
=	ℛℳ 21 404 70	ℛℳ 21 509.63	ℛℳ 29 075.10	ℛℳ 29 217.63
+ Fracht (wie oben) £ 78.15.—	„ 1 606 50	„ 1 614.38	„ 1 606 50	„ 1 614.38
Remboursprovision ¼ % . . .	„ 53.51	„ 53.77	„ 72 69	„ 73.04
Gewichtsverlust 1 % = 480 lbs. zu 6 d = 12 £, zu 8 d = 16 £ . . .	„ 244.80	„ 246.—	„ 326.40	„ 328.—
Empfangen, Wiegen, Verladen auf 21 768 kg zu 25 ℛpf je 100 kg .	„ 54.50	„ 54.50	„ 54.50	„ 54.50
Bemusterung 20 ℛpf je Blln	„ 20.—	„ 20.—	„ 20 —	„ 20.—
Reparatur, Rapper 10 ℛpf je Blln.	„ 10.—	„ 10.—	„ 10.—	„ 10.—
	ℛℳ 23 394.01	ℛℳ 23 508 28	ℛℳ 31 165.19	ℛℳ 31 317.55
+ 1¼ % Disk. (im 100)	„ 296 13	„ 297.57	„ 394.49	„ 396.43
In Bremen 48000 lbs. zu 0,4535 kg = B^{tto} 21 768 kg	ℛℳ 23 690.14	ℛℳ 23 805 85	ℛℳ 31 559.68	ℛℳ 31 713.98
÷ 680 Reif. ¹¹/₁₀¹) 374 „ = 21 394 kg ÷ 4 % T^a = 856 „				
= N^{tto} 20 538 kg; ½ kg =	57,67 ℛpf	57,96 ℛpf	76,83 ℛpf	77,19 ℛpf

Trägt man die gefundenen Werte in die 4 Ecken eines Tabellenschemas
ein und interpoliert in derselben Weise, wie es im I. Teile auf S. 97 gezeigt
wurde, so erhält man bei Abstufungen im Preise von je 0,20 d und im £-Kurse
von je 1 ℛpf die folgende Kalkulationstabelle.

Kalkulationstabelle.

	20.40	20.41	20.42	20 43	20.44	20.45	20.46	20.47	20.48	20.49	20.50	Diff. Hundertstel
6 d	57,67	57,70	57,73	57,76	57,79	57,82	57,84	57,87	57,90	57,93	57,96	2,9
6,20	59,59	59,62	59,65	59,68	59,71	59,74	59,76	59,79	59,82	59,85	59,88	2,9
6,40	61,50	61,53	61,56	61,59	61,62	61,66	61,69	61,72	61,75	61,78	61,81	3,1
6,60	63,42	63,45	63,48	63,51	63,54	63,58	63,61	63,64	63,67	63,70	63,73	3,1
6,80	65,33	65,37	65,40	65,43	65,46	65,50	65,53	65,56	65,59	65,62	65,65	3,2
7 d	67,25	67,28	67,32	67.35	67,38	67,42	67.45	67,48	67,51	67,55	67,58	3,3
7,20	69,17	69,20	69,23	69,27	69,30	69,33	69,36	69,40	69,43	69,46	69,50	3,3
7,40	71,08	71,12	71,15	71,18	71,22	71,25	71,29	71,32	71,35	71,39	71,42	3,4
7,60	73,00	73,03	73,07	73,10	73,13	73,17	73,20	73,24	73,27	73,30	73,34	3,4
7,80	74,91	74,95	74,99	75,02	75,06	75,09	75,13	75,17	75,20	75,24	75,27	3,6
8 d	76,83	76,87	76,90	76,94	76,98	77,01	77,05	77,08	77,12	77,15	77,19	3,6
Diff. Hundertstel	191,6	191,7	191,7	191,8	191,9	191,9	192,1	192,1	192,2	192,2	192,3	

1) D. h. 10 Reifen wiegen 11 ℔ deutsch. Diese Reifentara ist nicht ganz konstant.

*Übungsaufgaben. § 91a.

1. Englischer Stahl ist in Sheffield 103/6 d je Cwt. (50,8 kg) notiert;
welche Parität für Leipzig ($\mathcal{RM}$ für 100 kg) ergibt sich daraus, die
Spesen bis Leipzig zu $2\frac{1}{2}\%$ angenommen? Kurs 20.46.

2. In Neuyork kauft man für Bremen 100 Ballen Baumwolle: B^{tto} 45405 lbs.
zu 15.30 cs. (je lb. B^{tto}); Maklergeb. $\frac{1}{2}\%$ und Feuerversicherung $\frac{1}{16}\%$
(beide vom gleichen Betrage); Spesen für Transport bis an Bord $127\frac{1}{2}$ cs.
je Blln.; Kommission $2\frac{1}{2}\%$; Wechselspesen $\frac{1}{4}\%$. Umrechnungskurs
$23.81\frac{1}{4}$ \$ für 100 $\mathcal{RM}$. Fracht $\frac{15}{16}$ d für 1 lb. $+ 5\%$ Primage; See-
versicherung (vom Fakturbetr. $+ 10\%$ imag. Gewinn) zu $\frac{1}{2}\%$.

a) Wie hätte die Anstellung in Pence für 1 lb. am. N^{tto} bei 6%
T^a cif Bremen gemacht werden müssen? (1 £ $= \mathcal{RM}$ 20.45.)

b) Welche feste Zahl ergibt sich zur Berechnung der Parität (von
Fracht und Seeversicherung zunächst abgesehen), wenn man den
Preis in Cents mit P (bzw. den einschl. der Platzspesen mit P_1), den
Kurs in Neuyork (\$ für 100 $\mathcal{RM}$) mit K, den £-Kurs (in $\mathcal{RM}$) mit K_1
bezeichnet?

c) Welche feste Zahl ergibt sich für den Frachtzuschlag für 1 lb.
N^{tto}, wenn die Frachtrate in Pence mit n bzeichnet wird?

d) Wie erhält man hieraus die Parität (einschl. Fracht und Seever-
sichg.) für beliebige Preise und Kurse? (Aufstellung einer Formel.)

Anm. Zunächst ermittle man für die durch den Transport zu Schiff ver-
ursachten geringen Platzspesen den Satz für 1 lb. B^{tto} und füge ihn dem
Preise hinzu ($= P_1$); dann berechne man den Prozentsatz, den die Wertspesen (Maklergeb., Feuerversicherung, Kommission u. Wechselspesen)
von P_1 bilden und stelle diesen Satz passend in die Kette ein; aus ihr suche
man dann die feste Zahl. Die Versicherungsprämie schlage man erst nach-
her zu (und zwar berechnet aus dem um 10% erhöhten Betrage oder, was
dasselbe ist, zu dem um den 10. Teil erhöhten Prozentsatze $\frac{1}{2}\%$, also
zu $\frac{11}{20}\%$).

3. Aus den Angaben der Aufg. 2 stelle man eine Kalkulationstabelle
zusammen für die Lieferungspreise in Bremen ($\mathcal{Rpf}$ für $\frac{1}{2}$ kg) frei Waggon gegen Kasse mit $1\frac{1}{4}\%$ Diskont, Bremer T^a zu 6%, und zwar
auf Grund der Neuyorker Preise zwischen $13\frac{1}{2}$ und 18 cs. mit Abstufungen von $\frac{2}{8}$ cs., und ferner für die Markkurse in Neuyork zwischen 23.50 und 24.— \$ mit Abstufungen von je 5 cs. (1 lb. am.
$= 453,5$ g).

4. London bezieht von Magdeburg 500 Sack Rübenrohzucker,
I. Produkt, gew. 50000 kg zum Preise von $P \mathcal{RM}$ für 50 kg fob Hamburg mit $\frac{5}{6}\%$ Dekort.

a) Wie hoch kalkuliert sich der Preis für London (in s und d für 1 Cwt.), wenn die Seefracht 6 s 10 d je Ton, die Seeversicherung (auf Faktürenwert $+ 10\%$ imag. Gewinn) $2\,^0/_{00}$ beträgt, in London $3\frac{1}{2}$ d Spesen je Cwt. entstehen, ferner ein Zinsverlust von 1% einzukalkulieren ist und $1\,\pounds = K\,\mathscr{RM}$, 1 Cwt. $= 50\frac{3}{4}$ kg fest genommen wird? (Feste Zahl.)

b) Man stelle die Kalkulationstabelle zusammen für die Preise zwischen $\mathscr{RM}$ 16.— und $\mathscr{RM}$ 19.— für 100 kg (Abstufungen je 25 $\mathscr{Rpf}$) und für die Kurse zwischen 20.30 und 20.50 (Abstufungen je $2\frac{1}{2}$ $\mathscr{Rpf}$).

Anm. Zu a) Den Zinsverlust lasse man bei Berechnung der festen Zahl zunächst weg und füge ihn erst am Schlusse zu. Zu b) Die Tabellenwerte drücke man in Schilling, Pence und 16teln der letzteren aus.

Allgemeine Wiederholung.
Übungsaufgaben. § 91 b.

1. Der Herstellungspreis einer Maschine ist mit $\mathscr{RM}$ 862.60 berechnet worden. **a)** Welcher Verkaufspreis netto Kasse ergibt sich für sie, wenn die einzurechnenden Handlungsunkosten $11\frac{1}{2}\%$ betragen, der Gewinn mit 9% in Anrechnung kommt und $\frac{3}{4}\%$ Umsatzsteuer zu decken ist? **b)** Wie teuer ist sie der Kundschaft gegen 3 Mon. Ziel anzubieten, wenn auf die Verkaufspreise 15% Rabatt und vom Rest $2\frac{1}{2}\%$ Skonto bewilligt werden sollen?

2. Leipzig hat von Plauen $\mathscr{RM}$ 6484.50, fällig 12. Febr., zu fordern und erhält von ihm an diesem Tage einen Wechsel über $\mathscr{RM}$ 6500.—, fäll. 6. April, den es am gleichen Tage mit $6\frac{1}{2}\%$ Diskont und $\frac{1}{8}\%$ Provision (je angef. Zeitmonat) verkauft. Wieviel $\mathscr{RM}$ hat Leipzig noch zu fordern?

3. Ein Kommissionär in Wien verkauft für Gera:

am 23. Sept. für S   724.60, Ziel 2 Monate,

,,   5. Okt.   ,, ,, 1475.—, gegen Kasse mit 2% Skonto,

,, 18.   ,,   ,, ,, 2612.40, Ziel 1 Monat.

a) Welcher Gesamtertrag und welcher mittlere Verfalltag ergibt sich? (Monate genau.)

b) Wie groß ist der Reinertrag, wenn der Kommissionär 5% Provision und für die Verkäufe auf Ziel 2% Delkredere sowie S 47.50 sonstige Spesen berechnet?

c) Auf wieviel $\mathscr{RM}$ lautet der Scheck, den der Kommissionär am 1. Nov zu 168.05 mit $\frac{1}{2}\,^0/_{00}$ Maklergebühr kauft und nach Gera sendet, wenn er 6% Diskont für vorzeitige Zahlung kürzt? (Maklergeb. zu Geras Lasten; keine Zinsvergütung beim Ankauf des Schecks.)

4. Bei der Reichsbankstelle in Plauen i. V. wurden am 28. Januar 1928 zu 7% diskontiert:

$\mathscr{RM}$ 7231.40 f. 1. Febr. a/Gera, $\mathscr{RM}$ 1643.75 f. 4. Febr. a/Zwickau,
„   5000.— „ 6.   „   a/Halle,   „   86.50 „ 17.   „   a/Berlin,
„   586.20 „ ult. „   a/Köln,   „   3875.— „ 1. Apr. a/Jena,
„   2750.— „ 60 Tage nach Sicht (akz. am 29. Dez.) a/Dresden.

Auftraggemäß legte sie den Ertrag dieser Wechsel in 8% Pfandbriefen der Leipziger Hypothekenbank an, die sie am gleichen Tage zu 104.50 kaufte. Z. T. 1/4. 10. Kleinste Stücke 100 $\mathscr{RM}$. Spesen lt. Beilage. **a)** Berechne den Ertrag der Wechsel. **b)** Wieviel $\mathscr{RM}$ Pfandbriefe (Nennwert) erhielt der Kunde dafür? **c)** Welcher Überschuß verblieb ihm?

5. A. erhält am 15. April von seiner Bank ein Darlehen von $\mathscr{RM}$ 25 000.— gegen Verpfändung von $\mathscr{RM}$ 18 500.— 7% Pfandbriefen (Kurs 102.75, Beleihungssatz 75%) und eines Postens Industrie-Aktien (Kurs 154, Beleihungssatz 70%). Wieviel Aktien (zu je 1000 $\mathscr{RM}$ Nennwert) muß er verpfänden? **b)** Wie hoch ist die Rückzahlung am 6. Juni, wenn der Lombardzinsfuß bis 1. Mai 8%, dann 7% beträgt und an Provision $\frac{1}{8}$% je Monat (nach genauer Zeit) berechnet wird?

6. Kontokorrent. Abschlußtag 30. Juni; Zinsfuß: bis 15. März 8% und 4%, dann $7\frac{1}{2}$% und $3\frac{1}{2}$%; Umsatzprov. $\frac{1}{8}$%, Kreditprov. $\frac{1}{6}$% je Mon.; Auslagen $\mathscr{RM}$ 1.80. (Staffel-Methode.)

Sollposten:	Habenposten:
$\mathscr{RM}$ 2210.— f. 5. Febr.	$\mathscr{RM}$ 1740.— f. 31. Dez.
„ 1976.40 „ 21. April	„ 3093.80 „ 1. März
„ 3828.60 „ 31. Mai	„ 2480.— „ 12. Juli

Der überfällige Posten ist in die Zinsrechnung einzubeziehen.

7. Nimm den ersten Habenposten in Aufgabe 6 mit $\mathscr{RM}$ 5740.— an und löse das Kontokorrent **a)** nach der progressiven, **b)** nach der retrograden Methode. Der Zinsfuß sei für die ganze Zeit $3\frac{1}{2}$%; die übrigen Angaben sind beizubehalten.

8. Leipzig bezieht aus London 268 Yds. Seidenstoff zu 15/9 d für 1 Yd.; Einkaufsprovision $2\frac{1}{2}$%; kleine Unkosten in London 2/10 d. Umrechnungskurs 20.50. In Leipzig bezahlte Spesen $\mathscr{RM}$ 67.30; Lagerzinsen 8% für 3 Mon.

a) Wie teuer muß Leipzig 1 m netto Kasse verkaufen, wenn es $17\frac{1}{2}$% für Gewinn und Handlungsunkosten sowie $\frac{3}{4}$% Umsatzsteuer einrechnet? **b)** Wie stellt sich der Verkaufspreis bei „Ziel 3 Mon., gegen Kasse mit $2\frac{1}{2}$% Skonto"?

9. a) Berlin kauft für Zürich $\mathcal{R}\mathcal{M}$ 18 000.— Aktien der Deutschen Bank zu 172,5. (Spesen lt. Beilage, jedoch h a l b e r Kundenstempel) Wert 20. Februar. **b)** Zur teilweisen Deckung seiner Schuld hat Zürich einen Wechsel über $\mathcal{R}\mathcal{M}$ 20 000.—, fäll. 2. März, übersandt, den Berlin unter Berechnung von $6\frac{1}{2}\%$ Disk. und $\frac{1}{8}\%$ Prov. gutschreibt. Wert 20. Febr.

c) Für seine Restforderung erholt sich Berlin durch Tratte a/Zürich, fällig 31. März, die es am 20. Febr. zu 80.90 mit 4% Disk., $1^0/_{00}$ Prov. und $\mathcal{R}\mathcal{M}$ 32.50 sonstigen Spesen verkauft. Auf wieviel Frs. muß die Tratte lauten?

10. Die „Danat"-Bank bietet ihren Aktionären junge Aktien im Verhältnis $4:1$ zu 150% an. Kurs der alten Aktien 221. N. besitzt 12000 $\mathcal{R}\mathcal{M}$ alte Aktien und wünscht unter Hinzukauf der ihm fehlenden Bezugsrechte 5 junge Aktien (zu je 1000 $\mathcal{R}\mathcal{M}$) zu erwerben.

a) Wie lautet die Abrechnung seiner Bank über den Ankauf der Bezugsrechte, wenn diese pari notiert werden?

b) Wie lautet die Rechnung über den Bezug der jungen Aktien?

Spesen lt. Beilage; bei b) keine Maklergebühr und nur einfache Steuer (Kundenstempel).

11. Oslo hat von Brüssel Belg. 18 390.—, fällig nach 1 Mon., zu fordern. Es beauftragt Paris, auf Brüssel 1 Mon. dato zu ziehen und den vereinnahmten Betrag telegraphisch in norw. Kronen zu überweisen. Paris verkauft die Tratte zu 356.20 (5%), berechnet $\frac{1}{4}\%$ Prov. und Frs. 34.60 Auslagen und überweist zu 673.25 mit $1^0/_{00}$ Spesen.

a) Wie groß ist der Trattenerlös? **b)** Wieviel Kronen überweist Paris? **c)** Welcher direkte Kurs a/Brüssel ergibt sich daraus in Oslo? (Frage: wieviel Kr. = 100 Belgas?)

12. A. hatte 96 000 $\mathcal{M}$ Kriegsanleihe und 36 000 $\mathcal{M}$ Spar-Prämienanleihe gezeichnet und 1922 noch 60 000 $\mathcal{M}$ Kriegsanleihe gekauft (Neubesitz).

a) Wieviel $\mathcal{R}\mathcal{M}$ erhielt er dafür im Aufwertungsverfahren an Anleiheablösungsschuld mit und ohne Auslosungsrecht? **b)** Wieviel $\mathcal{R}\mathcal{M}$ löste er aus deren Verkaufe? (Kurse und Spesen lt. Beilage; vgl. auch S. 6.)

13. Kommissionär C. in Buenos Aires verkaufte folgende aus Chemnitz erhaltene Textilwaren:

am 12. April 485 m zu Pap. Pes. 8.45 je m, Ziel 2 Mon.

„ 30. „ 320 „ „ „ „ 9.25 „ „ gegen Kasse mit 2% Sk.

„ 10. Mai 375 „ „ „ „ 9.10 „ „ Ziel 2 Mon.

„ 23. „ 210 „ „ „ „ 8.80 „ „ gegen Kasse mit 2% Sk.

a) Wie groß ist der Gesamtertrag und unter welchem Tage schreibt ihn C. seinem Kommittenten gut? (Monat = 30 Tage.)

b) Welcher Reinertrag in Goldpesos wurde erzielt, wenn C. $7\frac{1}{2}\%$ Provision und Goldpes. 11.20 für Auslagen in Rechnung stellte? (100 Pap. Pes. = 44 Goldpes.)

c) Wieviel $\mathscr{RM}$, fällig bei Sicht, überweist C. am mittleren Verfalltage an Chemnitz bei einem T. T.-Kurse a/Deutschland von 3,925 ($\mathscr{RM}$ für 1 Peso Gold, 30 Reisetage, 6%) und bei Einrechnung von $\frac{1}{4}\%$ Bankprovision?

d) Wieviel Prozent (2 Dezim.) verdiente der Chemnitzer Kommittent bei diesem Geschäft, wenn ihn die Waren einschl. Spesen $\mathscr{RM}$ 17561.50 gekostet haben?

14. Halle bezieht aus London:

30 Sack weißen Pfeffer, Btto. Cwts. 30. 3. 7, Ta. 2 lbs. je Sack., zu $10\frac{1}{2}$ d je lb. und 40 Sack schwarzen Pfeffer, Btto. Cwts. 41. 2. 14, Ta. 2 lbs. je Sack, zu 7 d je lb.

Die Gewichtsspesen betragen £ 1.3.6 und $\mathscr{RM}$ 297.50, die Wertspesen £ 2.3.9 und $\mathscr{RM}$ 127.30. Umrechnungskurs 20.48.

a) Wie hoch stellt sich der Bezugspreis für $\frac{1}{2}$ kg jeder Sorte, wenn $1\frac{1}{2}\%$ Gewichtsverlust (vom Nettogew.) berücksichtigt werden müssen?

b) Wie teuer muß man $\frac{1}{2}$ kg jeder Sorte netto Kasse verkaufen, wenn $12\frac{1}{2}\%$ für allg. Unkosten, 9% Gewinn und $\frac{3}{4}\%$ Umsatzsteuer einzurechnen sind?

c) Wie hoch stellen sich die Verkaufspreise auf Ziel, wenn $2\frac{1}{2}\%$ Skonto gewährt wird?

B. hat bei seiner Bank eine Schuld von $\mathscr{RM}$ 8450.—, fällig 23. Febr., abzudecken. Er übergibt ihr an diesem Tage:

$\mathscr{RM}$ 3448.— fällig 8. April a/Leipzig und

hfl. 2375.— „ 20. „ a/Rotterdam.

Den Rest soll die Bank durch Tratte, fällig 23. März auf B. entnehmen. Sie rechnet auf die Markwechsel $7\frac{1}{2}\%$ Diskont und $\frac{1}{8}\%$ (je angef. Zeitmonat) Provision und übernimmt den Guldenwechsel zu 168.90 mit 5% Diskont und $\frac{1}{8}\%$ Provision. Auf wieviel $\mathscr{RM}$ muß die Ausgleichstratte, fällig 23. März, gestellt werden, wenn außer dem Diskont und der Provision auch die Wechselsteuer von $\mathscr{RM}$ . . . gedeckt werden soll?

16. Bei der Reichsbankstelle in Zwickau werden am 11. Nov. zur Diskontierung (7 %) eingereicht:

$\mathcal{RM}$ 3200.— bei Sicht a/Gera, $\mathcal{RM}$ 6000.— f. 17. Nov. a/Dresden,

„ 215.45 f. 19. Nov. a/Plauen, „ 1812.— „ 23.   „ a/Leipzig,

„ 111.20 „ 24.   „ a/Greiz, „   234.50 „ 1. Dez. a/Halle,

„ 2500.— „ 1 Mon. nach Sicht (nicht akzeptiert) a/Nürnberg.

Aus dem Reinertrage sollen S 6600.— in einem Scheck a/Wien und hfl. 5000.—, fällig 19. Nov. a/Amsterdam (je zum Mittelkurse) angeschafft werden; der Rest ist bar auszuzahlen. Wie lautet die Gesamtabrechnung vom 11. Nov.? Kurse a/Wien 58.97 G u. 59.07 B (keine Zinsen), a/Amsterdam 169.16 G u. 169.50 B (5 %); Gebühren für die Devisenkäufe 1 $^o/_{oo}$, Auslagen $\mathcal{RM}$ 3.50.

17. D. in Leipzig erhält Mitte Juli den Abschluß (30. Juni) seiner laufenden Rechnung mit folgenden Posten:

im Soll:	im Haben:
$\mathcal{RM}$ 2244.60 f. 8. Jan.	$\mathcal{RM}$ 1755.30 f. 31. Dez.
„ 3000.— „ 17. „	„ 6560.— „ 2. Febr.
„ 3741.50 „ 31. Mai	„ 2700.— „ 29. Apr.
„ 1900.— „ 8. Juli	„ 5680.— „ 11. Juli
„ 2500.— „ 20. Juni	„ 6920.— „ 26. Juni

Zinsen 1 % über und 2 % unter dem Reichsbankdiskont, der bis 23. Febr. 7 %, später 6½ % ist; Umsatzprov. ⅛ %, Kreditprov. ⅛ % je Monat; Auslagen $\mathcal{RM}$ 8.60. (Keine Vortragsposten.)

Über sein Guthaben verfügt D. in der Weise, daß er die in seinen Händen befindliche Spitze v. nom. 240 $\mathcal{RM}$ Rauchwaren Walter-Aktien auf 1000 $\mathcal{RM}$ ergänzt, also nom. 760 $\mathcal{RM}$ hinzukaufen und im übrigen 8 % Leipz. Hyp.-Bank-Pfandbriefe (Stücke nicht unter 500 $\mathcal{RM}$; Z. T. 1/4. 10.) anschaffen läßt. Abrechnung am 20. Juli.

a) Wie groß war der Guthabensaldo des D. am 30. Juni?

b) Wieviel kosteten die Aktien? (Kurs 93,25; Spesen lt. Beilage.)

c) Wieviel Pfandbriefe (Nennwert) erhielt er, wenn sein Guthaben nicht unter 1000 $\mathcal{RM}$ sinken soll? (Kurs 99,5; übliche Spesen.)

d) Auf wieviel $\mathcal{RM}$ belief sich (von Zwischenzinsen abgesehen) sein Guthaben am 20. Juli?

18. Dresden verkauft auftraggemäß am 13. Febr. mit ¼ % Provision:

Kč. 15750.— fällig 7. März a/Prag zu 12.43 (6 %)

S 6940.— fällig 18. März a/Wien zu 59.32 (6½ %)

und übersendet den Reinertrag in einem Scheck a/London, den es zu 20.44 (keine Zinsen) mit $\frac{1}{4}^0/_{00}$ Maklergebühr beschafft. Kleine Unkosten RM 2.40.

Wie groß ist **a)** der Reinertrag der Verkäufe, **b)** der Betrag des Schecks?

19. A. hatte von B. zu fordern: RM 376.80 f. 12. Febr., RM 1224.75 f. 8. März, RM 886.50 f. 24. März, RM 912.— f. 15. April und RM 344.50 f. 2. Mai. B. zahlte am 7. März RM 2000.— bar, übersandte am 31. März 270 $ in kleinen Noten (Kurs 4,174), ferner am 20. April 20 £ in Noten (Kurs 20,425). Für den Rest gab er ein Akzept. Auf welchen Betrag lautete dieser Kundenwechsel, und wann war er fällig? (Terminrechnung.)

20. Zur Deckung einer fälligen Schuld von RM 14980.— benutzt Frankfurt am 3. August zwei Devisen, nämlich: Frs. 2000.— fäll. 11. Aug. a/Zürich und £ 115.16.6 fäll. 15. Aug. a/London, die zu 81,07$\frac{1}{2}$ (4%) und 20,44$\frac{1}{4}$ (4$\frac{1}{2}$%) mit $\frac{1}{4}$% Prov. übernommen werden, und drei deutsche Wechsel, nämlich: RM 1600.— f. 20. Aug., RM 4000.— f. 2. Sept. und RM 2240.— f. 6. Sept. Auf wieviel RM muß der Ausgleichswechsel, fäll. 15. Sept., lauten, wenn auf die Markwechsel 5$\frac{1}{2}$% Diskont und $\frac{1}{8}$% je Mon. (genaue Laufzeit) Provision gerechnet werden?

21. Hamburg kauft in London 2 Barren Silber: Nr. I 1055,5 Troy-oz., 900 f., Nr. II 1124,5 Troy-oz., 960 f., zu 25$\frac{11}{16}$ (d für 1 oz. Stand.); Einkaufskosten $\frac{3}{8}$%. Wie teuer muß man das Silber in Hamburg verkaufen (RM für 1 kg f.), wenn 5 $^0/_{00}$ Versendungsspesen, 6$\frac{1}{2}$% Zinsverlust für 8 Tage sowie 4% Gewinn (v. Betr. einschl. aller Spesen) einzurechnen sind und die Schuld an London zu 20.42$\frac{1}{4}$ gedeckt werden kann? (Standardsilber auf 2 Dezim.; Feinsilber in ganzen Gramm.)

22. Berlin verkauft im Auftrage von Brüssel am 16. Sept. zu 22.65 (7%) unter Berechnung von $\frac{3}{8}$% Spesen:
£ 6512.40 f. 5. Nov., £ 3600.— f. 8. Nov., £ 3112.75 f. 20. Nov. und £ 4765.— f. 25. Nov. auf Mailand.
Den Reinertrag remittiert es auftraggemäß in hfl. 900.— f. 1 Mon. dato a/Amsterdam (zu 169.15; 4$\frac{1}{2}$%) und in einem Belga-Wechsel auf Brüssel, fällig bei Sicht (zu 58.62$\frac{1}{2}$; 5 Tage, 5%). Auf welchen Betrag lautet der Ausgleichswechsel a/Brüssel, wenn für bare Auslagen RM 4.20 eingerechnet werden?

23. Um eine Forderung von hfl. 5180.— einzuziehen, läßt sich Frankfurt von Amsterdam Kr. 4500.— 3$\frac{1}{2}$% dänische Staatsanleihe von 1887 (Z. T. 11/6. 12.) schicken, die dort am 15. Sept. zu 68$\frac{1}{8}$ (Kr. für 100 Kr., ausschl. Zinsen) mit $\frac{1}{8}$% Prov., 1 $^0/_{00}$ Steuer und hfl. 2.40 sonstigen Spesen gekauft wurde. (Fester Umrechnungssatz: 1 Kr. =

0.66⅔ hfl.) Den Rest der Forderung soll A'dam in einem Markwechsel, fällig 30. Sept., remittieren. Auf wieviel $\mathcal{RM}$ lautet dieser am 18. Sept. zu 59.07½ (6%) mit 1⁰/₀₀ Spesen (zu Lasten Frankfurts) gekaufte Wechsel?

24. Die Zinsen einer 8% Feingoldanleihe werden nach dem im Reichsanzeiger veröffentlichten Londoner Goldpreise, diesen umgerechnet zum amtlichen Berliner Mittelkurse für telegr. Auszahlung London, ausbezahlt. **a)** Wie hoch stellt sich somit der Einlösungswert für 1 g Feingold (4 Dezim.) bei einem Goldpreise von 84/11¾ d (für 1 oz. fein) und den Kursen 20.406 G u. 20.453 B? **b)** Wieviel $\mathcal{RM}$ betragen die Halbjahrszinsen aus 8650 g Feingoldanleihe? (10% Kapitalertragsteuer!)

25. Hamburg schuldet Amsterdam fällige hfl. 19660.—. Zum Ausgleich schickt es einen Kopenhagener 2 Mon.-Wechsel, den es zu 112.09 (5%) mit ¼⁰/₀₀ Maklergeb. und ⅛% Prov. beschafft hat und den A'dam zu 66,335 (5%) mit ¼% Spesen (zu Hamburgs Lasten) übernimmt. **a)** Auf wieviel Kronen lautet die Ausgleichsrimesse? **b)** Wieviel Reichsmark muß Hamburg aufwenden?

26. Ist es für Deutschland vorteilhaft, aus Neuyork Gold einzuführen, das dort mit 1⁰/₀₀ Prämie (Zuschlag auf 800 $ für 43 oz. Gold, 900 fein; vgl. S. 79) käuflich ist, wenn die entstehende Schuld zu 4.14¾ ($\mathcal{RM}$ für 1 $) zu decken ist und die Versendungsspesen mit 5⁰/₀₀ veranschlagt werden? (Goldabgabe an die Reichsbank.) Welcher Goldeinfuhrpunkt ergibt sich? (Ergebnis auf 4 Dezim.)

27. London bezieht aus Neuyork 7366,68 Troy-oz. engl. Münzgold ($\frac{11}{12}$ fein), das dort mit ½⁰/₀₀ Aufschlag (vgl. Aufg. 26) gekauft wurde. Es überwies den Schuldbetrag telegraphisch zu 4,8853 ($ für 1£), bezahlte an Kosten £ 5.16.3 und verkaufte das Gold am eigenen Platze zu 84/11⅞ (für 1 oz. Feingold). Welchen Gewinn erzielte London, wenn es noch einen Zinsverlust von 4% auf 10 Tage (vom Einkaufsbetrage + Spesen; engl. Berechng.) in Anrechnung brachte?

28. Rio de Janeiro macht Antwerpen Anstellung in Kaffee zu 122.50 (Belgas für 50 kg) cif Antwerpen. Welchen Platzpreis (Reis Papier für 10 kg) fob muß es anlegen, wenn es 12½% verdienen will, für Seefracht 4/8 (s u. d für 100 lbs.) mit 5% Zuschlag (Primage) und für Versicherung 6⁰/₀₀ (vom Anstellungspreise ÷ Gewinn) rechnen muß. Der Ausgleich wird über London zu 5⅞ (d für 1 Milr. Pap.) und zu 34.90 (Belg. für 1£) angenommen.

Anl. Man vermindere den Anstellungspreis um 12½% (a/100), den Rest um 6⁰/₀₀ (a/1000) und um die Seefracht für 50 kg. Den auf 3 Dezimalen ermittelten Belgasbetrag rechne man in Reis (f. 10 kg) um.

Anhang.

1. Kalkulationen aus dem Buchhandel.[1] § 92.

1. Ein historisches Quellenlesebuch wird mit 2000 Exemplaren aufgelegt, zuzüglich 10% Zuschußexemplare (zur Einführung und Besprechung, V. G. § 6).

Die Verlagskosten betragen: Honorar $\mathcal{RM}$ 1000.—; Papierverbrauch $\mathcal{RM}$ 600.—; Satz und Druck $\mathcal{RM}$ 2000.—; Buchbinderei $\mathcal{RM}$ 900.—; Allgem. Unkosten (ca. 20%) $\mathcal{RM}$ 900.—.

a) Berechne die reinen Herstellungskosten für die ganze Auflage.

b) Berechne die Selbstkosten je Exemplar der gesamten Auflage (einschließlich der Zuschußexemplare).

c) Um wieviel erhöht sich der Selbstkostenpreis je Exemplar bei Einrechnung der Kosten der Zuschußexemplare?

d) Der Nettopreis (= Ladenpreis ÷ Sortimenterrabatt) wird mit $\mathcal{RM}$ 3.90 je Exemplar angesetzt. Wieviel Exemplare müssen zur Kostendeckung verkauft werden?

e) Wie hoch ist der Sortimenterrabatt beim Ladenpreis von $\mathcal{RM}$ 6.—?

f) Nach Verlauf eines Jahres hat der Verlag 1668 Exemplare verkauft. Die Vertriebskosten betrugen $\mathcal{RM}$ 125.—. Welcher Überschuß ergibt sich hieraus für das erste Jahr?

2. Ein Verlag beabsichtigt, eine Wirtschaftsgeographie mit Abbildungen herauszugeben. Das Erscheinen ist jedoch einerseits von der Höhe der Herstellungskosten und anderseits davon abhängig, ob der auf Grund der Herstellungskosten errechnete Preis den Wettbewerb mit den entsprechenden Büchern anderer Verleger aufnehmen kann. Zu diesem Zwecke wird zunächst eine Kalkulation für 7000 Stück zuzgl. 10% Zuschußstücke[2] bei einem Umfang von 14 Bogen aufgestellt, die sich folgendermaßen zusammensetzt: Satzkosten $\mathcal{RM}$ 2800.—; Kosten für Zeichnungen $\mathcal{RM}$ 300.—; Klischeekosten $\mathcal{RM}$ 900.—; Druck $\mathcal{RM}$ 1200.—; Papier $\mathcal{RM}$ 1300.—; Buchbinderkosten $\mathcal{RM}$ 3800.—; 10 Tafeln $\mathcal{RM}$ 600.—; 2 Karten $\mathcal{RM}$ 350.—; Honorar ($\mathcal{RM}$ 25.— pro Bogen und 1000 Exemplare) $\mathcal{RM}$ 2450.—.

a) Wie hoch sind die Herstellungskosten für ein Stück?

---

1) Diese Aufgaben verdanken wir der Liebenswürdigkeit des Herrn Kollegen Grumpe von der Deutschen Buchhändler-Lehranstalt in Leipzig.

2) Bei Berechnung der Kosten für das Einzelstück ist zu beachten, daß die Kosten für die Zuschußstücke mit einzurechnen sind.

b) Welcher Nettopreis ergibt sich bei einem Unkosten- und Gewinn-aufschlag von insgesamt 80%? (Die Unkosten setzen sich zusammen aus Lager- und Vertriebsspesen, Verzinsung usw.)

c) Wie hoch stellt sich der Ladenpreis, wenn dem Sortiment ein Rabatt von 35% (im Hundert) eingeräumt wird (auf volle Zehner nach oben abzurunden)?

d) Wie hoch stellt sich der Preis für einen Bogen (Ladenpreis)?

e) Um konkurrenzfähig zu sein, darf jedoch ein Bogenpreis von 30 ℛₚ𝒻 nicht überschritten werden. Der Verleger zieht daher eine Erhöhung der Auflage auf 10000 Stück und 1000 Zuschußstücke in Erwägung. Von den oben genannten Kosten würden sich die Druckkosten auf ℛℳ 1450.—, die Papierkosten auf ℛℳ 1850.—, die Buchbinder-kosten auf ℛℳ 5500.—, die Tafeln auf ℛℳ 750.—, die Karten auf ℛℳ 500.—, das Honorar auf ℛℳ 3500.— erhöhen. Wie hoch sind jetzt die Herstellungskosten für ein Stück?

f) Wie hoch stellen sich jetzt Laden-, Netto- und Bogenpreis bei dem gleichen Verlagsaufschlag von 80%?

g) Sollte der Bogenpreis von 30 ℛₚ𝒻 noch überschritten werden, so ver-teile man die Kosten für Satz, Klischee und Zeichnungen bei einer Auflage von 10000 Stück auf drei Auflagen. Wie hoch ist jetzt der Herstellungspreis für ein Stück?

h) Wie hoch kann der Verleger den Ladenpreis unter den gleichen Voraussetzungen nun festsetzen?

i) Um wieviel müßte sich der Preis erhöhen, wenn nur zwei Auflagen in Frage kämen, also die auf drei Auflagen verteilten Kosten sich nur auf diese beschränkten?

k) Welcher Aufschlag käme in Frage, wenn der unter h) errechnete Preis zugrunde gelegt würde?

l) Welcher Preis würde sich bei Verzicht auf Tafeln und Karten ergeben?

3. Ein Musikalienverlag verlegt ein Quartett mit 500 Partituren und 1000 Stimmen. Der Komponist erhält eine einmalige Vergütung von ℛℳ 150.—; die Herstellungskosten (Stich, Druck, Papier) betragen 210 ℛℳ. Für Spesen und Regie einschließlich 100 Partituren als Freiexemplare kommen 20%, für Kundenwerbung 25% (von Ver-gütung + Herstellungskosten) in Anrechnung. Der Ladenpreis je Stimme und Partitur beträgt ℛℳ 0.80. Der Verkauf gestaltet sich wie folgt: 300 Partituren an Händler mit 50%, der Rest (100) direkt mit 5%; 250 Stimmen an bevorzugte Kunden mit 60%, 500 Stimmen normal mit 50%, der Rest mit 5%. Stelle die Herstellungs- und Ver-kaufskalkulation auf und bestimme den Verlegergewinn.

4. Infolge des guten Absatzes dieses Quartetts entschließt sich der Verlag zu einer 2. Auflage in gleichem Umfange wie die erste. Da das Honorar für den Komponisten wegfällt und der alte Stich verwendet werden kann, belaufen sich die Herstellungskosten und Verkaufsspesen auf $\mathcal{RM}$ 378.—. Nach Ablauf eines Jahres sind verkauft:

200 Partituren mit . . . . 50%   450 Stimmen mit 60%
50   „   direkt mit . 5%   75   „   direkt mit . 5%

a) Wieviel Exemplare müssen mit 50% zur Kostendeckung noch abgesetzt werden?

b) Wieviel Exemplare müssen im nächsten Geschäftsjahr mit 60% verkauft werden, um die Kosten für die ganze Auflage zu decken und eine Kapitalverzinsung von 9% zu erzielen, wenn für das zweite Jahr noch $1\frac{1}{2}$% Lagerspesen (vom Ladenpreis) zu verrechnen sind?

5. Der Musikalienverlag H. beabsichtigt eine Klavierschule zu verlegen. Die 1. Auflage soll 2000 Exemplare umfassen zuzüglich 10% für Werbezwecke. Wegen bestehendem Wettbewerb darf der Ladenpreis je Schule $\mathcal{RM}$ 4.— nicht übersteigen. Die Auslieferung soll mit 40% erfolgen. Der Autor verlangt $\mathcal{RM}$ 600.— Honorar; Stich, Druck und Papier werden mit $\mathcal{RM}$ 2800.—, Einführung und Anpreisung mit 25% und die sonstigen Spesen mit 20% dieser Kosten veranschlagt. Stelle die Rentabilitätsrechnung auf.

6. Der Verlag entschließt sich zur Auflage dieser Klavierschule und rechnet mit einem jährlichen Absatz von 500 Schulen. Bei Neuauflagen (immer 2000 Exempl. + 200 Zuschuß) erhält der Autor 5% vom Ladenpreis für jedes verkaufte Exemplar. Die Herstellungskosten ermäßigen sich, da alte Stiche verwendet werden können, um 45% und der Werbeaufwand um die Hälfte. Die „sonstigen Spesen" werden fest mit 20% der Herstellungskosten angenommen.

a) Wieviel Schulen müssen zur Kostendeckung verkauft werden?

b) Wann tritt Kostendeckung ein, wenn eine Kapitalverzinsung von 9% einkalkuliert wird?

c) Wie groß ist der Gewinn an der verkauften 4. Auflage unter Einrechnung von $7\frac{1}{2}$% Kapitalzins für alle Auflagen?

d) Wie groß ist der Gewinn für sechs verkaufte Auflagen, wenn von der 3. Auflage ab nur 3% Zuschußexemplare hergestellt werden (Kosten: Anzahl!) und die Kapitalverzinsung wie folgt eingerechnet wird (einfache Zinsen):

für die 1. Auflage . . . . . 12%,   für die 4. Auflage . . . 7%
„   „ 2.   „   . . . . 10%,   „   „ 5.   „   . . . $6\frac{1}{2}$%
„   „ 3.   „   . . . . 9%,   „   „ 6.   „   . . . 6%

2. Die Gewinnverteilung der Handelsgesellschaften.

Übungsaufgaben. § 93.

a) Offene Handelsgesellschaft (vgl. HGB. § 121).

1. Die drei Gesellschafter einer O. H., beteiligt mit RM 15000.—, RM 44200.— und RM 50000.—, verteilen den Jahresgewinn nach HGB. § 121. Wieviel erhält jeder

a) vom Gewinn RM 18357.60, **b)** vom Gewinn RM 2424.24?

c) Wie ist ein Verlust von RM 7530.— zu verteilen?

d) Berechne in jedem Falle die neuen Kapitalanteile der drei Gesellschafter!

2. Die Kapitalanteile der Gesellschafter A., B. und C. betragen laut Hauptbuch RM 24615.40, RM 19712.60 und RM 3615.40. Wie ist nach HGB. § 121 zu verteilen **a)** ein Geschäftsgewinn von RM 9861.50, **b)** ein solcher von RM 1142.—, **c)** ein Verlust von RM 5832.60?

d) Wieviel RM betragen in jedem Falle die neuen Kapitalanteile der drei Gesellschafter, wenn A. RM 4200.—, B. RM 2400.— und C. RM 1800.— für private Zwecke entnommen hat?

3. Am Eigenkapital einer O. H. ist A. mit 81800 RM, B. mit 48300 RM beteiligt, während C. lediglich seine Arbeitskraft zur Verfügung gestellt hat. Der Reingewinn ist nach dem Gesellschaftsvertrage wie folgt zu verteilen: C. erhält 10% des Gewinns für die Hauptlast der Geschäftsführung, A. und B. beziehen bis 8% Kapitalzinsen; vom Restgewinn bekommt jeder $\frac{1}{3}$.

a) Wie ist demnach der Jahresgewinn von 37685 RM zu verteilen?

b) Wie hoch stellen sich die Kapitalanteile in der Schlußbilanz, wenn die drei Privatkonten mit je 5000 RM belastet waren?

4. Nimm die Kapitalanteile des A. und B. in Aufg. 3 mit 52500 RM und 77600 RM an und beantworte die Fragen a) und b).

5. Bei Beginn des Geschäftsjahres (1. Jan.) waren beteiligt: A. mit 42000 RM, B. mit 30000 RM und C. mit 50000 RM. A. legte am 1. Mai aufs neue 9000 RM ein, ebenso B. am 1. Juli 8000 RM und am 1. Nov. 6000 RM; C. legte am 1. Juni 3600 RM ein, zog aber am 1. Okt. 12000 RM zurück. Wie ist der Gewinn **a)** von RM 15760.— **b)** von RM 3302.50 nach HGB. § 121 zu verteilen, und mit welchen Beträgen erscheinen die Kapitalanteile in der Schlußbilanz?

b) Kommanditgesellschaft (vgl. HGB. § 168).

6. Am Eigenkapital einer Kommanditgesellschaft ist der Vollhafter (Komplementär) A. mit 58725 RM, der Teilhafter (Kommanditist) B. mit 30000 RM beteiligt.

a) Wie ist der Jahresgewinn von $\mathcal{RM}$ 17695.50 zu verteilen, wenn lt. Vertrag jeder 6% Kapitalzinsen und vom Restgewinn A. $\frac{3}{4}$ und B. $\frac{1}{4}$ erhalten soll?

b) Mit welchem Betrage erscheint der Kapitalanteil des A. in der Schlußbilanz, wenn sein Privatkonto mit 7200 $\mathcal{RM}$ belastet war?

c) Welches Gläubigerguthaben ergibt sich für B., wenn er monatlich 200 $\mathcal{RM}$ entnommen hat?

7. A. ist als Vollhafter mit 42385 $\mathcal{RM}$, B. und C. als Teilhafter mit 25000 und 15000 $\mathcal{RM}$ beteiligt. Jahresgewinn $\mathcal{RM}$ 15836.80. Gewinnverteilung: 8% Kapitalzinsen, vom Restgewinn A. $\frac{3}{5}$, B. und C. je $\frac{1}{5}$. Privatentnahmen: A. 7500 $\mathcal{RM}$, B. 1800 $\mathcal{RM}$, C. 1200 $\mathcal{RM}$. Berechne: **a)** die Gewinnanteile der drei Gesellschafter; **b)** den neuen Kapitalanteil des A.; **c)** die Gläubigerguthaben von B. und C.

c) Aktiengesellschaft (vgl. §§ 262[1], 237 u. 245 HGB.).

Nach reichsgerichtlicher Entscheidung (vom 11. Jan. 1918) sind unter Rücklagen im Sinne der §§ 237 u. 245 HGB. alle Gewinnteile zu verstehen, die nicht ausgeschüttet werden, also auch der Gewinnvortrag für das neue Geschäftsjahr. Die Vergütungen (Tantiemen) für Vorstand und Aufsichtsrat sind demnach von einem um den Gewinnvortrag verminderten Betrage zu berechnen. Damit kommen in die Gewinnverteilungsrechnung zwei Unbekannte, die in ihrer Höhe voneinander abhängig sind, und deren Berechnung sich etwas schwieriger gestaltet als man früher gewohnt war.

Beispiel.

Aktienkapital 3 Mill. $\mathcal{RM}$, Gewinn 725600 $\mathcal{RM}$; hiervon 5% dem gesetzlichen, 10% dem außerordentlichen, Reservefonds, 40000 $\mathcal{RM}$ sonstige Rücklagen, 50000 $\mathcal{RM}$ Barzuweisung an Angestellte und Arbeiter; 8% Tantieme an den Vorstand, $12\frac{1}{2}$% Tant. an den Aufsichtsrat, 4% Vor- und 6% Restdividende an die Aktionäre. Wie gestaltet sich die Gewinnverteilung, und wie groß wird der Gewinnvortrag?

Erster Weg.

a) Berechnungsschema.

(Pfeile und Erläuterungen beachten!)

Gewinn	$\mathcal{RM}$	725600 —
$\div$ Res.-Fds. zus. 15%	,,	108840.—
	$\mathcal{RM}$	616760 —
$\div$ sonst. Rückl.	,,	40000.—
	$\mathcal{RM}$	576760 —
Gew.-Vortrag	,,	155376.35
	$\mathcal{RM}$	421383.65
$\div$ Ges.-Tant. $20\frac{1}{2}$%.	,,	86383.65
	$\mathcal{RM}$	335000.—
$+ 12\frac{1}{2}$% v. 120000 $\mathcal{RM}$ . . .	,,	15000.—
	$\mathcal{RM}$	350000 —
$\div$ Barzuw.	,,	50000.—
Ges.-Divid. 10%	,,	300000.—

b) Endgültige Verteilung.

Gewinn	$\mathcal{RM}$	725600.—
$\div$ Res.-Fds. 15%	,,	108840.—
	$\mathcal{RM}$	616760.—
$\div$ sonst. Rückl.	,,	40000.—
	$\mathcal{RM}$	576760.—
$\div$ Tant. a. Vorst. 8% v. $\mathcal{RM}$ 421383.65[1]) . . .	,,	33710.69
	$\mathcal{RM}$	543049.31
$\div$ Vordiv. 4%	,,	120000.—
	$\mathcal{RM}$	423049.31
$\div$ Tant a. Aufsr. $12\frac{1}{2}$% v. $\mathcal{RM}$ 301363.65[2]) . . .	,,	37672.96
	$\mathcal{RM}$	385376.35
$\div$ Barzuweisung	,,	50000.—
	$\mathcal{RM}$	335376.35
$\div$ Restdiv. 6%	,,	180000.—
Vortr. a. n. Rechn. .	$\mathcal{RM}$	155376.35

Erläuterungen zu a): Die Gesamtdiv. v. 10 % (300000 $\mathcal{RM}$) ist zu vermehren um die Barzuweisung (50000 $\mathcal{RM}$) und zu vermindern um den aus der Vordiv. (120000 $\mathcal{RM}$) zum Aufsichtsratstantiemesatz ($12\frac{1}{2}$ %) berechneten Prozentbetrag (15000 $\mathcal{RM}$). Aus d. ermittelten Betrage (335000 $\mathcal{RM}$) ist die Gesamttantieme zu ($8 + 12\frac{1}{2} =$) $20\frac{1}{2}$ % im Hundert zu berechnen ($= \mathcal{RM}$ 86383.65) und zuzuschlagen ($\mathcal{RM}$ 421383.65). Die Ergänzung dieses Betrages zu dem um die Rücklagen verminderten Geschäftsgewinn ergibt den Vortrag auf neue Gewinnrechnung ($= \mathcal{RM}$ 155376.35).
Zu b) 1) d. i. 576760 $\mathcal{RM}$ ÷ (Vortrag) $\mathcal{RM}$ 155376.35. 2) d. i. (wie oben) $\mathcal{RM}$ 421383.65 ÷ (Vordiv.) 120000 $\mathcal{RM}$.

Zweiter Weg.

a) Berechnung der Tantiemen:

Tantiemenpflichtig ist die Summe der auszuschüttenden Gewinnteile, nämlich beide Tantiemen + Gesamtdividende + Barzuweisung an die Angestellten; von dieser Summe, die einen reinen Wert von 100 % im Sinne der Prozentrechnung darstellt, ist die Vorstandstantieme zu berechnen; vor Ermittlung der Aufsichtsratstantieme aber ist diese Summe um 4 % Vordividende ($= 120000$ $\mathcal{RM}$) zu vermindern. Daraus ergibt sich folgendes:

Vorstandstantieme $= 8$ % von 100 % . . $= 8$ %

Aufsichtsratstantieme $= 12\frac{1}{2}$ % von

(100 % ÷ $\mathcal{RM}$ 120000.—) . . . $= 12\frac{1}{2}$ % ÷ $\mathcal{RM}$ 15000.—

Gesamttantieme . . . . $= 20\frac{1}{2}$ % ÷ $\mathcal{RM}$ 15000.—

100 % ÷ ($20\frac{1}{2}$ % ÷ $\mathcal{RM}$ 15000.—) $= \mathcal{RM}$ 350000.— ($=$ Dividende + Barzuweisung)

$$79\frac{1}{2} \% + 15000\ \mathcal{RM} = \quad,,\quad 350000.—$$
$$79\frac{1}{2} \% = \quad,,\quad 335000.—$$
$$8 \% = \mathcal{RM}\quad 33710.69$$
$$12\frac{1}{2} \% ÷ 15000\ \mathcal{RM} = \quad,,\quad 37672.96$$

b) Nach dieser Vorrechnung erfolgt die Aufstellung der endgültigen Verteilung wie oben.

Dritter Weg.

Für algebraisch geschulte Rechner ist folgende Gleichung nach den bisherigen Darlegungen leicht verständlich, wobei x der **auszuschüttende Gesamtbetrag** ist:

$$x = \frac{8x}{100} + \frac{12\frac{1}{2}(x - 120000)}{100} + 300000 + 50000$$
$$x = 421\ 383{,}65.$$

Vorstandstantieme $= 8$ %   von $\mathcal{RM}$ 421383.65 $= \mathcal{RM}$ 33710.69

Aufsichtsratstantieme $= 12\frac{1}{2}$ % von $\mathcal{RM}$ 301383.65 $= \mathcal{RM}$ 37672.96

Endgültige Verteilung wie oben.

Vierter Weg.

Folgende mathematische Formel ergibt den Gewinnvortrag (x):

$$x = g - r - \frac{b + d - v\,\frac{a}{100}}{1 - \frac{t}{100}} \quad \text{oder} \quad = g - r - \frac{100\,(d + b) - av}{100 - t}$$

Erkl.

    g = Gesamtgewinn (725 600.—)
    r = Summe der bekannten Rücklagen (148 840.—)
    b = Summe der etwaigen Barauszahlungen (50 000.—)
    d = Dividende (Gesamtbetrag) (300 000.—)
    v = Vordividende (120 000.—)
    t = Gesamttantiemesatz $(8 + 12\frac{1}{2} = 20\frac{1}{2})$
    a = Tantiemesatz des Aufsichtsrates $(12\frac{1}{2})$.

Wende die Formel auf das Beispiel an!

Übungsaufgaben. § 93.

8. Stelle die Gewinnverteilungsrechnung einer A.-G. nach folgenden Angaben auf: Aktienkapital $\mathcal{RM}$ 1 250 000.—, Gewinnvortrag aus dem Vorjahre $\mathcal{RM}$ 4142.—, diesjähriger Reingewinn $\mathcal{RM}$ 197 140.70. (Beide Beträge bilden den Bilanzgewinn.) Verteilung: Gesetzl. Rücklage 5% (vom Bilanzgewinn); freiwillige Rücklagen $\mathcal{RM}$ 35 000.— Vorstandstantieme 5%, Aufsichtsratstantieme $12\frac{1}{2}$%, Gratifikationen an Beamte und Arbeiter $\mathcal{RM}$ 20 000.—, Vordividende 4%, Restdividende %.

9. Aktienkap. 7 500 000 $\mathcal{RM}$, Gewinn 2 124 000 $\mathcal{RM}$; davon $7\frac{1}{2}$% dem Reservefonds, 120 000 $\mathcal{RM}$ sonst. Rücklagen; Vordiv. 6%, Tant. an den Vorstand $8\frac{1}{3}$%, an den Aufsichtsrat 10%; Barzuweisung an Angestellte $\mathcal{RM}$ 125 000.—; Restdiv. 12%. Wie stellt sich die Verteilung, und wie groß ist der Vortrag an Gewinn auf neue Rechnung?

10. Aktienkapital $\mathcal{RM}$ 1 500 000.—; Gewinn $\mathcal{RM}$ 104 412.50. Verteilung: Gesetzl. Rücklage 5%, freiwillige Rücklagen $7\frac{1}{2}$% (vom Bilanzgewinn); Vorstandsvergütung 10%, Aufsichtsratsvergütung 15%; Vordividende 4%. Ermittle die Restdividende (in ganzen Prozenten) durch einen Überschlag und stelle die Gewinnverteilungsrechnung auf!

d) Gesellschaft mit beschränkter Haftung.

11. $\mathcal{RM}$ 21 860.— Reingewinn einer G. m. b. H. mit einem Stammkapital von 125 000 $\mathcal{RM}$ sollen auf Beschluß der Gesellschafterversammlung wie folgt verteilt werden: 10% Zuweisung an die (freiwillige) Rücklage, $12\frac{1}{2}$% Vergütung an den Geschäftsführer, $\mathcal{RM}$ 3000.— Vergütung an die Angestellten; der Rest ist zur Dividendenzahlung an die Gesellschafter zu verwenden (auf ganze Prozente **abrunden!**), die Spitze auf neue Rechnung vorzutragen. Stelle die Verteilungsrechnung auf!

3. Aufgaben aus der Seeversicherung. § 94 (Dispache-Rechnung).

1. Flußdampfer „Calbe" erlitt auf der Fahrt Hamburg—Halle dadurch „große Havarie", daß er infolge Eintritts von Winterfrost zum Schutze von Schiff und Ladung Aufenthalt im Winterhafen von Lauenburg (v. 23. Jan.—3. März) und dann nach kurzer Weiterfahrt in dem von Wittenberge (v. 4.—11. März) nehmen mußte. Der hierdurch entstandene Schaden ist von Schiff und Ladung gemeinsam zu tragen. Zu seiner Feststellung und Verteilung wird in Halle „Dispache aufgemacht". Zu bezahlen waren in Lauenburg Wachgeld für 38 Tage je ℛℳ 7.50, Hafengeld zus. ℛℳ 11.90, in Wittenberge Wachgeld für 6 Tage je ℛℳ 7.50, Hafengeld zus. ℛℳ 8.40; für Aufmachung der Dispache ℛℳ 72.10, Porto und Schreibgebühren ℛℳ 4.20. Welcher Schadensprozentsatz (4 Dezim.) ergibt sich, wenn der Dampfer mit ℛℳ 70000.—, die Ladung mit ℛℳ 216763.33 bewertet war, und wieviel haben Schiff und Ladung einzeln zu tragen?

2. Dampfer „Ägir" erlitt auf der Fahrt von Neuyork nach Hamburg Schraubenschaden, mußte Nothafen Falmouth anlaufen und nach notdürftiger Ausbesserung sich nach Hamburg schleppen lassen. Wie lautet die für diese „große Havarie" aufzumachende Dispache?

a) Kapitalfeststellung: Schiff (vor dem Seeschaden) geschätzt zu ℛℳ 211600.—, Fracht beteiligt mit ℛℳ 21360.—, Ladung bewertet mit ℛℳ 426840.—;

b) Schadenfeststellung: Kosten in Falmouth £ 27.5.6 zu 20.45, Schlepplohn, Kostgelder usw. ℛℳ 4689.50, geschätzte Schäden ℛℳ 2115.80; für Aufmachung der Dispache ℛℳ 692.35, zur Herstellung eines runden Verteilungssatzes den Ortsarmen 74 ℛpf. (Zu ermitteln sind der Verteilungssatz und die auf Schiff, Fracht und Ladung entfallenden Beträge.)

3. Von 154 Ballen Aloehanf, versichert für die Reise von London nach Hamburg, wurden beim Verladen, da der Leichter an eine Boje stieß und beschädigt wurde, 24 Ballen infolge Eindringens von Seewasser verdorben und so in Hamburg abgeliefert. Es lag also „besondere Havarie" vor. Die beschädigte Ware wurde in Hamburg „wenn gesund" (d. h. so, als ob sie unbeschädigt wäre) geschätzt (= 3862 kg zu ℛℳ 32.— für 50 kg) und in Auktion für ℛℳ 1760.50 versteigert. Der so berechnete Schaden mußte noch zur Versicherungssumme der 24 Ballen (= ℛℳ 2767.—) in Verhältnis gebracht werden.[1]) An Kosten entstanden für den Seeprotest des Londoner Leichterschiffers ℛℳ 21.50, für Porti und Telegramme ℛℳ 1.80, an außerordentlichem Kailagergeld ℛℳ 8.90, für Sortieren ℛℳ 3.—, für Besichtigung und Schätzung ℛℳ 27.10, Auktionsgebühr ℛℳ 33.80, für Aufmachen der Dispache ℛℳ 13.84. Wieviel haben die Norddeutsche Versicherungsgesellschaft, die Assekuranz-Union von 1865 und die Vers.-Ges. zu Hamburg zu ersetzen, wenn sie 25%, 30% und 45% der Schadengefahr übernommen hatten?

---

1) Nach der Proportion: Taxsumme : Versicherungssumme = berechneter Schaden : wirkl. Schadenersatz.

Die Münzeinheiten der wichtigsten Länder.

Land	Münzeinheit und ihre Einteilung		Goldwert $\mathcal{RM}$
Deutschland . . .	1 Reichsmark ($\mathcal{RM}$)	= 100 Reichspfennig	—
Ägypten	1 äg. Pfund (äg. £)	= 100 Piaster	20.75
Argentinien. . . .	1 Peso (Gold)	= 100 Centavos	4.05
Belgien	1 Franc (Fr.)	= 100 Centimes	0.81
	5 Pap.-Frs.	= 1 Belga	0.58[4]
Brasilien	1 Milreïs ($)	= 1000 Reïs	2.29
Bulgarien	1 Lewa	= 100 Stotinki	0.81
Chile.	1 Peso	= 100 Centavos	1.53
China	1 (Shanghai-)Tael	= 33,917 g. f. Silber	3.05
Cuba	1 Goldpeso ($)	= 100 Cents	4.20
Dänemark	1 Krone (Kr.)	= 100 Öre	1.12[5]
Danzig.	1 Danz. Gulden (G)	= 100 Pfennig	0.81[7]
Estland	1 Eestimark (EM)	= 100 Pfennig	0.81
Finnland.	1 Finnmark (Fmk)	= 100 Pfennig	0.81
Frankreich	1 Franc (Fr.)	= 100 Centimes	0.81
Griechenland . . .	1 Drachme (Dr.)	= 100 Lepta	0.81
Großbritannien . .	1 Pfund Sterling (£)	= 20 Schilling (s) zu 12 Pence (d)	20.43
Italien	1 Lira (£)	= 100 Centesimi	0.81
Japan	1 Yen	= 100 Sen	2.09
Jugoslawien . . .	1 Dinar	= 4 Kronen zu 100 Hell.	0.81
Lettland	1 Lat	= 100 Santime	0.81
Litauen	1 Litas (Lit.)	= 100 Centas	0.42
Luxemburg. . . .	1 Franc (Fr.)	= 100 Centimes	0.81
Mexiko.	1 Piaster (mex. Dollar)	= 100 Centavos	2.09
Niederlande . . .	1 Gulden (fl.)	= 100 Cents	1.69
Norwegen	1 Krone (Kr.)	= 100 Öre	1.12[5]
Österreich	1 Schilling	= 100 Groschen	0.59
	vor 1. 1. 25: 1 K	= 100 Heller	0.85
Ostindien	1 Rupee (= 1 s 4 d)	= 16 Annas	1.36
Polen	1 Zloty (Zl.)	= 100 groszy	0.81
Portugal	1 Escudo (Esc. $)	= 100 Centavos	4.53
Rumänien	1 Leu (Mehrz. Lei)	= 100 Bani	0.81
Rußland	1 Rubel (Rbl.)	= 100 Kopeken	2.16
	10 Rbl.	= 1 Tscherwonetz	
Schweden	1 Krone (Kr.)	= 100 Öre	1.12[5]
Schweiz	1 Franc (Fr.)	= 100 Centimes	0.81
Spanien	1 Peseta (Pes.)	= 100 Centimos	0.81
	5 Pes.	= 1 Peso	
Tschechoslowakei .	1 tsch. Krone (Kč.)	= 100 Heller	0.85
Türkei.	1 türk. Pfund (Ltq.)	= 100 Piaster	18.45
Ungarn	1 Pengö	= 100 Groschen	0.73[4]
	1 Pengö	= 12500 Pap.-Kronen	
U. S. A.	1 Dollar ($)	= 100 Cents	4.20

Das metrische Maß- und Gewichtssystem.

a) Längenmaß: Einheit: das Meter (m).

1 m = 100 cm = 1000 mm.

1 km = 1000 m.

1 deutsche Meile = 7500 m.

b) Flächenmaß: Einheit: das Quadratmeter (qm, m²).

1 qm = 10000 qcm = 1000000 qmm.

1 a = 100 qm.

1 ha = 100 a.

1 qkm = 100 ha.

c) Körpermaß: Einheit: das Kubikmeter (cbm, m³).

1 cbm = 1000 cdm = 1000000 ccm = 1000000000 cmm.

d) Hohlmaß: Einheit: das Liter (l), d. i. der Rauminhalt von 1 cdm.

1 hl = 100 l.

e) Gewicht: Einheit: das Kilogramm (kg), d. i. das Gewicht von 1 l Wasser (bei 4° C).

1 kg = 1000 g = 1000000 mg.

1 dz = 100 kg.

1 t = 1000 kg.

Das metrische Maß- und Gewichtssystem ist in fast allen Kulturstaaten eingeführt. Ausnahmen: Großbritannien, U. S. A. und Rußland (zum Teil).

Englands Maße und Gewichte.

a) Längenmaß: 1 Yard (Yd.) = 3 Feet (Fuß; F.) zu 12 Inches (Zoll; Inch.) zu 12 Lines (Linien; L.). 1 Yd. = 0,9144 m.

1 engl. Meile (Statute mile) = 1760 Yds. = 1609,34 m.

b) Flächenmaß: 1 Quadratyard (Square-Yard) = 9 Quadr.-Fuß zu 144 Qu.-Inch.

c) Körpermaße: 1 Kubikyard = (3³ d. i.) 27 Kubikfuß usw.

1 Registerton = 100 Kubikfuß (= 2,83 cbm).

d) Hohlmaß.

α) für Flüssigkeiten:

1 (Imperial-)Gallon = 8 Pints zu 4 Gills; 1 Gall. = 4,543 l.

β) für nichtflüssige Körper (Getreide):

1 (Imperial-)Quarter (Qr. bzw. Qrs.) = 8 Bushels (Bsh.) zu 8 Gallons; 1 Qr. = 290,78 l; 1 Bsh. = 36,35 l.

e) Gewicht:

α) Handelsgewicht:

1 Pound (Pfund; lb.) = 16 Ounces (oz.) zu 16 Drams (drs.); 1 lb. = 453,593 g.

1 Ton = 20 Hundredweights (Cwts.) zu 4 Quarters (Qrs.) zu 28 lbs.; also 1 Cwt. = 112 lbs. = 50,8 kg.

β) Münzgewicht:

1 Troy-Pound (Troy-lb.) = 12 Troy-Ounces (Troy-oz.) zu 20 Penny weights (dwts.) zu 24 Grains (grs.), also 1 Troy-lb. = 5760 grs. 1 Troy-lb. = 373,242 g.

1 Troy-oz. = 31,1035 g.

Die gleichen Maße und Gewichte werden in den Vereinigten Staaten von Amerika angewendet, indes gelten folgende Abweichungen:

Neben dem Hundredweight auch: 1 Cental (Ctl.) = 100 am. lbs.

1 am. Tonne = 2000 am. lbs.

1 am. Gallon = 3,785 l.

1 am. Bushel = 35,238 l.

Rußlands Maße und Gewichte.

Neben den neuerdings eingeführten metrischen Maßen und Gewichten werden die alten vielfach noch gebraucht:

1 Arschin zu $2\frac{1}{3}$ Fuß = 0,712 m.

1 Wedro (Hohlmaß für Flüssigkeiten) = 12,299 l.

1 Tschetwert (Getreidemaß) = 209,91 l.

1 ℔ (zu 32 Lot zu 3 Solotnik) = 96 Sol. zu 96 Doli.

40 ℔ = 1 Pud (Pd.); 10 Pd. = 1 Berkowetz (Bwtz.).

1 ℔ = 409,512 g; 1 Pd. = 16,381 kg.

Einführung in die Finanzmathematik. Von Oberstudienrat Dr. A. Flechsenhaar. 2. Aufl. Bearb. in Verbindung mit Dipl.-Handelslehrer Dr. F. Fleege-Althoff. Kart. ℛℳ 3.20 [Best.-Nr. 6056]

Für die Vorbereitung auf die Ersatzreifeprüfung, für den Unterricht in höheren Handelsschulen und Wirtschaftsoberschulen, sowie für Arbeitsgemeinschaften an höheren Lehranstalten und für Studierende bestimmt, behandelt das Buch unter Beifügung zahlreicher Aufgaben in einem Vorkursus die Lehre von den Logarithmen mit einer kurzen Wiederholung der Potenzen und Wurzeln, die Reihen und die Prozentrechnung im und auf Hundert. In dem Hauptteil werden Zinseszins- und Rentenrechnung mit Benutzung von Tabellen und Logarithmen behandelt, ferner die Grundlehren der Kombinatorik, der Wahrscheinlichkeitsrechnung und der Versicherungsrechnung.

Finanz-Mathematik. (Zinseszinsen-, Anleihe- und Kursrechnung.) Von Privatdozent Dr. K. Herold. (Math.-Phys. Bibl. Bd. 56.) Kart. ℛℳ 1.20

Politische Arithmetik. Von Prof. Dr. Fr. Patzig. Kart. ℛℳ 3.20 [Best.-Nr. 7278]

Das Werk führt in die Lehre von den Zinsen, den Renten und den Anleihen ein und gibt einen Überblick über die Versicherungslehre. Die Darstellung ist knapp gehalten, alles Nebensächliche, was der Lernende selbst finden kann, ist weggelassen; andererseits werden umfassende Erklärungen gegeben, wo es für das Verständnis notwendig erscheint. Da an Kenntnissen mathematischer Art nichts weiter vorausgesetzt wird, als das Vertrautsein mit dem Umformen von Gleichungen, eignet sich das Buch auch für weitere interessierte Kreise.

Mathematik des Geld- und Zahlungsverkehrs. Von Prof. Dr. A. Loewy. Geh. ℛℳ 6.20, geb. ℛℳ 8.20

Wahrscheinlichkeitsrechnung. Von O. Meißner. 2. Aufl. I. Grundlehren. Mit 3 Fig. II. Anwendungen. Mit 5 Fig. im Text. (Mathem.-Phys. Bibl. Bd. 4 u. 35.) Kart. je ℛℳ 1.20

Kaufmännisches Rechnen zum Selbstunterricht. Von Studienrat K. Dröll. (ANuG Bd. 724.) Geb. ℛℳ 2.—

Praktische Mathematik. Von Prof. Dr. R. Neuendorff. 2 Bände. (ANuG Bd. 341 u. 526.) Geb. je ℛℳ 2.—

I. Graphische Darstellung. Verkürztes Rechnen. Das Rechnen mit Tabellen. Mechanische Rechenhilfsmittel. Kaufmännisches Rechnen im täglichen Leben. Wahrscheinlichkeitsrechnung. 3. Aufl. Mit 29 Figuren im Text und 1 Tafel. II. Geometrisches Zeichnen. Projektionslehre. Flächenmessung. Körpermessung. Mit 133 Figuren.

Lehrbuch der Rechenvorteile. Schnellrechnen und Rechenkunst. Von Ing. Dr. phil. H. Bojko. 2. Aufl. Mit zahlr. Übungsbeisp. (ANuG Bd. 739.) Geb. ℛℳ 2.—

Abgekürzte Rechnung. Nebst einer Einführung in die Rechnung mit Logarithmen. Von Oberstudienrat Prof. Dr. A. Witting. Mit 4 Fig. im Text und zahlr. Aufgaben. (Math.-Phys. Bibl. Bd. 47.) Kart. ℛℳ 1.20

Die Rechenmaschinen und das Maschinenrechnen. Von Oberreg.-Rat Dipl.-Ing. K. Lenz. 2. Aufl. Mit 42 Abb. im Text. Kart. ℛℳ 3.80

Betriebswirtschaftslehre in Verbindung mit Recht und Technik des Handels. Eine Einführung von Handelsschuldirektor Dr. P. Eckardt. Mit einem Geleitwort von Prof. K. von der Aa. 1. Band. Mit 52 Abbildungen. Geb. ℛℳ 3.80 [Best.-Nr. 6041]. 2. Band. Geb. ca. ℛℳ 3.60 [Best.-Nr. 6042]. I/II zuf. geb. ca. ℛℳ 6.60

Das Werk will kaufmännisches Denken bilden helfen, Erkenntnis der betriebswirtschaftlichen und betriebstechnischen Zusammenhänge vermitteln und in das Recht des Handels einführen. Es ist praktisch und wissenschaftlich im Inhalt — einfach in der Darstellung, in deren Mittelpunkt die Unternehmung steht. Zahlreiche Beispiele aus dem Leben veranschaulichen die schwierigeren Fragen.

Betriebswirtschaftslehre. Grundzüge des Rechnungswesens und des Aufbaues schaffenswirtschaftl. Betriebe. Von Prof. Dr. E. Geldmacher. 2. Aufl. (Teubners Handbuch der Staats- u. Wirtschaftskunde, Abt. II, Bd. II, Heft 4.) Kart. ℛℳ 2.—

Die Betriebswirtschaftslehre erfaßt die schaffenswirtschaftlichen Betriebe in ihrem Wesen und in ihren Lebensbedingungen. Sie will dem berufstätigen Wirtschafter einen haltbaren gedanklichen Unterbau für sein tägliches Wirken vermitteln. Unter diesem Gesichtspunkte werden das Rechnungswesen und die Organisation der schaffenswirtschaftlichen Betriebe behandelt. Das Rechnungswesen wird dargestellt in seinen allgemeinen Grundzügen und nach den Einzelgebieten: Kostenrechnung, Erfolgsrechnung und Sonderrechnungen. Die Ausführungen über Organisation werden durch graphische Organisationspläne veranschaulicht.

Buchhaltungs-Übungen für Fortgeschrittene zum Gebrauch an Handelshochschulen und verwandten Anstalten. Von Geh. Hofrat Studiendirektor Prof. Dr. A. Adler. 4. Aufl., bearbeitet von Prof. Dr. E. Pape. Kart. *RM* 3.20. [Best.-Nr. 6002]

Handelswörterbuch. Von Justizrat Dr. M. Strauß und Handelsschuldirektor Dr. V. Sittel. Zugleich fünfsprachiges Wörterbuch zusammengestellt von V. Armhaus. (Teubners kleine Fachwörterbücher Bd. 9.) Geb. *RM* 4.60

Handel und Handelspolitik. Von Prof. Dr. H. Sieveking. **Bankwesen und Bankpolitik.** Von W. Dreyfus. **Geldwesen.** Von Prof. Dr. K. Bräuer. **Verkehrswesen und Verkehrspolitik.** Von Prof. Dr.-Ing. O. Blum. (Teubners Handbuch der Staats- u. Wirtschaftskunde, Abt. II, Bd. II, Heft 5.) Kart. *RM* 6.—

Deutschlands Zahlungsbilanz 1925. Zugleich Chronik der Auslandsbeziehungen der deutschen Volkswirtschaft. Von Dr. A. Heichen. Kart. *RM* 5.—
„Die von Sachkenntnis zeugende Arbeit ist zugleich eine ausgezeichnete Einführung in volkswirtschaftliche Zusammenhänge." (Neue Vogtländische Zeitung.)

Der Vertrag von Versailles. Von Dir. Dr. E. Rosenbaum. (Teubners Handbuch der Staats- u. Wirtschaftskunde, Abt. I, Bd. I, Heft 3.) Kart. *RM* 3.60
Die Darstellung geht, soweit amtliches Quellenmaterial vorliegt, grundsätzlich von diesem aus. Sie versucht, die Ereignisse ungebrochen durch parteipolitische Einstellung aus dem Blickpunkt deutscher Staatsgesinnung zu beschreiben. Die Sprache ist bei aller Bestimmtheit des Ausdrucks frei von den stilistischen Hilfsmitteln des Agitatorischen. Denn das Pathos des historischen Schicksals liegt in dem Gegenstand selbst, von dem ernster und schmuckloser geredet werden sollte, als es gemeiniglich geschieht.

Wirtschaftskunde von Deutschland. Von Dipl.-Handelslehrerin L. Bamberger und Dipl.-Handelslehrer H. Scheibner. [Erscheint Sommer 1928.] [Best.-Nr. 6099]
In den kaufmännischen Lehranstalten wird neuerdings vielfach der Unterricht in Wirtschaftsgeographie und Volkswirtschaftslehre zu dem Einheitsfach Wirtschaftskunde zusammengefaßt, das auch Elemente der Warenkunde enthält. Das in Vorbereitung befindliche Arbeitsbuch bietet eine Grundlage für diesen Unterricht in Darstellung sowie zahlenmäßigem und graphischem Material in systematischer Ordnung. Den bisher fast ausschließlich behandelten Gebieten der Produktion und Verteilung der Güter wird hier der Verbrauch als Ausgangs- und Mittelpunkt aller wirtschaftlichen Tätigkeit in eingehender Behandlung vorausgeschickt.

Der Weltmarkt 1913 und heute. Von Prof. Dr. H. Levy. Kart. *RM* 4.—
Das Werk zeigt die Ursachen und die Tragweite der heutigen Weltwirtschaftskrise auf. Es gibt einen wirklich klaren Einblick in die verwickelte wirtschaftliche Weltlage in Europa und Übersee, ein Bild von dem Konkurrenzkampf der wichtigsten Industrieländer auf dem Weltmarkt. Dabei wird zum ersten Male durch Heranziehung der entsprechenden Verhältnisse von 1913 ein wirklich maßgeblicher Vergleich mit der heutigen Zeit durchgeführt.

Teubners Weltwirtschaftskarten. Wandkarten für Schule und Kontor. Von Prof. K. von der Aa und Studienrat Dr. E. Fabian.
Bisher sind erschienen: Baumwolle, Jute, Flachs. — Wolle, Seide, Kunstseide. — Kautschuk, Automobil-Industrie. — Kaffee, Tee, Kakao. Weitere Karten sind in Vorbereitung. Näheres siehe im Sonderprospekt.
Preis: Auf Papyrolin mit Stäben je *RM* 7.50, auf Karton zum Einspannen in die Wechselrahmen je *RM* 4.50, Wechselrahmen *RM* 10.—

Allgemeine Wirtschafts- u. Verkehrsgeographie. Von Geh. Reg.-Rat Prof. Dr. K. Sapper. Mit zahlr. kartogr. u. stat.-graph. Darstellungen. 2. Aufl. Geb. ca. *RM* 12.—
„Hier ist wieder einmal ein Buch, das man restlos anerkennen und empfehlen muß. Ein Buch, das kein Berufenerer als Sapper hätte schreiben können, der selbst sowohl als Geograph wie auch praktisch als Pflanzer und Kaufmann in Übersee tätig war und so das Wirtschaftsleben der Welt wie kaum ein anderer Fachgenosse kennt." (Mitteilungen der Geogr. Gesellschaft München.)

Japan und die Japaner. Eine Landeskunde. Von Prof. Dr. K. Haushofer. Mit 11 Karten im Text und auf 1 Tafel. Kart. *RM* 5.—, geb. *RM* 6.—